U0293897

高等学校"十一五"实践系列规划教材

电力工程类专题课程设计与毕业设计指导教程

主　编　王士政

副主编　芮新花

中国水利水电出版社
www.waterpub.com.cn

内 容 提 要

本书是"高等学校'十一五'实践系列规划教材"的一本，是密切结合电气工程及其自动化专业等电力工程类专题课程设计与毕业设计的实际，从实用性出发，精心编写而成。

本书共分八章：第一章是电力工程专题课程设计与毕业设计概述，第二章是电力系统的负荷统计及无功补偿，第三章是电力变压器选择，第四章是电气主接线及其设计，第五章是载流导体的选择，第六章是电力网潮流计算和调压计算，第七章是短路电流计算及继电保护配置，第八章是电气设备的选择，第九章是课程设计和毕业设计示例。另外，本书在附录中还收录了课程设计与毕业设计中常用的参考资料。本书配备了多道例题，特别是第九章两个课程设计和毕业设计的示例，非常详细，具有较强的指导作用。

本书可供高等学校电气工程及其自动化专业、农业电气自动化专业、电气自动化技术专业、建筑电气自动化专业以及热能与动力工程专业等在校师生学习、参考，也可供刚刚踏上工作岗位、从事电力工程的技术人员查阅、使用。

图书在版编目（CIP）数据

电力工程类专题课程设计与毕业设计指导教程/王士政主编．—北京：中国水利水电出版社，2007（2021.7重印）
高等学校"十一五"实践系列规划教材
ISBN 978-7-5084-4553-3

Ⅰ.电… Ⅱ.王… Ⅲ.①电力工程—课程设计—高等学校—教学参考资料②电力工程—毕业设计—高等学校—教学参考资料 Ⅳ.TM7

中国版本图书馆 CIP 数据核字（2007）第 048625 号

书　　名	高等学校"十一五"实践系列规划教材 **电力工程类专题课程设计与毕业设计指导教程**	
作　　者	主编　王士政　　副主编　芮新花	
出版发行	中国水利水电出版社 （北京市海淀区玉渊潭南路1号D座　100038） 网址：www.waterpub.com.cn E-mail：sales@waterpub.com.cn 电话：（010）68367658（营销中心）	
经　　售	北京科水图书销售中心（零售） 电话：（010）88383994、63202643、68545874 全国各地新华书店和相关出版物销售网点	
排　　版	中国水利水电出版社微机排版中心	
印　　刷	天津嘉恒印务有限公司	
规　　格	184mm×260mm　16开本　14.25印张　338千字	
版　　次	2007年6月第1版　2021年7月第6次印刷	
印　　数	14101—16100册	
定　　价	**38.00元**	

前　言

　　课程设计或毕业设计，是高等工程教育最重要的实践性教学环节。它是由学生独立完成的一项综合性、创造性、设计性的大型作业。学生必须综合运用多门基础理论课和专业课的知识，将所学的理论知识融会贯通地应用于整个设计过程之中。通过课程设计或毕业设计，能使学生真正感受到学以致用的快乐，培养学生分析和解决各种实际问题的能力，也进一步巩固、深化和扩展所学的理论知识。课程设计或毕业设计，在提高学生综合实践能力、奠定从事科研的初步基础、增强学生综合素质、实现从学生到工程技术人员的过渡和角色转换等方面，具有无可替代的作用；是培养大学生实践能力和创新能力，培养高级应用型工程技术人才的最重要的教学环节。

　　电力工程类课程设计或毕业设计，是学生在学完相关的电力工程类课程之后，在教师的组织指导下，选择电力工程范围内某一特定的课题，综合运用所学的知识，独立完成的初步电力工程设计。在设计中，学生要独立地查阅和分析资料，细致地进行设计计算和设备的选择，并编写反映设计过程及成果的说明性文件——设计计算说明书。此外，一般还包含多种方案经济比较、工程绘图以及编程调试等许多环节。

　　多年来，编者每年都有这方面的教学任务，深感一本好的指导书对学生们顺利完成设计是很重要的。鉴于目前市面上缺乏非常适合的指导书，根据三江大学学生的需要和实际水平，编写了一本给学生试用。从结果看，比没有用本书的上届学生，设计综合评定成绩大体上都提高了一个级次。

　　本书简洁地介绍了电力工程类专题课程设计或毕业设计的方法步骤，及其必备的最基本知识。本书最大的亮点，是结合实际配备了多道例题，尤其是第九章中两个大型课程设计、毕业设计实例，详细地介绍了如何开头、计算、选择、绘图，如何分段、标题和组织文本的架构，这些切实的指导，相当于学生们身边有了随时能够提供解答的老师。

　　应中国水利水电出版社之约，编者对讲义又进行了较大的补充和完善。现在该书作为中国水利水电出版社《高等学校"十一五"实践系列规划教材》中的一本正式出版发行，是非常令人高兴的。电气工程及其自动化专业是一个涉及范围很广的专业，全国 200 多所高校都设有这个专业。本书除适用于电气工程及其自动化专业外，也适用于农业电气自动化、建筑电气自动化、电气自动化技术、热能与动力工程等相近专业。希望本书的出版，能对这一数量十分庞大的学生群体有所帮助，特别是对那些培养目标定位于工程应用型人才院校的学生们。

感谢三江大学电气与自动化工程学院多位老师的协助，以及校领导的大力支持。由于时间和水平所限，书中难免有一些不足或疏漏之处，敬请各位读者批评指正。

编 者

2007 年 2 月

目　　录

第一章　电力工程专题课程设计及毕业设计概述

第一节　电力工程专题设计的基本要求和主要内容

课程设计或毕业设计，是由学生独立完成的一项综合性、创造性、设计性的大型作业；也是培养大学生实践能力、创新能力，培养应用型工程技术人才的最重要的实践性教学环节。在提高学生综合实践的能力，奠定从事科研的基础，以及增强学生综合素质等方面，具有不可替代的作用。

电力工程类课程设计或毕业设计，是学生在学完相关的电力工程类课程之后，在教师的组织指导下，选择电力工程范围内某一特定的课题，综合运用所学的知识，独立完成的初步电力工程设计。在设计中，学生要独立地查阅分析资料，细致地进行设计计算和设备选择，并编写反映设计过程及成果的说明性文件——设计计算说明书，此外还包含工程绘图、编程调试等环节。

一、电力工程专题设计对学生的基本要求

1. 了解电力工业的现状及发展形势

电力工业是国民经济的重要基础工业，其发展速度必须超前于国民经济的发展。现代电力工业的特点是：大容量的发电机组，超高压输电线路，包含水电、火电和核电的巨大联合电网。这些都对发、变电工程的设计提出了更高的要求。学生对这些背景资料，必须有一定的了解。

2. 复习专业基础课和电力工程类专业课的理论知识

电力工程类专业课，包括电力工程（或供电工程）、电力系统分析、继电保护、电网调度自动化等。毕业设计或课程设计是最重要的实践性教学环节，必须综合运用多门基础理论课和专业课的知识，将所学的理论知识融会贯通于设计过程中。通过课程设计或毕业设计，也帮助学生更好地理解所学的理论，学以致用，培养分析和解决设计中各种实际问题的能力，进一步巩固、扩展和深化所学的理论知识。

3. 学习实际工程设计的基本技能

电力工程设计必须根据国家的有关政策和各专业设计技术标准进行，尽力使工程设计方案满足安全、可靠、经济等多方面的要求。

学生在设计中，要初步掌握电力工程设计的程序和方法，要学会正确使用技术资料、技术标准、技术手册等多种工具书；学会设计计算、工程制图以及技术文件编写格式等各种基本规范。

4. 提高独立分析和解决工程问题的综合素质

学生必须有较全面的分析问题、解决问题的能力。要学会多角度观察问题和抓住技术

关键问题，独立地分析和解决工程问题。注意将学过的各种知识有效地联系起来，融会贯通于设计过程中。要树立正确的安全观点、经济观点和全局观点，要努力实现从学生到工程技术人员的过渡和角色转换。

5. 培养严肃认真、勤学好问、刻苦钻研、实事求是的工作作风

毕业设计或课程设计内容多、任务重，计算量大。要养成严肃认真、勤学好问、一丝不苟和实事求是的工作作风，发扬求实创新、团结协作的优良学风。严禁杜撰数据、弄虚作假和抄袭他人成果。要遵守学校纪律和各项管理制度，全身心地投入到设计中，保证按时完成全部设计内容。

二、电力工程专题设计的程序

电力工程设计通常分为初步设计（扩大）、技术设计和施工图设计等三个阶段。

初步设计和技术设计阶段的主要任务，是根据工程项目设计任务书的要求，进行负荷统计和电力电量平衡计算，拟定供电系统组网和接入系统的初步方案，选择主要电气设备，提出主要设备材料清单，并编制工程概算，报上级主管部门审批。若有扩大初步设计，则应提出设计说明书（含电气主接线图和主要设备材料清单），及工程概算两部分。

施工图设计（或称施工设计）是在扩大初步设计方案和概算经主管部门批准后，为满足安装施工而进行的设计，重点是绘制施工图。施工图设计须对初步设计的原则性方案进行全面的技术经济分析，以及必要的计算和修改，以使方案更加完善。

施工图设计应提出一套完整的施工图样和施工说明书，此外需编制较详细准确的工程预算，报上级审批。

作为课程设计和毕业设计的电力工程专题设计，其深度和广度，应视学生的知识水平和设计时间长短而定，大致相当于上述的扩大初步设计。

学生在接到设计任务书后，首先应明确设计的题目、具体任务和要求，清楚已给的原始数据，以及尚缺的需要自己收集和补充的数据和资料。然后应借阅一些有关的图书资料，并拟定一个大致的设计进程安排。

设计往往要经过多次试算，若发现结果不符合要求，就要重新来过。这个过程可能要进行数次，才能得到合适的结果。在设计过程中，既要充分发挥自己的主观能动性，独立思考；又要经常请教指导教师，以免出现原则性错误，造成大的返工。特别是设计方案的确定，一定要征求指导教师的意见。

三、电力工程专题设计的主要内容

学生做电力工程专题设计，大体上相当于实际发、变电工程项目（电气部分）的初步设计内容。课程设计时间一般仅安排2周，只能完成主要部分，有些就不能很深入；毕业设计时间较长，部分内容可达技术设计所要求的深度。一般来说，电力工程专题设计应当包含以下各项内容：

（1）对原始资料进行分析和必要的补充。

1）电源情况：发电厂类型及设计规划容量（近期、远景），单机容量及台数，运行方式，最大负荷利用小时数等。

2）电力系统情况：电力系统近期及远景发展规划（本期工程建成后5～10年），发电厂在电力系统中的位置和作用，本期与远景和系统的连接方式，各级电压中性点接地方

式等。

3）负荷情况：负荷的地理位置及性质，输电电压等级，出线回路数及其输送容量，最大负荷利用小时数等。

4）环境条件：当地的气温、湿度、覆冰、污秽、水文、海拔高度及地震等。

（2）选定发电厂的发电机型号、参数，确定发电厂及各变电所主变压器的型号、容量及参数（查得的设备参数应列表汇总）。

（3）负荷统计并制定无功平衡方案，决定各变电所的电容补偿容量。

（4）确定发电厂及各变电所电气主接线的方案，选择接入电网的路径和导线截面，确定地区电网接线方案（近期及远景）及分期过渡接线等设计方案。至少应有两种可供详细计算比较的备选方案。

（5）对各方案进行详细的潮流计算，校核各输电线的导线截面，并计算导线的功率损耗及总网损，计算各段线路的电压降落，各节点电压均应合格。

（6）计算两种备选方案的总投资及年运行费用。经过技术经济比较，选出一种指标最优的方案。

（7）短路电流计算：对选定的最优方案，按最大运行方式绘制出等值网络图，选择合适的短路计算点，计算三相短路电流及单相短路电流。并将短路电流计算结果列表汇总。

（8）选择电气主接线中各种主要电气设备，包括断路器、隔离开关、电抗器、互感器、消弧线圈、避雷器等，并汇总电气设备表。

（9）绘制工程设计图纸，包括电气主接线单线图、厂用电接线图、配电装置布置图和断面图、地区电网潮流分布图等。

（10）编写设计计算说明书，反映全部计算过程和计算结果，并对方案选择论证及最优方案加以简要而全面的说明。

第二节　设计计算说明书的编写要求

一、总体要求

（1）一套完整的工程设计文件应由以下几部分构成：封面，设计任务书，计算说明书（内含目录、正文、结束语、参考文献及附录）。

（2）文本力求层次分明，条理清晰，简明扼要，通顺易懂。

（3）正文部分标题序号，推荐采用下列层次标号，但可依内容重要程度，向下隔层跳越：

> 一、××××（标题）
> 　（一）××××（标题，有时可跳过，以下层次亦可）
> 　　1.××××（标题）
> 　　（1）××××（标题，但也可直接写具体内容）
> 　　　1）××××（本层次不设标题，直接写具体内容）

二、对公式的要求

（1）公式一般应另起一行且居中。很长的公式，应在等号或数学符号处转行。

（2）公式的编号用圆括号括起，放在公式右边行末，公式序号按章连续。

（3）公式中分数多用横线，如用除号表示时分子分母要用圆括号括起，以免误解。

三、对表格的要求

（1）表格的内容应与正文密切配合。

（2）表格应有标题和序号。标题应写在表格上方正中，序号写在其左方。

（3）表格应在正文后最近的地方出现，不要过分拖后，且尽量不分页。

四、对图纸的要求

图纸是工程师的语言，是工程设计的主要成果。绘图是一项重要的基本训练，学生必须通过课程设计，使自己的制图能力有所提高，特别是要学会用计算机进行绘图。所有图纸要按工程图标准绘制。

（1）图形符号、文字标号应符合国家相关标准。

（2）图的布置和疏密应适当，图面清晰匀称，线条粗细适度，整体整洁美观。

五、设计计算说明书正文的编写要求

设计计算说明书应如实记录设计中有关计算的方法和过程，它是对设计进行校核审查的重要依据。要求参数取值合理，公式选用合适，计算方法无误，计算结果准确，严格执行国家和行业技术标准和规范，文本架构清晰、标题合理、书写规范。

六、参考文献的书写格式

（1）源于期刊：

［序号］作者姓名．文题．刊名（或缩写），出版年，卷（期）：起止页码．

（2）源于图书：

［序号］作者姓名．书名．出版地：出版社，出版年，起止页码．

（3）源于会议论文：

［序号］作者姓名．题目名∥文集名．出版地：出版社，出版年，起止页码．

（4）源于学位论文：

［序号］作者姓名．论文题目．地点：单位，年，起止页码．

七、资料查阅

1. 技术手册和产品样本

技术手册是为特定领域而编撰的大型综合性专业工具书；设备手册或产品样本汇总介绍了各厂家产品的分类和性能；设计手册和标准图集综合汇总了设计单位多年的设计经验和成熟的典型设计。这些都是十分实用的。

2. 互联网检索

随着互联网的飞速发展及电子版资料的增多，在 www.google.cn 和 www.baidu.com 搜索网站上键入关键词检索，是查找资料时一种省时省力的捷径。使用互联网检索信息，可以使用搜索引擎进行关键词搜索和主题搜索，也可以去一些高校网站和专业网站、报刊及杂志社网站获取信息，一些图书馆的馆藏书目查询还提供电子文献供读者下载。

关键词搜索：以选定检索主题中的关键词为出发点的计算机文献搜索，当关键词多于一个时，应按重要次序输入，这样引擎会以第一个词作为查找信息的依据，然后将符合条件的内容再作为第二个关键词的搜索范围。

主题搜索：该引擎把所有信息分为各种类别，查阅者根据自己的设计课题逐步深入查找。当查阅者查找某一信息但又找不到合适的关键词时，可以使用这种方法。

　　推荐查阅网站：中国电力网，中国自动化网，中国机电网，中国电力培训网，电力系统自动化网，中国中控网，北极星电技术网，中国期刊网，中国数字图书馆，万方数据资源系统，中国期刊全文数据库等。

　　附录一和附录二列出了电力工程设计需要参考的主要技术标准，以及常用的电气图形符号和文字符号。

第二章　电力系统的负荷统计及无功补偿

第一节　电力系统的负荷

一、负荷的概念

负荷在电力系统中有以下几种含义：

（1）电力负荷是指电力系统中一切用电设备所消耗的总功率，这称为电力系统的用电负荷。用电负荷加上电网的损耗功率，称为电力系统的供电负荷。供电负荷加上发电厂的厂用电，就是各发电厂应发的总功率，称为电力系统的发电负荷。

（2）电力负荷有时又指用电设备，包括异步电动机、同步电动机、整流设备、电热炉和照明设备等。如分为动力负荷、照明负荷、三相负荷、单相负荷等。

电力负荷有时又指用电用户，如分为重要负荷、不重要负荷等。

（3）电力负荷有时也指用电设备或用电单位所耗用的电流大小。如轻负荷、重负荷、空负荷、满负荷等。

二、电力负荷的分级

根据对供电可靠性要求及中断供电造成的损失或影响程度，电力负荷分为三级。

1. 一级负荷

一级负荷指一旦中断供电，将造成人身伤亡、政治或经济重大损失、重大设备损坏、重大产品报废、国民经济中重点企业生产过程被打乱等。

一级负荷应由两个电源供电，当其中一个电源发生故障时，另一个电源不应同时受到损坏。同时还应增设专供一级负荷的应急电源。常用的应急电源有：独立于正常电源的发电机组，供电网络中独立于正常电源的专门馈电线路，蓄电池或干电池组等。

2. 二级负荷

二级负荷若中断供电会造成较大的经济损失，如主要设备损坏、大量产品报废、重点企业大量减产等。二级负荷也应由两回路供电，也不应中断供电，或中断后能迅速恢复。当负荷较小或当地供电条件困难时，二级负荷可由一回路 6kV 及以上的专用架空线供电；若采用电缆时，必须采用双电缆并列供电，每根电缆应能承担全部二级负荷，这是因为发生故障时，电缆比架空线难于检查和修复。

3. 三级负荷

三级负荷为一般电力负荷，对供电回路无特殊要求。

三、电力负荷曲线

（一）电力负荷曲线

表征电力负荷随时间变动情况的一种图形。其中横坐标表示时间〔以小时（h）为单位],纵坐标表示负荷值(有功功率或无功功率)。

(二)日负荷曲线

电力系统中,各用户的用电规律千差万别,例如,三班制的工厂,全天24h内用电变化不大;常白班的工厂则在晚上用电量很小;照明用户则在19~23时用电量较大;而农业用户夏季大于冬季。一年四季,一天24h,用电负荷都在随时变化。

图2-1为电力系统典型日有功负荷曲线的一个例子。可以看出,晚上24时到次日凌晨6时负荷较低,称为低谷负荷;而8~12时、17~22时用电较多,称为尖峰负荷(简称为峰荷);曲线的最高处称为最大负荷 P_{max}(也可用 P_{30} 表示),最低处称为最小负荷 P_{min},最小负荷以下部分称为基本负荷(简称为基荷)。显然,基本负荷是不随时间而变化的。

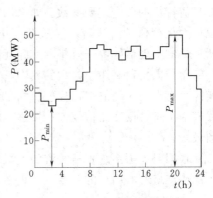

图2-1 电力系统的典型日
有功负荷曲线

不同类型的用户其负荷曲线是很不相同的。一般来说,负荷曲线的变化规律取决于负荷的性质、地理位置、气候、企业的生产情况、生产班次等许多因素。

(三)负荷曲线的作用

1. 对电力工程设计的作用

从各种负荷曲线上,可以直观地了解电力负荷的变动情况,从中获得一些对设计十分有用的资料,这对从事电力工程设计的人员很重要。

2. 对电力系统运行的作用

电力系统的生产计划,必须建立在预测的负荷曲线的基础之上。为了预先安排系统中各个电厂的生产(即要求各个电厂在某个时刻应开几台机组,发多少功率等),电力系统调度必须事前预测出系统未来24h的负荷曲线,并根据这种阶梯形负荷曲线,以及各个发电厂的特点,分配它们未来24h的具体发电任务。一般来说,总是希望热效率高的高温高压火电厂和核电厂,担任基本负荷,因为这类发电厂如果担任变动较大的负荷,不仅热效率大为降低,而且对安全还有不利影响。对于热电厂,由于其发电出力的大小受热力负荷所决定,所以它在负荷曲线上所占据的位置是相对固定的。至于峰荷部分,一般都是由水力发电厂来担任,这是由于水力机组开停方便,且负荷波动时机组效率降低不大。另外,水不用时储存在上游水库中,更有利于航运和灌溉。对于负荷曲线最顶上的小尖峰,可利用热效率低的小厂每天短时发电来承担。但应指出,洪水季节应充分利用水电厂多发电,以尽量节约火电厂的燃料,这时水电厂应承担基本负荷,而改由中温中压火电厂担负峰荷,这样电力系统总的经济效益会达到最大。

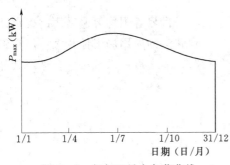

图2-2 年每日最大负荷曲线

(四)年负荷曲线

在电力系统的运行和设计中,不仅要知道一

昼夜负荷的变化规律，还要知道一年之内负荷的变化规律。最常见的是年每日最大负荷曲线，如图 2-2 所示，横坐标为全年 12 个月份的日期，纵坐标为每日最大负荷。

这种年最大负荷曲线，可以用来安排电力设备检修计划和规划电力建设进度。

（五）年最大负荷利用小时数

年最大负荷利用小时数 T_{max}，是反映电力负荷特征的一个重要参数。如果用户始终以最大负荷值 P_{max} 运行，经过 T_{max} 小时后，所消耗的电能恰好等于全年的实际耗电量。

年最大负荷利用小时数的大小，反应了实际负荷在一年内的变化程度。如果负荷曲线较为平坦，则 T_{max} 值较大；反之，则 T_{max} 值较小。

表 2-1　各类用户的年最大负荷利用小时数

负荷类型	年最大负荷利用小时数 T_{max}（h）
屋内照明及生活用电	2000～3000
单班制工业企业	1500～2500
两班制工业企业	3000～4500
三班制工业企业	6000～7000
农业排灌用电	1000～1500

根据对电力系统长期实测的资料积累，各类负荷的 T_{max} 大体在一定的范围内，它与工厂的生产班制有明显的关系，如表 2-1 所示。

第二节　电力系统的计算负荷

一、计算负荷的概念

（1）在选择电力系统中各个电气元件（如变压器、导线、开关设备等）时，最重要的就是要满足负荷电流的要求。因此有必要对电力系统各个回路中的电力负荷（功率和电流）进行科学的统计计算。

（2）计算负荷是通过负荷统计计算求出的，用来按发热条件选择电力系统中各元件额定电流、额定功率的负荷值。有功计算负荷常用 P_{30} 表示，Q_{30}、S_{30} 和 I_{30} 分别表示无功计算负荷、视在计算负荷和计算电流。这是因为计算负荷基本上与从实际负荷曲线上查得的半小时（即 30min）最大负荷 P_{30} 相当。

（3）正确确定计算负荷意义重大。计算负荷的大小直接影响电器和导线选择得是否经济合理。若计算负荷偏大，将使电器和导线选得偏大，造成投资和有色金属的浪费；若计算负荷偏小，又可能使电器和导线在过负荷下运行，增加电能损耗，产生过热，导致绝缘过早老化甚至烧毁。

二、计算负荷的科学计算方法

目前普遍采用需要系数法确定计算负荷。需要系数法是世界各国均普遍采用的确定计算负荷的基本方法，简单方便。此外还有二项式法，二项式法的应用局限性较大，但在确定设备台数较少而容量差别悬殊的分支干线的计算负荷时，较之需要系数法要合理，其计算也比较简单。下面主要简介需要系数法。

1. 需要系数法基本公式

下面列出需要系数法确定计算负荷的基本公式：

有功计算负荷：
$$P_{30} = K_d P_e \tag{2-1}$$

无功计算负荷：
$$Q_{30} = P_{30} \tan\varphi \tag{2-2}$$

视在计算负荷：$\qquad S_{30} = P_{30}/\cos\varphi$ $\qquad$ (2-3)

计算电流：$\qquad I_{30} = S_{30}/\sqrt{3}U_{\mathrm{N}}$ $\qquad$ (2-4)

式中　K_{d}——需要系数，与用电设备组的工作性质、设备台数、设备效率和线路损耗等
$\qquad$有关的统计系数，最好通过实测分析确定，设计时可查有关表；

$\qquad U_{\mathrm{N}}$——负荷的额定电压；

$\qquad P_{\mathrm{e}}$——用电设备的设备容量，一般为用电设备组所有设备额定功率之和。

2. 同时系数

各组用电设备的最大负荷不会同时出现，在确定拥有多组用
电设备的干线上计算负荷，或车间变电所低压母线上的计算负荷
时，应考虑这一因素。即对其总有功负荷和总无功负荷，分别乘
以一个小于 1 的同时系数 $K_{\Sigma\mathrm{p}}$ 和 $K_{\Sigma\mathrm{q}}$：

对车间干线取：$\qquad K_{\Sigma\mathrm{p}} = 0.85 \sim 0.95$

$\qquad\qquad\qquad K_{\Sigma\mathrm{q}} = 0.90 \sim 0.97$

对车间低压母线取：$\quad K_{\Sigma\mathrm{p}} = 0.90 \sim 0.95$

$\qquad\qquad\qquad K_{\Sigma\mathrm{q}} = 0.93 \sim 0.97$

这样，车间总的有功计算负荷和总的无功计算负荷分别为：

$$P_{30} = K_{\Sigma\mathrm{p}}\sum p_{30} \qquad (2-5)$$

$$Q_{30} = K_{\Sigma\mathrm{q}}\sum Q_{30} \qquad (2-6)$$

$$S_{30} = \sqrt{P_{30}^2 + Q_{30}^2} \qquad (2-7)$$

$$I_{30} = S_{30}/\sqrt{3}U_{\mathrm{N}} \qquad (2-8)$$

3. 车间（或工厂）总的计算负荷

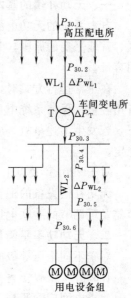

图 2-3　工厂总计算负荷
示意图

在确定车间或工厂总的计算负荷时，还需要逐级地加入有关
线路和变压器的功率损耗。如图 2-3 所示，要从底层 6 点向上层 5、4、3、2、1 各点逐
级推算。

例如要确定低压配电线 WL_2 首端 4 点的计算负荷：

有功计算负荷：$\qquad P_{30.4} = P_{30.5} + \Delta P_{\mathrm{WL}_2}$ $\qquad$ (2-9)

无功计算负荷：$\qquad Q_{30.4} = Q_{30.5} + \Delta Q_{\mathrm{WL}_2}$ $\qquad$ (2-10)

再由 $P_{30.4}$、$Q_{30.4}$ 算出 $P_{30.3}$，并据此选择相应的变压器和导线。

然后确定高压配电线 WL_1 首端 2 点的计算负荷：

有功计算负荷：$\qquad P_{30.2} = P_{30.3} + \Delta P_{\mathrm{T}} + \Delta P_{\mathrm{WL}_1}$ $\qquad$ (2-11)

无功计算负荷：$\qquad Q_{30.2} = Q_{30.3} + \Delta Q_{\mathrm{T}} + \Delta Q_{\mathrm{WL}_1}$ $\qquad$ (2-12)

最后再由 $P_{30.2}$、$Q_{30.2}$ 求 $P_{30.1}$……再向上层推求。具体见本书第九章的示例。

第三节　无功功率平衡及无功补偿

无功平衡是保证电力系统电压质量的基础。合理的无功补偿和有效的电压控制，不仅
可保证电压质量，而且能提高电力系统运行的经济性、安全性和稳定性。

无功负荷包括：电力用户的无功负荷（主要是大量的感应电动机），送电线路及各级变压器的无功损耗，以及发电厂自用无功负荷等。

无功电源包括：发电机实际可调无功容量，线路充电功率，以及无功补偿设备中的容性无功容量等。

无功补偿设备包括：并联电容器，串联电容器，并联电抗器，同步调相机以及静止无功补偿装置等。

一、无功补偿的基本要求

电力系统的无功电源与无功负荷，在各种正常运行以及事故运行时，都应实行分层分区、就地平衡的原则，并且无功电源应具有灵活的调节能力，和一定的检修备用及事故备用容量。

在正常运行方式时，突然失去一台最大的无功电源设备，系统应能迅速调出无功事故备用容量，保持系统电压稳定和正常供电，避免出现电压崩溃；而在正常检修运行方式下，若发生上述事故，应采取切除部分负荷或切除并联电抗器等必要措施，以维持电压稳定。

对于 220kV 及以上系统的无功补偿，还应考虑其提高电力系统稳定性的作用。

无功补偿设备的配置与设备类型的选择，应进行技术经济比较。可分组投切的并联电容器及可调节的并联电抗器，通常为主要无功补偿设备。

二、无功功率平衡与补偿

对于不同电压等级的电网，无功功率平衡与补偿形式有所不同。

1. 330kV 及以上电网的无功平衡与补偿

此类电网应配置高压与低压并联电抗器，以吸收 330kV、500kV 等超高压线路过多的充电功率。在一般情况下，高压与低压并联电抗器的总容量，应不低于线路充电功率的 90%。至于高压与低压电抗器的容量比例，应根据具体情况经技术经济比较确定。

对于 330kV 及以上的受端系统，容性无功补偿的安装总容量，应为输入有功总容量的 40%~50%，并分别安装在本网 220kV 及以下变电所中。

2. 220kV 及以下电网的无功平衡与补偿

此类电网无功电源的安装总容量 $Q_{C\Sigma}$，应当大于电网最大自然无功负荷 Q_L，一般可取 1.15 倍 Q_L；而最大自然无功负荷 Q_L 与电网最大有功负荷 P_L 之间，又存在一定的比例，故它们可写成如下关系式：

$$Q_{C\Sigma} = 1.15Q_L = 1.15kP_L \qquad (2-13)$$

式中　Q_L——电网最大自然无功负荷（感性），kvar；

　　　$Q_{C\Sigma}$——电网无功电源（容性）的安装总容量，kvar；

　　　P_L——电网最大有功负荷，为输入本网有功功率之总和，kW；

　　　k——电网自然无功负荷系数，kvar/kW，与电网结构、电压层次、负荷特性等因素有关。系数 k 经实测确定，在估算时也可取表 2-2 中数值。

3. 220kV 及以下电网无功补偿装置的配置

(1) 此类变电所配置的无功补偿容量，通常为主变压器容量的 10%~30%。在最大负荷时，35~220kV 变电所二次侧功率因数应达到表 2-3 所列的规定值。

表 2-2　　　　　　　**220kV 及以下电网最大自然无功负荷系数 k**　　　　单位：kvar/kW

电网电压（kV）		220	110	60	35	10
变压级	220/110/35/10	1.25～1.40	1.10～1.25		1.00～1.15	0.90～1.05
	220/110/10	1.15～1.30	1.00～1.15			0.90～1.05
	220/60/10	1.15～1.30		1.00～1.15		0.90～1.05

注　本网发电机有功功率比重较大时，取较高值；邻网输入有功功率比重较大时，取较低值。

靠近发电厂的变电所二次侧功率因数取低值，以允许发电机就近多供无功；远离发电厂的变电所二次侧功率因数取高值，限制发电机远距离多送无功。

表 2-3　　**变电所二次侧功率因数规定值**

变电所电压等级（kV）	220	35～110
二次侧功率因数	0.95～1	0.90～1
无功功率/有功功率	0.33～0	0.48～0

（2）在 10kV（6kV）配电线路上，并联电容器的安装容量不要过大，一般应为线路配电变压器总容量的 5%～10%。在深夜线路负荷最小时，为不致向变电所倒送无功，应有防止倒送无功的措施。并联电容器可装设在配电变压器的高压侧（10kV），也可装设在低压侧（380V）。

（3）电力用户应进行无功补偿，使其功率因数达到下列规定值：

1）高压供电的工业用户和装有载调压装置的用户，功率因数应在 0.90 以上；

2）其他 100kVA（kW）及以上用户和大中型电灌站，功率因数应在 0.85 以上；

3）趸售和农业用电，功率因数应在 0.80 以上。

并联电容器组应能频繁分组投切，并装设自动控制装置，以经常保持变电所二次侧母线电压在规定范围之内。

用户为提高功率因数，所需装设的并联电容器容量，可参考表 2-4。

表 2-4　　　　　　　**单位负荷所需的补偿电容器容量**　　　　　　单位：kvar/kW

原功率因数 $\cos\phi_1$	要提高到的功率因数 $\cos\varphi_2$												
	0.70	0.75	0.80	0.82	0.84	0.86	0.88	0.90	0.92	0.94	0.96	0.98	1.00
0.30	2.16	2.30	2.42	2.48	2.53	2.59	2.65	2.70	2.76	2.82	2.89	2.98	3.18
0.35	1.66	1.80	1.93	1.98	2.03	2.08	2.14	2.19	2.25	2.31	2.38	2.47	2.68
0.40	1.27	1.41	1.54	1.60	1.65	1.70	1.76	1.81	1.87	1.93	2.00	2.09	2.29
0.45	0.97	1.11	1.24	1.29	1.34	1.40	1.45	1.50	1.56	1.62	1.69	1.78	1.99
0.50	0.71	0.85	0.98	1.04	1.09	1.14	1.20	1.25	1.31	1.37	1.44	1.53	1.73
0.52	0.62	0.76	0.89	0.95	1.00	1.05	1.11	1.16	1.22	1.28	1.35	1.44	1.64
0.54	0.54	0.68	0.81	0.86	0.92	0.97	1.02	1.08	1.14	1.20	1.27	1.36	1.56
0.56	0.46	0.60	0.73	0.78	0.84	0.89	0.94	1.00	1.05	1.12	1.19	1.28	1.48
0.58	0.39	0.52	0.66	0.71	0.76	0.81	0.87	0.92	0.98	1.01	1.11	1.20	1.41
0.60	0.31	0.45	0.58	0.64	0.69	0.74	0.80	0.85	0.91	0.97	1.04	1.13	1.33
0.62	0.25	0.39	0.52	0.57	0.62	0.67	0.73	0.78	0.84	0.90	0.97	1.06	1.27
0.64	0.18	0.32	0.45	0.51	0.56	0.61	0.67	0.72	0.78	0.84	0.91	1.00	1.20

续表

原功率因数 $\cos\phi_1$	要提高到的功率因数 $\cos\varphi_2$												
	0.70	0.75	0.80	0.82	0.84	0.86	0.88	0.90	0.92	0.94	0.96	0.98	1.00
0.66	0.12	0.26	0.39	0.45	0.49	0.55	0.60	0.66	0.71	0.78	0.85	0.94	1.14
0.68	0.06	0.20	0.33	0.38	0.43	0.49	0.54	0.6	0.65	0.72	0.79	0.88	1.08
0.70		0.14	0.27	0.33	0.38	0.43	0.49	0.54	0.60	0.66	0.73	0.82	1.02
0.72		0.08	0.22	0.27	0.32	0.37	0.43	0.48	0.54	0.60	0.67	0.76	0.97
0.74		0.03	0.16	0.21	0.26	0.32	0.37	0.43	0.48	0.55	0.62	0.71	0.91
0.76			0.11	0.16	0.21	0.26	0.32	0.37	0.43	0.50	0.56	0.65	0.86
0.78			0.05	0.11	0.16	0.21	0.27	0.32	0.38	0.44	0.51	0.60	0.80
0.80				0.05	0.10	0.16	0.21	0.27	0.33	0.39	0.46	0.55	0.75
0.82					0.05	0.10	0.16	0.23	0.27	0.33	0.40	0.49	0.70
0.84						0.05	0.11	0.16	0.22	0.28	0.35	0.44	0.65
0.86							0.06	0.11	0.17	0.23	0.30	0.39	0.59
0.88								0.06	0.11	0.17	0.25	0.33	0.54
0.90									0.06	0.12	0.19	0.28	0.48
0.92										0.06	0.13	0.22	0.43
0.94											0.07	0.16	0.36

（4）在轻负荷时（如深夜），电缆回路数较多的 110kV 及以下电压等级变电所，可能在切除并联电容器组后，仍出现电压过高并向系统倒送无功的情况，此时，应在变电所的中压或低压母线上装设并联电抗器；对 220kV 变电所，当切除并联电容器后一次母线的功率因数仍高于 0.98 时，亦应装设并联电抗器。

三、无功补偿装置的选用

（1）并联电容器和并联电抗器是无功补偿的主要常用设备，应予优先选用。

（2）在远距离超高压送电线路上可选用串联补偿电容器，以减少电抗。其补偿度（容性无功补偿容量与最大有功负荷之比）一般不小于 50%。

（3）220～500kV 电网受端系统，为提高输送能力和系统稳定水平，或长距离送电线路中途缺乏电压支持时，经技术经济比较，可装设同步调相机。

（4）为防止系统电压崩溃，提高系统电压稳定性，经技术经济比较，可在线路中点附近或多处安装静止无功补偿器；对于冲击性负荷、波动性负荷、严重不平衡负荷，也应采用静止补偿器，以减小对系统及其他用户的影响。

四、无功平衡中的无功电源

1. 发电机的无功出力

不同容量的汽轮发电机的额定无功容量，发电机可送入系统的无功出力估算值，列于表 2-5。

发电机无功出力的调节简便、灵活、经济，应予充分运用。但发电机功率因数的调节将受到系统的运行方式、安全稳定性等诸方面的限制，应通过试验研究后，确定调节幅度

表 2−5　　　汽轮发电机额定无功功率及其可送入系统的无功功率估算值

额定有功功率 （MW）	$\cos\varphi$	额定无功功率 （Mvar）	扣去厂用电可送无功功率 （Mvar）	经升压后可送无功功率 （Mvar）
3	0.8	2.25	2	1.8
6	0.8	4.5	4	3.5
12	0.8	9	8	6.7
25	0.81	18.8	17	14
50	0.8	37.5	33	27
100	0.85	62	54	40
125	0.85	77.5	67	48
200	0.85	124	110	75
300	0.85	186	160	110
600	0.85	372	320	240

和相应的条件。通常情况为：

（1）直接升压到 330kV、500kV 的发电机，位于送端，要少发些无功，其功率因数可为 0.90；而位于受端，则可适当多发些无功，功率因数为 0.85～0.90。

（2）位于直流输电系统送端的发电机，因换流站要吸取大量无功，功率因数为 0.85；交直流混合输电送端的发电机，功率因数为 0.85～0.90。

（3）位于受端其他发电机的功率因数，一般为 0.80～0.85。

（4）发电机必要时可作低功率因数运行或高功率因数运行，甚至进相运行，以满足系统无功平衡的要求。但在规划设计时，对此不应过多依赖。

（5）新装发电机组在有功功率为额定时，均具有以超前功率因数 0.95（进相）运行的能力，其他机组则应根据试验确定。

（6）水轮发电机远离负荷中心，一般不考虑调相运行（即只发无功不发有功）。

2. 调相机的无功出力

调相机无功出力的可调范围大，可发可吸，能连续平滑调节。一般调相机既可长期发出其额定无功出力，又可长期吸收 50％额定容量的无功功率。

3. 送电线路的充电功率

运行中的送电线路，特别是超高压远距离送电线路以及电缆线路，也是不可忽视的无功电源。线路产生的无功功率也称充电功率 $Q_{C.L}$，可用下式计算：

$$Q_{C.L} = BU^2 \tag{2−14}$$

式中　B——线路电纳，S；

　　　U——线路运行电压，通常采用平均额定电压值，kV。

在设计时，线路的充电功率或电纳通常有资料可查。架空送电线路的充电功率列于表 2−6，电缆线路（6～35kV）的电纳列于表 2−7。

表 2-6　　　　　　　　　110kV 及以上送电线路的电容值及充电功率

导线型号	110kV		220kV				330kV		500kV		750kV	
	单导线		单导线		二分裂		二分裂		四分裂		四分裂	
	C_L (μF/100km)	Q_{CgL} (Mvar/100km)	C_L (μF/100km)	Q_{CgL} (Mvar/100km)	C_L (μF/100km)	Q_{CgL} (Mvar/100km)	C_L (μF/100km)	Q_{CgL} (Mvar/100km)	C_L (μF/100km)	Q_{CgL} (Mvar/100km)	C_L (μF/100km)	Q_{CgL} (Mvar/100km)
LGJ—95/20	0.844	3.504										
LGJ—120/25	0.860	3.572										
LGJ—150/25	0.871	3.618										
LGJ—185/30	0.885	3.675	0.821	13.65	1.119	18.59						
LGJ—210/35	0.896	3.721	0.831	13.80	1.197	18.73						
LGJ—240/40	0.905	3.758	0.838	13.93	1.134	18.85	1.104	41.29				
LGJ—300/40	0.920	3.820	0.851	14.14	1.146	19.05	1.115	41.70	1.270	110.0		
LGJ—400/50	0.942	3.912	0.870	14.46	1.163	19.33	1.132	42.31	1.280	110.9	1.248	242.8
LGJ—500/45			0.881	14.65	1.173	19.50	1.141	42.67	1.286	111.4	1.253	243.9
LGJ—630/55							1.160	43.38	1.296	112.3	1.263	245.8
LGJ—800/70									1.305	113.0	1.272	247.4

表 2-7　　　　　　　　　常用三芯电缆的电阻电抗及电纳值

导体截面 (mm²)	电阻 (Ω/km)		电抗 (Ω/km)				电纳 (10^{-6} S/km)			
	铜芯	铝芯	6kV	10kV	20kV	35kV	6kV	10kV	20kV	35kV
10			0.100	0.113			60	50		
16			0.094	0.104			69	57		
25	0.74	1.28	0.085	0.094	0.135		91	72	57	
35	0.52	0.92	0.079	0.083	0.129		104	82	63	
50	0.37	0.64	0.076	0.082	0.119		119	94	72	
70	0.26	0.46	0.072	0.079	0.116	0.132	141	100	82	63
95	0.194	0.34	0.069	0.076	0.110	0.126	163	119	91	68
120	0.153	0.27	0.069	0.076	0.107	0.119	179	132	97	72
150	0.122	0.21	0.066	0.072	0.104	0.116	202	144	107	79
185	0.099	0.17	0.066	0.069	0.100	0.113	229	163	116	85
240			0.063	0.069			257	182		
300			0.063	0.066						

第三章　电力变压器选择

第一节　发电厂和变电所主变压器选择

在发电厂和变电所中，用来向系统或用户输送功率的变压器，称为主变压器；用于两种电压等级之间交换功率的变压器，称为联络变压器；只供本厂（所）用电的变压器，称为厂（所）用变压器或称自用变压器。

一、确定变压器容量、台数的原则

主变压器的容量、台数直接影响主接线的形式和配电装置的结构。它的确定除依据传递容量等原始资料外，还应根据电力系统 5～10 年发展规划、馈线回路数、电压等级以及接入系统的紧密程度等因素，进行综合分析和合理选择。

如果变压器容量选得过大、台数过多，不仅增加投资，增大占地面积，而且也增加了运行电能损耗，设备未能充分发挥效益；若容量选得过小，将可能"封锁"发电机剩余功率的输出，或者不能满足变电所负荷的实际需要。这在技术上和经济上都是不合理的，因为每千瓦发电设备投资远大于每千瓦变电设备的投资。

发电厂或变电所主变压器的台数与电压等级、接线形式、传输容量以及和系统的联系有密切关系。通常与系统具有强联系的大、中型发电厂和枢纽变电所，在一种电压等级下，主变压器应不少于两台；而对弱联系的中、小型电厂和低压侧电压为 6～10kV 的变电所或与系统联系只是备用性质时，可只装一台主变压器。

变压器是一种静止电器，运行实践证明它的工作是比较可靠的。一般寿命为 20 年，事故率较小。通常设计时，不必考虑另设专用备用变压器。但大容量单相变压器组是否需要设置备用相，应根据电力系统要求，经过经济技术比较后确定。

（一）选择发电厂主变压器应遵循的基本原则

1. 单元接线的主变压器容量的确定原则

单元接线时变压器容量应按发电机的额定容量扣除本机组的厂用负荷后，留有 10% 的裕度来确定。采用扩大单元接线时，应尽可能采用分裂绕组变压器，其容量亦应按单元接线的计算原则算出的两台机容量之和来确定。

2. 具有发电机电压母线的主变压器容量的确定原则

连接在发电机电压母线与系统之间的主变压器的容量，应考虑以下因素：

（1）当发电机全部投入运行时，在扣除厂用负荷、且发电机直供负荷为最小时，主变压器应能将发电机全部剩余容量送入系统。

（2）当接在发电机电压母线上的最大一台机组检修或故障，主变压器应能从电力系统倒送功率，保证机压母线最大负荷之需。此时，应计及发电机电压母线上负荷可能的增加，以及变压器允许的短时过负荷能力。

（3）若发电机电压母线上接有两台或以上的主变压器时，当其中容量最大的一台因故退出运行时，其他主变压器在计及正常过负荷能力后，应能输送母线剩余功率的 70% 以上。

（4）在丰水期，应充分利用水能。有时，可能停用火电厂的部分或全部机组，以节省燃料。此时火电厂主变压器，应具有从系统倒送功率，以满足发电机直供负荷的能力。

3. 连接两种升高电压母线的联络变压器容量的确定原则

（1）联络变压器容量，应能满足在各种不同运行方式下，两种电压网络间功率交换的需要。

（2）联络变压器容量，一般不应小于接在两种电压母线上最大一台机组的容量，以保证最大一台机组故障或检修时，可通过联络变压器来满足本侧负荷的要求；同时，也可在线路检修或故障时，通过联络变压器将剩余容量送入另一电压系统。

（3）联络变压器通常只选一台。在允许中性点直接接地时，以选自耦变压器为宜。其低压第三绕组可兼作厂用备用电源，或引接无功补偿装置。

（二）选择变电所主变压器应遵循的基本原则

变电所主变压器容量，一般应按 5～10 年规划、负荷性质、电网结构等综合考虑确定其容量。对重要变电所，应考虑当一台主变压器停运时，其余变压器容量在计及过负荷能力允许时间内，应满足Ⅰ类及Ⅱ类负荷的供电；对一般性变电所，当一台主变压器停运时，其余变压器容量应能满足全部负荷的 70% 以上。

二、主变压器型式选择原则

选择主变压器型式时，应考虑以下问题。

1. 变压器相数的确定

（1）在 330kV 及以下电力系统中，一般都应选用三相变压器。如采用单相变压器组，则投资大、占地多、运行损耗也较大，同时也使配电装置结构复杂。

（2）特大型变压器受制造条件和运输条件的限制，可能会选用单相变压器组。从制造厂到发电厂的运输途中，变压器尺寸和重量不能超过隧洞、桥涵的允许限额以及车船、码头等的允许承载能力。若受到限制时，宜选用 3 台单相变压器或 2 台小容量的三相变压器，取代 1 台大容量三相变压器。

2. 变压器绕组数的确定

国内电力系统中采用的变压器按其绕组数分类，有双绕组普通式、三绕组式、自耦式以及低压绕组分裂式等变压器。

（1）如果发电厂采用两种升高电压级升压，当最大机组容量为 125MW 及以下时，多采用三绕组变压器，因为 1 台三绕组变压器的价格及所使用的控制电器和辅助设备，与相应的 2 台双绕组变压器相比都较少。但三绕组变压器的每个绕组的通过容量应达到该变压器额定容量的 15% 及以上，否则绕组容量未能充分利用，反而不如选用 2 台双绕组变压器合理。

（2）200MW 及以上的大机组，发电机回路及厂用分支回路均采用分相封闭母线，一般采用双绕组变压器单元接线另加联络变压器的方案。联络变压器则多选用三绕组变压器，低压第三绕组可作厂用电源或厂用备用/启动电源，亦可连接无功补偿装置。

（3）当2台较小机组采用扩大单元接线时，应优先选用低压分裂绕组变压器，这样，可以大大限制短路电流。

（4）在110kV及以上中性点直接接地系统中，凡需选用三绕组变压器的场所，均可优先选用自耦变压器，它损耗小、体积小、效率高，但其限制短路电流的效果较差，变比不宜过大。

3. 分裂绕组变压器

分裂绕组变压器是由一个高压绕组和两个（或多个）同等电压、同等容量的低压绕组组成的变压器，这些低压绕组称作分裂绕组。一般以两个分裂绕组为多。

分裂变压器通常有三种运行方式。当一个分裂绕组对另一个分裂绕组运行时，称为分裂运行，此时的阻抗最大，能有效地限制短路电流。

4. 变压器绕组接线组别的确定

变压器三相绕组的接线组别必须和系统电压相位一致，否则，不能并列运行。电力系统常用的绕组连接方式只有星形（Y）和三角形（△）两种。变压器三相绕组的连接方式应根据具体工程来确定。我国110kV及以上电压，变压器三相绕组都采用Y_N连接，中性点直接接地；35kV采用Y连接，其中性点多通过消弧线圈接地；10kV系统中性点不接地，绕组多采用△连接。

在发电厂中，一般考虑系统或机组的同步并列要求，以及限制三次谐波对发电机的影响等因素，根据上述绕组连接方式的原则，主变压器接线组别一般都选用Y_N，d11（以前表示为$Y_0/△-11$）常规接线，因为△接线可以阻截住有害的3次谐波。

近年来，国内外亦有采用全星形接线组别的变压器，其零序阻抗较大，有利于限制短路电流。同时，也便于在中性点处连接消弧线圈。但是，由于全星形变压器3次谐波无通路，将引起正弦波电压畸变，并对通信设备发生干扰，同时，对继电保护整定的准确度和灵敏度均有影响。

5. 变压器调压方式的确定

为了保证发电厂或变电所的供电质量，电压必须维持在允许范围内。通过变压器的分接头切换开关，可改变变压器高（或中）压侧绕组匝数，从而改变其变比，实现电压调整。分接头切换开关有两种切换方式：

（1）不带电切换，称为无激磁调压，调压范围较小，通常是$±2×2.5\%$以内。

（2）另一种是带负荷切换，称为有载调压，调压范围可达30%。

有载调压变压器结构较复杂，价格较贵，在输电系统中至少应选用一级或两级有载调压变压器；而在发电厂中，只在以下情况下才予以选用：①出力变化大的发电厂的主变压器，特别是潮流方向不固定，又要求变压器副边电压维持在一定水平时；②功率方向可逆的联络变压器，为保证供电质量，要求母线电压恒定时；③有时发电机无功出力大，发电机常在低功率因数下运行时。

6. 变压器冷却方式的选择

电力变压器的冷却方式，随其型式和容量不同而异，一般有以下几种类型。

（1）自然风冷却。一般适于7500kVA以下较小容量变压器。为使热量散发到空气中，装有片状或管形辐射式冷却器，以增大油箱冷却面积。

（2）强迫空气冷却。简称为风冷式。容量大于 10000kVA 的变压器，常采用人工风冷。在辐射器管间加装数台电动风扇，用风吹冷却器，使油迅速冷却，加速热量散出。风扇的启停可以自动控制，亦可人工操作。

（3）强迫油循环水冷却。大容量变压器采用潜油泵强迫油循环，同时用冷水对油管道进行冷却，带走变压器中热量。采用这种冷却方式散热效率高，节省材料，减小变压器本体尺寸。但要一套水冷却系统，且对冷却器的密封性能要求较高。即使只有极微量的水渗入油中，也会严重影响油的绝缘性能，故油压应高于水压，以免水渗入油中。

（4）强迫油循环风冷却。类似于强迫油循环水冷，采用潜油泵强迫油循环，同时用风扇对油管进行冷却。

（5）强迫油循环导向冷却。它是利用潜油泵将冷油压入线圈之间、线饼之间和铁芯的油道中，使铁芯和绕组中的热量直接由具有一定流速的油带走，而变压器上层热油用潜油泵抽出，经过水冷却器或风冷却器冷却后，再由潜油泵注入变压器油箱底部，构成变压器的油循环。近年来大型变压器都采用这种冷却方式。

（6）水内冷变压器。变压器绕组用空心导体制成。在运行中，将纯水注入空心绕组中，借助水的不断循环，将变压器中热量带走。但水系统比较复杂，且变压器价格较高。

（7）变压器的新冷却方式。充气式变压器，采用 SF_6 气体取代变压器油；或在油浸变压器中装设蒸发冷却装置（类似空调），利用冷却介质在热交换器中蒸发时的巨大吸热能力，使变压器油温降低。这种新冷却方式，国内外尚处于研制阶段，尚未得到工程应用。

第二节　常用变压器规格及参数

近些年来，全国电力变压器制造厂家在有关部委的领导下，修订了有关标准，实行了部分产品统一设计，淘汰了一大批损耗高、结构不合理产品，推荐使用 S7、SE7、SLE7、S9 等新系列产品，为电力系统安全、可靠、经济运行提供了条件。

一、变压器额定容量

根据国家标准 GB 1094《电力变压器》规定，三相变压器额定容量应尽量采用下列优先数，即 R_{10} 系列：5、6.3、8.0、10、12.5、16、20、25、31.5、40、50、63、80、100、125、160、200、250、315、400、500、630、800、1000 等。

组成三相变压器的单相变压器，其额定容量推荐值为优先数的 1/3；不作上述用途的单相变压器，其额定容量与三相变压器相同。

对于大容量变压器，上述优先数仍有级差较大、与发电机不相配等问题，为此，当容量大于 63000kVA 时，可向厂家订制。

二、变压器连接组表示方法

变压器连接组采用国际电工标准（IEC）表示法。

（1）三相变压器或三只单相变压器的同一电压等级的相绕组连接成星形、三角形、曲折形时，对于高压绕组分别用大写字母 Y、D、Z 表示；对于中、低压绕组分别用小写字母 y、d、z 表示。如果星形或曲折形连接时，中性点是引出的，则分别用 Y_N 或 Z_N，y_n

或 z_n 表示。各类型变压器均按高、(中)、低压绕组的顺序书写，它们之间用逗号隔开。

(2) 在两个绕组具有公共部分的自耦变压器中，额定电压较低的一个绕组用字母 a 表示，并写在有自耦关系的较高电压绕组之后。

(3) 单相变压器的绕组用 I 表示。

(4) 带有星形—三角形变换连接或分裂绕组的变压器，在两个连接代号或分裂绕组代号之间用"—"隔开。

(5) 绕组间的电压相位移，以高压绕组的电压矢量作为原始位置，用钟的时序数表示。常用的 12 点钟相位移用 0 表示，11 点钟相位移用 11 表示，分别写在中、低压绕组代号之后。

常用连接组表示法以及与原表示法的对照见表 3-1。

表 3-1　　　　　　　　　　常 用 连 接 组 标 号

现标号	原标号	现标号	原标号
Y，y_n 0	Y/Y$_0$-12	Y$_N$，d 11	Y$_0$/△-11
Y$_N$，y_n0，d11	Y$_0$/Y$_0$/△-12-11	Y$_N$，a0，d11	0-Y$_0$/△-12-11
I，I$_0$	I/I-12	I，a0，I$_0$	0-I/I-12-12
Y-D，d11-0	Y-△/△-11-12	Y$_N$，d11-d11	Y$_0$/△-△-11-11

三、变压器阻抗电压

阻抗电压原称短路电压 ($U_k\%$)，以额定电压的百分数表示。对于三绕组变压器和自耦变压器，若中(或低)压绕组容量小于 100% 额定容量时，将给出换算至 100% 额定容量组合时的数值。

四、变压器型号

变压器型号由汉语拼音字母和数字组成，其表达方式如图 3-1 所示，其基本代号及含义见表 3-2。

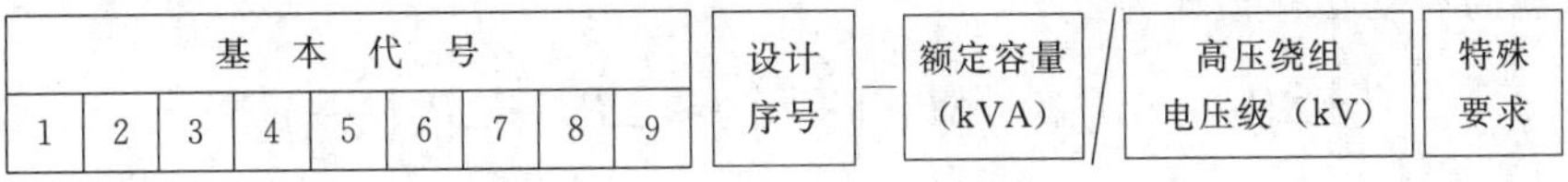

基 本 代 号									设计序号	额定容量 (kVA)	高压绕组电压级 (kV)	特殊要求
1	2	3	4	5	6	7	8	9				

图 3-1　变压器型号表达方式

表 3-2　　　　　　　　　　电力变压器的基本代号及其含义

基本代号	1		2		3			4			5		6			7		8		9	
	耦合		相数		圈外绝缘			冷却			油循环		绕组数			调压		中性点		线材	
结构特点	普通	自耦	单相	三相	油	空气	成型固体	自冷	风冷	水冷	自然	强导	强迫	双	三	分裂	无励磁	有载	普通	全绝缘	铜	铝 铜铝
代表符号		O	D	S		G	C		F	S		D	P		S	F		Z		Q	L	Lb

注　栏内空白者，不表示；Lb 表示同一台变压器的高、中、低压绕组分别用铜、铝线材；特殊要求：热带用 T，湿热带用 TH，干热带用 TA 表示。

举例如下：

SL7—800/35 表示三相、油浸自冷、自然循环、双绕组、无励磁调压、铝导线、设计序号为 7（节能型）、额定容量 800kVA、高压绕组 35kV 的变压器。

SFP7—63000/110 表示三相、风冷强迫油循环、双绕组、无励磁调压、铜导线、设计序号 7、额定容量 63000kVA、高压绕组 110kV 的变压器。

ODFPSZ—l67000/500 表示自耦、单相、风冷强迫油循环、三绕组、有载调压、额定容量 167000kVA、高压绕组 500kV 变压器。

本书根据沈阳变压器厂、常州变压器厂和西安电炉变压器厂的产品目录，选编出 10 ～500kV 各类电力变压器，分别列于附录三中附表 3-1～附表 3-12，供参考选用。

第三节　变压器的损耗

变压器功率损耗包括有功损耗和无功损耗两大部分。

一、变压器的有功功率损耗

变压器的有功功率损耗由两部分组成。

1. 铁损 ΔP_{Fe}

即铁芯中的有功功率损耗。在变压器一次绕组外施电压和频率不变的条件下，铁损是固定不变的，与负荷大小无关。空载实验时，变压器的有功损耗 ΔP_0 可认为就是铁损，因为空载电流 I_0 很小，I_0 在一次绕组中产生的有功损耗可忽略不计。

2. 铜损 ΔP_{Cu}

即有负荷时变压器一、二次绕组中的有功功率损耗。铜损与负荷电流（或功率）的平方成正比，可由变压器短路实验测定。变压器的短路损耗 ΔP_k 可认为就是铜损，因为变压器二次绕组短路时，一次侧外施的短路电压 U_k 很小，在铁芯中产生的有功功率损耗可忽略不计。

3. 变压器的有功功率损耗公式

变压器的有功功率损耗为：

$$\Delta P_T = \Delta P_{Fe} + \Delta P_{Cu} \left(\frac{S_{30}}{S_N}\right)^2 \approx \Delta P_0 + \Delta P_k \left(\frac{S_{30}}{S_N}\right)^2 \qquad (3-1)$$

或

$$\Delta P_T \approx \Delta P_0 + \Delta P_k \beta^2 \qquad (3-2)$$

式中　　S_N——变压器的额定容量；

$\quad\quad\ S_{30}$——变压器的计算负荷；

$\quad\quad\ \beta$——变压器的负荷率，$\beta = S_{30}/S_N$。

二、变压器的无功功率损耗

变压器的无功功率损耗也由两部分组成。

1. ΔQ_0

用来产生主磁通的一部分无功功率，用 ΔQ_0 表示。它只与绕组电压有关，与负荷无关。ΔQ_0 与励磁电流（或近似地与空载电流）成正比，即：

$$\Delta Q_0 \approx \frac{I_0 \%}{100} S_N \qquad (3-3)$$

式中　$I_0\%$——变压器空载电流占额定电流的百分值。

2. ΔQ_N

额定负荷下消耗在变压器绕组电抗上的无功功率，用 ΔQ_N 表示。由于变压器绕组的电抗远大于电阻，因此 ΔQ_N 近似地与短路电压（即阻抗电压）成正比，即：

$$\Delta Q_N \approx \frac{U_k\%}{100} S_N \qquad (3-4)$$

式中　$U_k\%$——变压器的短路电压占额定电压的百分值。

3. 变压器的无功功率损耗公式

变压器的无功功率损耗为：

$$\Delta Q_T = \Delta Q_0 + \Delta Q_N \left(\frac{S_{30}}{S_N}\right)^2 \approx S_N \left[\frac{I_0\%}{100} + \frac{U_k\%}{100}\left(\frac{S_{30}}{S_N}\right)^2\right] \qquad (3-5)$$

或

$$\Delta Q_T \approx S_N \left[\frac{I_0\%}{100} + \frac{U_k\%}{100}\beta^2\right] \qquad (3-6)$$

上述公式中的 ΔP_0、ΔP_k、$I_0\%$ 和 $U_k\%$（或 $U_z\%$）等，均可从有关手册或变压器产品样本中查得。

三、变压器功率损耗的简化公式

S7、S9 型等低损耗电力变压器的功率损耗，可按下列简化公式近似计算：

有功损耗　　　　　　　　$\Delta P_T \approx 0.015 S_{30}$ 　　　　　　　　　$(3-7)$

无功损耗　　　　　　　　$\Delta Q_T \approx 0.06 S_{30}$ 　　　　　　　　　$(3-8)$

这里的 S_{30} 是通过该变压器的实际计算负荷值。

第四章　电气主接线及其设计

第一节　概　　述

一、电气主接线的概念及其重要性

在发电厂和变电所中，发电机、变压器、断路器、隔离开关、电抗器、电容器、互感器、避雷器等高压电气设备，以及将它们连接在一起的高压电缆和母线，构成了电能生产、汇集和分配的电气主回路。这个电气主回路被称为电气一次系统，又称为电气主接线。

用规定的设备图形和文字符号，按照各电气设备实际的连接顺序而绘成的能够全面表示电气主接线的电路图，称为电气主接线图。主接线图中还标注出各主要设备的型号、规格和数量。由于三相系统是对称的，所以主接线图常用单线来代表三相（必要时某些局部可绘出三相），也称为单线图。

发电厂、变电所的电气主接线可有多种形式。选择何种电气主接线，是发电厂、变电所电气部分设计中的最重要问题，对各种电气设备的选择、配电装置的布置、继电保护和控制方式的拟定等都有决定性的影响，并将长期地影响电力系统运行的可靠性、灵活性和经济性。

二、对电气主接线的基本要求

电气主接线必须满足可靠性、灵活性和经济性三项基本要求。

（一）可靠性要求

供电可靠性是指能够长期、连续、正常地向用户供电的能力，现在已经可以进行定量的评价。例如，供电可靠性为 99.80%，即表示一年中用户中断供电的时间累计不得超过17.52h。电气主接线不仅要保证在正常运行时，还要考虑到检修和事故时，都不能导致一类负荷停电，一般负荷也要尽量减少停电时间。为此，应考虑设备的备用，并有适当的裕度，此外，选用高质量的设备也能提高可靠性。显然，这些都会导致费用的增加，与经济性的要求发生矛盾。因此，应根据具体情况进行技术经济比较，保证必要的可靠性，而不可片面地追求高可靠性。

（二）灵活性要求

（1）满足调度时的灵活性要求。应能根据安全、优质、经济的目标，灵活地投入和切除发电机、变压器和线路，灵活地调配电源和负荷，满足系统正常运行的需要。而在发生事故时，则能迅速方便地转移负荷或恢复供电。

（2）满足检修时的灵活性要求。在某一设备需要检修时，应能方便地将其退出运行，并使该设备与带电运行部分有可靠的安全隔离，保证检修人员检修时方便和安全。

（3）满足扩建时的灵活性要求。大的电力工程往往要分期建设。从初期的主接线过渡到最终的主接线，每次过渡都应比较方便，对已运行部分影响小，改建的工程量不大。

（三）经济性要求

在主接线满足必要的可靠性和灵活性的前提下，应尽量做到经济合理。

1. 努力节省投资

（1）主接线过于复杂可能反而会降低可靠性。应力求简单，断路器、隔离开关、互感器、避雷器、电抗器等高压设备的数量力求较少，不要有多余的设备，性能也要适用即可。

（2）有时应采取限制短路电流的措施，以便可以选用便宜的轻型电器，并减少出线电缆的截面。

（3）要能使继电保护和二次回路不过分复杂，以节省二次设备和控制电缆。

2. 努力降低电能损耗

应避免迂回供电。主变压器的型号、容量、台数的选择要经济合理。

3. 尽量减少占地

土地是极为宝贵的资源，主接线设计应使配电装置占地较少。

三、电气主接线的基本形式

电气主接线分为有汇流母线和无汇流母线两大类，具体又有多种形式，如图 4-1 所示。

电气主接线的主体是电源（进线）回路

图 4-1　电气主接线的基本型式

```
                                        ┌ 单母线 ┌ 简单单母线
                                        │        ├ 单母线分段
                             ┌ 有汇流母线┤        └ 单母线带旁路
                             │          │        ┌ 简单双母线
                             │          │        ├ 双母线分段
电气主接线┤                  │          └ 双母线 ├ 双母线带旁路
                             │                   ├ 3/2 断路器双母线
                             │                   └ 变压器—母线接线
                             │          ┌ 单元及扩大单元接线
                             └ 无汇流母线┤        ┌ 内桥接线
                                        ├ 桥形接线┤
                                        │        └ 外桥接线
                                        └ 角形接线
```

和线路（出线）回路。当进线和出线数超过 4 回时，为便于连接，常需设置汇流母线来汇集和分配电能。设置母线后使运行方便灵活，也有利于安装、检修和扩建；但另一方面，又使断路器等设备增多，配电装置占地扩大，投资增加，因此又有无汇流母线的主接线形式。

第二节　单母线接线

一、普通单母线

这种主接线最简单，只有一组（指 A、B、C 三相）母线，所有进、出线回路均连接到这组母线上，见图 4-2。

1. 断路器及隔离开关的配置

（1）若主接线中进线回路和出线回路的总数为 n，则单母线接线中断路器的数量也是 n，即每一回路都配置一台断路器。

（2）隔离开关配置在断路器的两侧，以使断路器检修时能形成隔离电源的明显断口。这是隔离开关的主要作用，也是它命名的来源。其中紧靠母线一侧的称为母线隔离开关（如 QS_1、QS_2），而靠线路一侧的称为线路隔离开关（如 QS_3），靠近变压器（发电机）

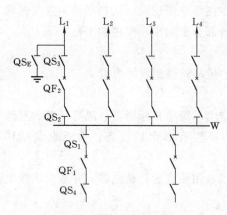

图 4-2　普通单母线接线

QF—断路器；QS—隔离开关；QS$_E$—接地
隔离开关；W—母线；L—出线

2．断路器和隔离开关的联锁

（1）隔离开关和断路器在运行操作时，必须严格遵守操作顺序，严禁带负荷拉隔离开关。例如当线路 L$_1$ 停电时，必须先断开断路器 QF$_2$，然后再拉开线路侧隔离开关 QS$_3$，最后拉开母线侧 QS$_2$；而在送电时，必须先合上隔离开关 QS$_2$，再合上 QS$_3$，最后再合上断路器 QF$_2$。

（2）为防止人员误操作，在隔离开关与相应的断路器之间，必须装设能够防止违反上述操作顺序的机械闭锁或电磁闭锁。

3．普通单母线接线的优缺点

（1）优点：接线简单清晰，设备少、投资低，操作方便，便于扩建，也便于采用成套配电装置。另外，隔离开关仅仅用于检修，不作为操作电器，因此不容易发生误操作。

（2）缺点：可靠性不高，不够灵活。断路器检修时该回路需停电，母线或母线隔离开关故障或检修时，则需全部停电。

4．普通单母线接线的适用范围

普通单母线不能作为惟一电源供电给一类负荷，在此前提下可用于以下情形：

（1）6～10kV 配电装置的出线不超过 5 回时。

（2）35～60kV 配电装置的出线不超过 3 回时。

（3）110～220kV 配电装置的出线不超过 2 回时。

二、单母线分段接线

1．断路器及隔离开关的配置

与一般单母线接线相比，单母分段接线增加了一台母线分段断路器 QF 以及两侧的隔离开关 QS$_1$、QS$_2$，见图 4-3。当负荷量较大且出线回路很多时，还可以用几台分段断路器将母线分成多段。

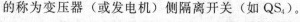

的称为变压器（或发电机）侧隔离开关（如 QS$_4$）。

（3）若进线来自发电机，则断路器 QF$_1$ 与发电机之间常可省去隔离开关（QS$_4$）。但有时为发电机试验提供方便，也不省去或设置一个可拆连接点。

（4）QS$_E$ 为接地隔离开关。当电压在 110kV 及以上时，断路器两侧与隔离开关之间均可装设接地隔离开关，每段母线上应装设 1～2 组接地隔离开关。接地隔离开关只在要检修的相关线路和设备隔离电源后（隔离开关断开）才能合上，并且互相有机械闭锁（例如图 4-2 中的 QS$_E$ 和 QS$_3$ 互相闭锁）。接地隔离开关可以取代需临时安装的安全接地线。

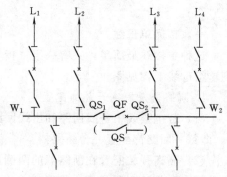

图 4-3　单母线分段接线

QS—分段隔离开关；QF—分段断路器

2. 单母分段的优点及适用范围

单母分段接线能提高供电的可靠性。当任一段母线或某一台母线隔离开关故障及检修时,自动或手动跳开分段断路器 QF,仅有一半线路停电,另一段母线上的各回路仍可正常运行。重要负荷分别从两段母线上各引出一条供电线路,就保证了足够的供电可靠性。两段母线同时故障的概率很小,可以不予考虑。当可靠性要求不高时,也可用隔离开关 QS 将母线分段,故障时将会短时全厂停电,待拉开分段隔离开关后,无故障段即可恢复运行。

单母线分段接线除具有简单、经济和方便的优点,可靠性又有一定程度的提高,因此在中、小型发电厂和变电所中仍被广泛应用,具体应用范围如下:

(1) 6～10kV 配电装置总出线回路数为 6 回及以上时,每一分段上所接的总容量,不宜超过 25MW。

(2) 35～60kV 配电装置总出线回路数为 4～8 回时。

(3) 110～220kV 配电装置总出线回路数为 3～4 回时。

三、单母线带旁路母线接线

带旁路母线的单母线接线,如图 4-4 所示。

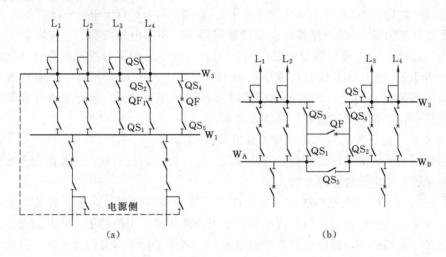

图 4-4 带旁路母线的单母线(或分段)接线
(a) 单母线不分段带旁路母线接线;(b) 单母线分段兼旁路的接线
W₁(W_A、W_B)—母线;W₃—旁路母线;QF—旁路断路器;QS—旁路隔离开关

1. 旁路母线的作用

断路器经过长期运行或者开断一定次数的短路电流之后,其机械性能和灭弧性能都会下降,必须进行检修以恢复其性能。一般情况下,该回路必须停电才能检修。设置旁路母线的惟一目的,就是可以不停电地检修任一台出线断路器(图 4-4 中加虚线部分后也适于进线断路器)。要特别指出:旁路母线不能代替母线工作。

2. 旁路母线在检修断路器时的操作过程

正常运行时,专用旁路断路器 QF 及其两侧的隔离开关 QS₄、QS₅ 断开,每一回出线与旁路母线相连的旁路隔离开关(如 QS)也全部断开,旁路母线处于"悬空"无电状态。

如要检修某一回出线 L₄ 的断路器 QF₁,应按以下步骤操作〔参见图 4-4 (a)〕:

（1）合上旁路断路器两侧的隔离开关 QS_4、QS_5。

（2）合上旁路断路器 QF，对旁路母线充电检查（如旁路母线存在短路则旁路断路器会自动跳开）。

（3）如旁路母线充电正常，合上该出线的旁路隔离开关 QS（此时该出线与旁路母线是等电位的，可以用隔离开关进行合闸操作）。

（4）断开要检修的出线断路器 QF_1。

（5）断开两侧的隔离开关 QS_2 和 QS_1。

这样该台断路器已停电且被安全地与电源隔离，可以进行检修了。在上述操作过程中，该出线一直正常运行，没有停电。在该出线断路器检修期间，由旁路断路器代替被检修的出线断路器工作，并负责短路时自动跳闸（两者的规格相同，并应注意替代前先将旁路断路器保护整定值调整到与该线路断路器的保护整定值相同）。

3. 由分段断路器兼作旁路断路器

图 4-4（b）中不设专用的旁路断路器，而由分段断路器 QF 兼任。正常运行时，QS_3、QS_4 以及所有出线的旁路隔离开关（如 QS）都断开，旁母处于无电状态。分段断路器 QF 及两侧隔离开关 QS_1、QS_2 合上（分段隔离开关 QS_5 断开），运行于单母分段状态。

当要检修某出线 L_3 的断路器时，分段断路器 QF 要退出分段功能，临时担任旁路断路器工作。此时可从 A 段母线受电经由 QS_1—QF—QS_4 给旁路母线充电检查（此时 QS_2 和 QS_3 要断开）；也可从 B 段母线受电经由 QS_2—QF—QS_3 给旁路母线充电检查（此时 QS_1 和 QS_4 要断开）。A、B 两段母线仍然可以并列（合上 QS_5）运行于单母线状态。操作步骤较复杂，可参考前述过程，具体步骤略。

4. 单母线（或分段）加旁路母线的应用范围

旁路母线系统增加了许多设备，造价昂贵，运行复杂，只有在出线断路器不允许停电检修的情况下，才应设置旁路母线。

（1）6～10kV 屋内配电装置在一般情况下不装设旁路母线。因为其容量不大，供电距离短，易于从其他电源点获得备用电源，还可以采用易于更换的手车式断路器。只有架空出线很多，且用户不允许停电检修断路器时，才考虑采用单母分段加旁路母线的接线。

（2）35kV 配电装置一般不设旁路母线，因为重要用户多为双回路供电，允许停电检修断路器。如果线路断路器不允许停电检修，在采用单母线分段接线时可考虑增设旁路母线，但多用分段断路器兼作旁路断路器。当 35kV 线路为 8 回及以上时，可装设专用的旁路断路器。

（3）110～220kV 如果采用单母分段，线路为 6 回及以上，则一般应设置旁路母线，且以设置专用旁路断路器为宜。

（4）凡采用许多年内都不需检修的 SF_6 断路器者，可不装设旁路母线。

第三节 双 母 线 接 线

一、普通双母线接线

普通双母线接线具有两组母线，见图 4-5。图中 I 为工作母线，II 为备用母线，两组母线通过母线联络断路器 QF（简称母联）连接。
每一回线路都经过线路隔离开关、断路器和两
组母线隔离开关分别与两组母线连接。

（一）双母线接线的运行方式和特点

1. 相当于单母线的运行方式

正常运行时，工作母线带电，备用母线
不带电，所有电源和出线回路都连接到工作
母线上（工作母线隔离开关在合上位置，备
用母线隔离开关在断开位置），母联断路器亦
断开，这是一种相当于单母线的运行方式。
若工作母线发生故障，将导致全部回路停电，
但可在短时间内将所有电源和负荷均转移到
备用母线上，迅速恢复供电，体现了双母线接线的优点。

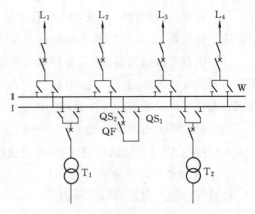

图 4-5　简单双母线接线
QF—母线联络断路器

2. 相当于单母线分段的运行方式

正常运行时，为了提高供电可靠性，也常采用另外一种运行方式，即工作母线和备用
母线各自带一部分电源和负荷，母联断路器合上，这种运行方式相当单母线分段运行。若
某一组母线故障，仅一半回路停电，由于担任分段的母联断路器跳开，接于另一组母线的
电源和负荷回路则不受影响。同时，接于故障母线的回路经过短时停电后也能迅速转移到
完好母线上恢复供电。

3. 检修母线时

检修任一组母线都不必停止对用户供电。如要检修工作母线，可经"倒闸操作"将全
部电源和线路在不停电的前提下转移到备用母线上继续供电。这种"倒闸操作"应遵循严
格的顺序，步骤如下：

（1）合上母联断路器两侧的隔离开关。

（2）合上母联断路器给备用母线充电。

（3）此时两组母线已处于等电位状态。根据"先通后断"的操作顺序，逐条线路进行
倒闸操作：先合上备用母线隔离开关，再断
开其工作母线隔离开关；直到所有线路均已
倒换到备用母线上。

（4）最后断开母联断路器，拉开其两侧
隔离开关。

（5）工作母线已被停电并隔离，验明无
电后，随即用接地隔离开关接地，即可进行
检修。

4. 检修出线断路器时

如有需要，检修任一台出线断路器，可
用临时"跨条"连接，该回路仅需短时停
电。其操作步骤如下（参见图 4-6）：

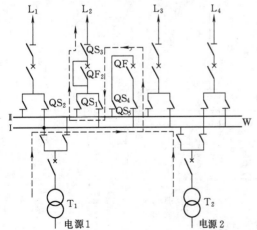

图 4-6　检修断路器时采用临时"跨条"

（1）设原先以单母线分段方式运行，被检修断路器 QF₂ 工作于 II 段母线上。先将 II 段母线上除线路 L₂ 以外的其他回路在不停电情况下转移到 I 段母线上。

（2）断开母联断路器 QF，并将其保护定值改为与 QF₂ 一致。断开 QF₂，拉开其两侧的隔离开关，将 QF₂ 退出，并用临时"跨条"连通留下的缺口，然后再合上隔离开关 QS₂ 和 QS₃（这段时间即为该线路的停电时间，很短）。

（3）最后合上母联断路器 QF，线路 L₂ 重新送电。此时由母联断路器 QF 代替了线路 L₂ 的断路器 QF₂。电流路径见图 4-6 中虚线所示。

5. 检修母线隔离开关时

检修任一进、出线的母线隔离开关时，只需断开该回路及与此隔离开关相连的一组母线，所有其余回路均可不停电地转移到另一组母线上继续运行。

（二）双母线接线的优缺点

（1）从上述双母线的多种运行方式可以看出，双母线接线与单母线相比，停电的机会减少了，必需的停电时间缩短了，运行的可靠性和灵活性有了显著的提高。另外，双母线接线在扩建时也比较方便，施工时可不必停电。

（2）双母线接线的缺点是使用设备较多，投资较大，配电装置较为复杂。同时，在运行中需将隔离开关作为操作电器。若未严格按规定顺序进行倒闸操作，会造成严重事故。

（三）双母线接线的适用范围

在以下情形可考虑采用双母线接线：

（1）6～10kV 配电装置，当短路电流较大，出线需带电抗器时；或当变电站装有两台主变压器，6～10kV 线路为 12 回及以上时。

（2）35kV 配电装置，当出线回路超过 8 回，或连接的电源较多、负荷较大时。

（3）110～220kV 配电装置，出线回路为 5 回及以上，或者出线回路为 4 回但在系统中地位重要时。

二、双母线分段接线

双母线分段接线，见图 4-7。

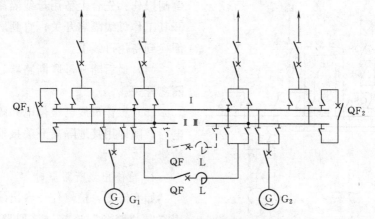

图 4-7　双母线分段接线

QF₁、QF₂—母联断路器；QF—分段断路器；L—分段电抗器（仅用于 6～10kV 母线）

1. 双母线分段的特点

这种接线将双母线接线的工作母线分为两段，可看做是单母线分段和双母线相结合的一种形式，它增加了一台分段断路器和一台母联断路器。图 4-7 中分段断路器与电抗器 L 相串联，并可通过隔离开关连接到 Ⅰ、Ⅱ、Ⅲ 段母线的任意两段之间（也有采用图中虚线的简单接法），是为了限制短路电流，仅在 6~10kV 发电机电压汇流母线中采用。双母线分段接线具有单母线分段和双母线两者的特点，任何一段母线故障或检修时仍可保持双母线并列运行，有较高的可靠性和灵活性。

2. 双母线分段的适用范围

（1）广泛应用于中、小型发电厂的 6~10kV 发电机电压母线。

（2）220kV 配电装置进出线回路总数为 10~14 回时，可在一组母线上分段（双母线 3 分段），进、出线回路总数为 15 回及以上时，两组母线均可分段（双母线 4 分段）；对可靠性要求很高的 330~550kV 超高压配电装置，当进出线总数为 6 回以上时，也可采用双母线 3 分段或双母线 4 分段。

三、双母线带旁路母线接线

双母线带旁路母线接线，见图 4-8。

1. 双母线带旁路母线的几种接线形式

（1）图 4-8（a）为常用的接线形式，既有母线联络断路器 QF_1，又有专用旁路断路器 QF_2，两回电源进线也参加旁路接线。这种接线运行方便灵活，但投资较大。

（2）图 4-8（b）为母联断路器兼作旁路断路器的接线形式。正常运行时，QF_1 起母联断路器的作用，旁路母线隔离开关 QS_3 断开。当需要使用旁路母线不停电检修某台出线断路器时，先断开断路器 QF_1 及其隔离开关 QS_2，然后合上旁路隔离开关 QS_3，最后合上断路器 QF_1 给旁路母线充电（以下步骤前已介绍）。此时断路器 QF_1 不再起母联断路器作用，而是临时承担旁路断路器的任务了。这种接线节省了一台断路器，但操作较复杂，增加了误操作可能性。并且只能由母线 W_1 带旁路母线，不够灵活方便。图 4-8（b）中还用虚线画出一组隔离开关 QS_4 接到母线 W_2，增加这组隔离开关后两组母线均可带旁路母线了。

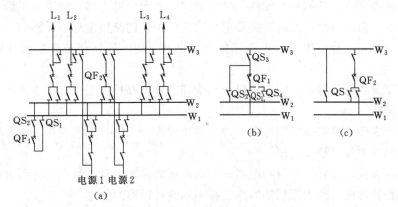

图 4-8　双母线带旁路母线接线

（a）有专用旁路断路器；（b）母联兼旁路；（c）旁路兼母联

（3）图 4-8（c）为旁路断路器兼作母联断路器（增加一组隔离开关 QS）的接线形式，是以作旁路断路器为主，但经过倒闸操作可以改作母联断路器使用。

2. 双母线带旁路母线的适用范围

（1）110～220kV 配电装置的出线送电距离较长，输送功率较大，停电影响较大，且常用的少油断路器年均检修时间长达 5～7 天，因此较多设置旁路母线。如采用检修周期可以长达 20 年的 SF_6 断路器，亦不必设置旁路母线。

（2）当 110kV 出线为 7 回及以上，220kV 出线为 5 回及以上时，可采用有专用旁路断路器的双母线带旁路母线接线；对于在系统中居重要地位的配电装置，110kV 6 回及以上、220kV 4 回及以上，也可装专用旁路断路器，同时变电所主变压器的 110～220kV 侧断路器，也应接入旁路母线。

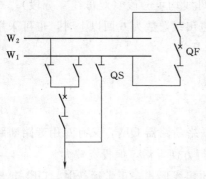

图 4-9　双母线带旁路隔离开关接线

（3）对于发电厂，因进线（发—变单元组）断路器可配合发电机检修时进行检修，因此常不接入旁路母线。否则不仅要改调保护定值，还要切换差动电流互感器，如果不慎，将造成电流互感器开路甚至使保护误动。

（4）当 110kV 配电装置为屋内型（或屋外型但出线数较少）时，为减少投资可不设旁路母线，而用简易的旁路隔离开关代替。检修出线断路器时则将一组母线当作旁路母线，用母联断路器当作旁路断路器，再通过该旁路隔离开关供电。这类似于前面讲过的临时"跨条"，但可以做到不停电检修出线断路器（参见图 4-9）。

四、3/2 断路器双母线接线

3/2 断路器双母线接线简称为 3/2 断路器接线，见图 4-10。

每两回进、出线占用 3 台断路器构成一串，接在两组母线之间，因而称为 3/2 断路器接线，也称一台半断路器接线。

1. 3/2 断路器双母线接线的特点

（1）可靠性高极。任何一个元件（一回出线、一台主变压器）故障均不影响其他元件的运行。母线故障时与其相连的断路器都会跳开，但各回路供电均不受影响。当每一串中均有一电源一负荷，且每串中的电源和负荷功率相近时，即使两组母线同时故障都影响不大。

（2）调度灵活。正常运行时两组母线和全部断路器都投入工作，形成多环状供电，调度非常方便灵活。

（3）操作方便。只需操作断路器，而不必用隔离开关进行倒闸操作，使误操作事故大为减少。隔离开关仅供检修时用。

（4）检修方便。检修任一台断路器只需断开该断路器自身，然后拉开两侧的隔离开关即可检修。检修母线时也不需切换回路，都不影响各回路的供电。

（5）占用断路器较多，投资较大，同时使继电保护也比较复杂。

（6）接线至少配成 3 串才能形成多环供电。配串时应使同一用户的双回线路布置在不同的串中，电源进线也应分布在不同的串中。在发电厂只有两串和变电所只有两台主变的情况下，有时可采用交叉布置（如图 4-10 中电源 1 靠近母线 W_1，而电源 2 靠近母线 W_2）。但交叉布置使配电装置复杂。

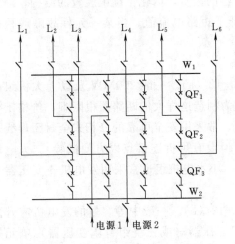

图 4-10　3/2 断路器双母线接线

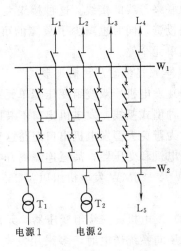

图 4-11　变压器—母线接线

2.3/2 断路器双母线的适用范围

3/2 断路器双母线是现代大型电厂和变电所超高压（330、500kV 及以上电压）配电装置的常用接线形式。

五、变压器—母线接线

变压器—母线接线，见图 4-11。

1. 变压器—母线接线的特点

（1）由于超高压系统的主变压器均采用质量可靠、故障率甚低的产品，故可直接将主变压器经隔离开关接到两组母线上，省去断路器以节约投资。万一主变（如 T_1）故障时，即相当母线（W_1）故障，所有靠近 W_1 的断路器均跳开，但也并不影响各出线的供电。主变用隔离开关断开后，母线即可恢复运行。

（2）当出线数为 5 回及以下时，各出线均可经双断路器分别接至两组母线，可靠性很高（见图 4-11 中 L_1、L_2、L_3）；当出线数为 6 回及以上时，部分出线可采用 3/2 断路器接线形式（见图 4-11 中 L_4、L_5），可靠性也很高。

2. 变压器—母线接线的应用范围

这种接线适用于超高压远距离大容量输电系统中对系统稳定性和供电可靠性影响较大的变电所主接线。

第四节　无母线接线

无母线接线的特点，是在电源与引出线之间，或接线中各元件之间，没有母线相连。常见的有单元接线、桥形接线、角形接线。

一、单元及扩大单元接线

1. 单元接线的特点

单元接线就是将发电机与变压器或者发电机—变压器—线路都直接串联起来，中间没有横向联络母线的接线。这种接线大大减少了电器的数量，简化了配电装置的结构，降低了工程投资。同时也减少了故障的可能性，降低了短路电流值。当某一元件故障或检修时，该单元全停。

2. 单元接线的几种接线形式

(1) 发电机—双绕组变压器单元接线见图 4-12 (a)。一般 200MW 及以上大机组都采用这种型式接线，发电机出口不装断路器，因为制造这样大的断路器很困难，价格十分昂贵。为避免大型发电机出口短路这种严重故障，常采用安全可靠的分相式全封闭母线来连接发电机和变压器，甚至连隔离开关也不装（但设有可拆连接点以方便试验）。火电厂 100MW 及 125MW 发电机组以及 25~50MW 中、小水电机组也常采用发电机—变压器单元接线。

(2) 发电机—三绕组变压器单元接线见图 4-12 (b)。一般中等容量的发电机需升高两级电压向系统送电时，多采用发电机—三绕组变压器（或三绕组自耦变压器）单元接线。这时三侧都要装断路器和隔离开关，以便某一侧停运时另外两侧仍可继续运行。

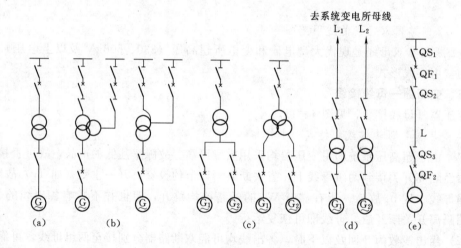

图 4-12　单元及扩大单元接线

(a) 发电机—双绕组变压器单元接线；(b) 发电机—三绕组（或自耦）变压器单元接线；
(c) 扩大单元接线；(d) 发电机—变压器—线路单元接线；
(e) 变压器—线路单元接线（用于降压变电所）

(3) 扩大单元接线见图 4-12 (c)。为减少主变压器的台数（还有相应的断路器数和占地面积等），可将两台发电机与一台大型主变相连，构成扩大单元接线。也有的电厂将两台 200MW 发电机经一台低压侧分裂绕组变压器升高至 500kV 向系统送电。

(4) 发电机—变压器—线路单元接线见图 4-12 (d)。这种接线使发电厂内不必设置复杂的高压配电装置，使其占地大为减少，也简化了电厂的运行管理。它适于无发电机电压负荷且发电厂离系统变电所距离较近的情况。

（5）变压器—线路单元接线见图 4-12（e）。对于小容量的终端变电所或农村变电所，可以采用这种接线形式。有时图 4-12（e）中变压器高压侧的断路器 QF_2 也可省去，当变压器故障时，由线路始端的断路器 QF_1 跳闸。若线路始端继电保护灵敏度不足时，可采取在变压器高压侧设置接地开关等专门措施。

二、桥形接线

当只有两台变压器和两条线路时，常采用桥形接线。桥形接线分为内桥和外桥两种形式，见图 4-13。

1. 内桥接线

内桥接线见图 4-13（a）。相当两个"变压器—线路"单元接线增加一个"桥"相连，"桥"上布置一台桥断路器 QF_3 及其两侧的隔离开关。这种接线 4 条回路只用 3 台断路器，是最简单经济的接线形式。

所谓"内桥"是因为"桥"设在靠近变压器一侧，另外两台断路器则接在线路上。当输电线路较长，故障机会较多，而变压器又不需经常切换时，采用内桥接线比较方便灵活。正常运行时桥断路器 QF_3 应处于闭合状态。当需检修桥断路器 QF_3 时，为不使系统开环运行，可增设"外跨条"（图中虚线所示），在检修期间靠跨条维持两台主变并列运行。跨条上串接两组隔离开关，是为了在检修跨条隔离开关时不必为了安全而全部停电。

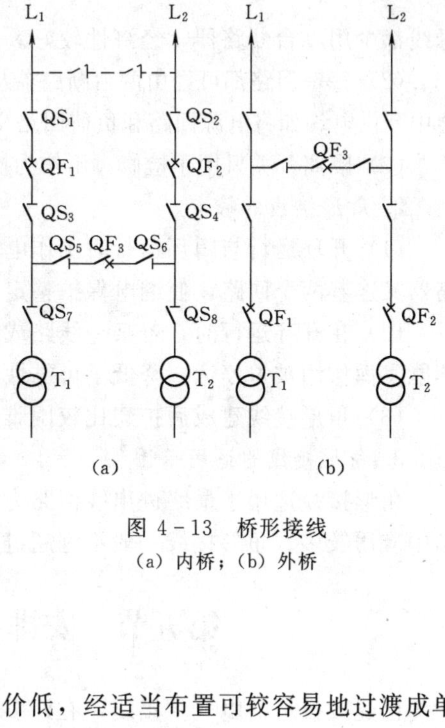

2. 外桥接线

外桥接线见图 4-13（b）。"桥"布置在靠近线路一侧。若线路较短，且变压器又因经济运行的要求在负荷小时需使一台主变退出运行，则采用外桥接线比较方便。此外，当系统在本站高压侧有"穿越功率"时，也应采用外桥接线。

图 4-13　桥形接线
（a）内桥；（b）外桥

3. 桥形接线的优缺点及适用范围

桥形接线的优点是高压电器少，布置简单，造价低，经适当布置可较容易地过渡成单母分段或双母线接线。其缺点是可靠性不是太高，切换操作比较麻烦。

桥形接线多用于容量较小的发电厂或变电所中，或作为发电厂、变电所建设初期的一种过渡性接线。

三、角形接线

将几台断路器连接成环状，在每两台断路器的连接点处引出一回进线或出线，并在每个连接点的三侧各设置一台隔离开关，即构成角形接线，如三角形接线、四角形接线、五角形接线等，见图 4-14。

1. 角形接线的优点

（1）使用断路器的数目少，所用的断路器数等于进、出线回路数，比单母线分段和双

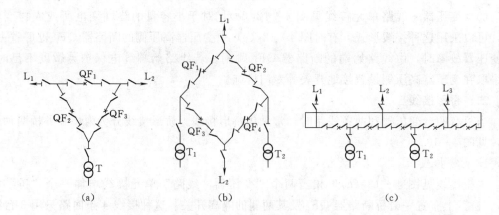

图 4-14　角形接线

(a) 三角形接线；(b) 四角形接线；(c) 五角形接线

母线都少用一台断路器，经济性较好。

（2）每一回路都可经由两台断路器从两个方向获得供电通路。任一台断路器检修时都不会中断供电。如将电源回路和负荷回路交错布置，将会提高供电可靠性和运行的灵活性。

（3）隔离开关只用于检修，不作为操作电器，误操作可能性小，也有利于自动化控制。

2. 角形接线的缺点

（1）开环运行与闭环运行时工作电流相差很大，且每一回路连接两台断路器，每一断路器又连着两个回路，使继电保护整定和控制都比较复杂。

（2）在开环运行时，若某一线路或断路器故障，将造成供电紊乱，使相邻的完好元件不能发挥作用被迫停运，降低了可靠性。

（3）角形接线建成后扩建比较困难。

3. 角形接线的适用范围

角形接线适用于最终进出线回路为 3~5 回的 110kV 及以上的配电装置，特别在水电站中应用较多。角形接线一般不宜超过六角。

第五节　安排主接线运行方式的原则

已建成投运的电气主接线，有许多种不同的运行方式。设计人员及电气运行人员必须熟悉和掌握主接线的各种运行方式。这是人们在正常运行、操作及事故状态下，分析和处理问题的基本依据。

电气主接线的运行方式经常改变。这是由于负荷会大幅变化，潮流分布会改变，电压、频率经常调整，电气设备需停电检修，以及修复后又要投运，有时还会发生电气事故等，运行方式必须相应改变。在改变运行方式时，应最大限度地满足安全可靠的要求，应考虑以下几个基本原则。

一、保证对用户供电的可靠性

为保证对重要用户连续供电，一般应由两个独立电源供电，当一个电源故障时，不应影响另一电源供电。重要用户的电源应布置在双母线制的不同母线组上，或布置在分段单母线的不同分段上。若发电厂与厂外系统电源有两条联络线时，亦应将联络线分配在不同母线组上或不同分段母线上。这样，当发电厂全厂起动或发生全厂性停电事故时，可由电力系统分别向两路联络线送电。

二、潮流分布要均匀

双母线并列运行时，要使电源进线和负荷出线功率均匀地布置在两组母线之间；单母线分段时，负荷均匀地分配在母线的不同分段上，使流过母联断路器或分段断路器的电流最小，可避免设备过负荷。同时，当部分电源及线路发生故障时，还可尽量少地影响其他系统的正常运行，提高对用户包括厂用电供电的可靠性。

三、便于事故处理

当电力系统故障时，系统频率、电压突降，危及到厂用电安全运行，应能将预先选定的发电机与系统解列，以保持发电厂的正常运行。如遇35kV、10kV或6.3kV网络单相接地时，为缩小接地系统的故障范围，可将母联断路器或分段断路器短时解列。由于功率分配均匀，基本不会减少对用户的送电，也不会使厂用电负荷受限，从而提高了发供电的可靠性及灵活性。

四、满足防雷保护和继电保护的要求

当电气主接线运行方式改变时，继电保护整定值及自动装置整定值应作相应的调整，但改变不能太频繁。在各种运行方式下，都应该有相应的整定值，以避免在发生故障时，继电保护误动或拒动使事故扩大。

五、在满足安全运行的同时考虑到运行的经济性

主要应考虑实际接线距离的远近，尽量使电能输送距离缩短，以减少电能在导线上的损耗。

六、满足系统的静态和动态稳定的要求

在电力系统的正常运行状态下，由于负荷的变化或发生各种类型的短路事故，都会使功率失去平衡，造成电力系统静态和动态稳定的破坏，产生振荡事故。因此，在安排运行方式时，一定要满足系统稳定的要求。在正常运行方式下，联络线的最大输送功率不得超过允许值；断路器切除故障的时间应尽量缩短，继电保护动作要正确，可靠；发电机的强行励磁及自动电压调整器、线路的自动重合闸等装置均应投入运行；这样才能保证电力系统在异常运行情况下的稳定运行。

七、开关设备的开断电流应大于最大运行方式时的短路电流

在最大运行方式下，当短路电流超过断路器（熔断器）的遮断电流时，短路时就不能切断短路电流，从而使事故扩大，造成设备损坏，甚至开关设备发生爆炸引起人身伤亡。因此，在安排运行方式时，一定要确认开关设备的遮断电流大于最大运行方式下的短路电流，以保证电力系统的安全运行。

第六节　发电厂及变电站电气主接线举例

一、火电厂的主接线

发电厂电气主接线的确定，主要取决于发电机单机容量、引出线的数目和用户的性质，以及发电厂的容量及其在电力系统中的地位、作用等因素。设计发电厂电气主接线

时，要综合考虑各种因素，经过技术经济比较，确定最合理的方案。

1. 大型火电厂的电气主接线

随着电力事业的发展，发电机组容量逐渐增大，目前通常将单机容量在 200MW 以上的发电机组称为大型机组，将发电厂容量在 1000MW 及以上的发电厂称为大型发电厂，将电压为 330kV 及以上的电力系统称为超高压系统。大机组、大容量、超高压的大型发电厂在电力系统中起着极其重要的作用，担负着系统的基本负荷，供电范围很广。因此，对这类电厂的电气主接线有更高的要求，特别要避免多回路集结点的故障，尽量限制故障的影响范围，提高供电的可靠性。

大型火电厂一般都建在能源丰富的煤炭产地附近，距离负荷中心较远，全部电能用高压或超高压线路输送到远方。

图 4-15 为 4×300MW 发电厂电气主接线。发电机和变压器采用最简单、可靠、设备少的单元接线，分别接到 220kV 和 500kV 母线。220kV 采用典型的双母线带旁路的接线，当断路器检修时该回路也不必停电。500kV 采用一台半断路器接线，电源回路和负荷回路交替布置，提高供电可靠性。厂用备用变压器为一台三绕组自耦变压器，它除作厂用电的备用电源和起动电源外，还担负着 220kV 电压母线与 500kV 电压母线间的联络。

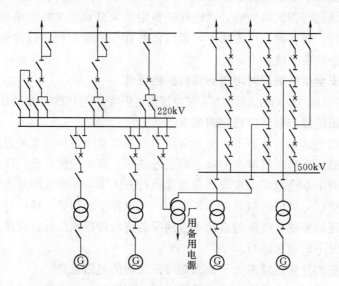

图 4-15　4×300MW 发电厂电气主接线

图 4-16 为某 5×800MW 发电厂的电气主接线图。

330kV 采用 4/3 接线，即三个回路占用四台断路器构成一"串"，其原理和可靠性与 3/2 接线（即一台半接线）基本相同，但断路器台数减少，投资更省。电源回路接到一"串"电路的中间部位，在其两侧分别接出两条 330kV 线路，使发电机的全部功率经两条线路送出。

750kV 侧看似 3/2 接线，实际上为六角形接线。T_{01} 与 T_{02} 是两台三绕组自耦联络变压器，容量均为 3×330MVA，高、中压绕组分别接至 750kV 与 330kV。T_{03} 和 T_{04} 则为厂用备用变压器，容量为 63MVA。

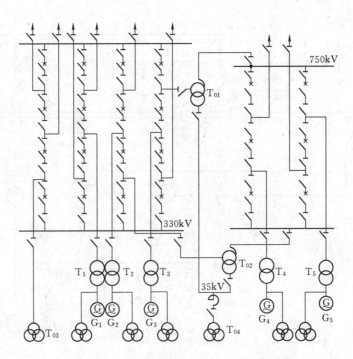

图 4-16　某 5×800MW 发电厂电气主接线

2. 中型热电厂电气主接线

容量为 200～1000MW 的发电厂称为中型发电厂，单机容量通常为 50～200MW。热电厂一般建在工业中心和城市附近，除供电外还兼向用户供热水和热气。

图 4-17 为某热电厂的电气主接线。发电厂附近用户，由 10kV 发电机电压母线直接馈电。根据发电机防雷保护的要求，10kV 馈电线路全部采用电缆，以免线路遭雷击时威胁发电机。

由于 10kV 发电机电压母线负荷数目较多，所以采用双母线分段接线。为限制母线短路电流，以及短路时维持较高母线残压，装设了母线分段电抗器；10kV 出线上均装有线路电抗器，以便选用 10kV 轻型断路器。为减少运行损耗，维持两段母线电压均衡，10kV 的负荷应均匀分配。

发电机 G_1 和 G_2 接到 10kV 母线，除供 10kV 直配负荷外，剩余功率经两台三绕组变压器 T_1、T_2 送往高压系统。变压器 T_1 和 T_2 同时担负着 110kV 与 220kV 系统联络的任务。变压器 T_1、T_2 容量一般应相同，并满足以下要求：

当机压母线上的负荷最小时，能将全部剩余功率送入系统；当机压母线上的最大一台发电机停机时，又能从电力系统受电，满足机压母线最大负荷的要求；另外，变压器每个绕组的通过容量，应达到变压器额定容量的 15% 及以上。

10kV 发电机电压母线正常运行时可采用一组母线工作、一组母线备用的方式，或者两组母线同时运行的方式。在采用双母线同时运行时，为提高可靠性，可将一台主变压器和一台厂用备用变压器接到 Ⅱ 母线上工作。这样，当 Ⅰ 母线任意一分段发生母线短路故障后，厂用备用变压器的电源仍可继续供电。

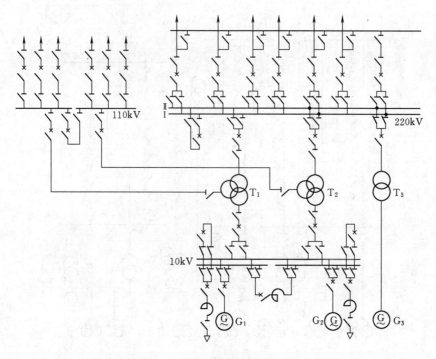

图 4-17　中型热电厂电气主接线

110kV 母线引出线数目较少，采用单母线分段接线。对其重要用户，可用不同分段的双回路供电，可靠性也较高。

220kV 母线的出线数目较多，采用双母线带旁路接线。正常运行时，为提高可靠性，通常采用固定连接在双母线上同时运行的方式（即单母分段运行方式）。

二、水电厂的电气主接线

水力发电厂建在水力资源丰富的地方，一般距负荷中心较远，基本上没有发电机电压负荷。除去厂用电（多在 1% 以下）外，几乎全部电能用升压变压器送入系统。

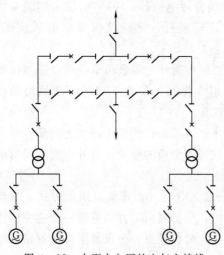

图 4-18　中型水电厂的电气主接线

发电厂的装机台数和容量，是根据水能利用条件一次确定的，一般不考虑发展和扩建问题。水电厂附近一般地形复杂，为了缩小占地面积，电气主接线应尽可能简单，使配电装置布置紧凑。

水轮机组起动迅速，灵活方便，从起动到带满负荷，正常时只需 4～5min，事故情况下不到 1min。因此，水电厂经常被用做系统的事故备用或担任系统的尖峰负荷，一昼夜内可能多次开、停机，所以，其电气主接线应尽量简洁，容易实现自动化和远动化，避免采用倒闸操作繁琐的接线方式（如双母线）。

图 4-18 所示为一中型水电厂的电气主接

线。由于没有发电机电压负荷，发电机与变压器采用扩大单元接线。

水电厂扩建的可能性小，其高压侧采用四角形接线，隔离开关只作为检修时隔离电源用，而不作为操作电器，故容易实现自动化和遥控；检修任一断路器时，均不需要切除线路或变压器。这种主接线变压器和断路器的台数都比较少，经济性较好，运行的可靠性也很高。

三、变电站的电气主接线

变电站电气主接线的选择，主要决定于变电站在电力系统中的地位、作用、负荷性质、出线数目多少、电网结构等。变电站变压器的台数，一般宜装设两台，当一台变压器因故停止工作时，另一台变压器应能保证供给变电站最大负荷的70%，以便保证对一、二类负荷供电。当变电站只有一个电源时，则装设一台变压器。

变电站有三个电压等级时，一般采用三绕组变压器或自耦变压器。当中压侧中性点直接接地（110kV及以上）时，多采用自耦变压器。因为与三绕组变压器比较，自耦变压器有电能损耗少、投资少及便于运输等优点。

下面介绍几种类型变电站的电气主接线。

1. 枢纽变电站电气主接线

系统枢纽变电站汇集多个大电源和大容量负荷的联络线，处于系统枢纽位置，高压侧有很大的功率交换，并担负着向中压侧输送电能的任务。枢纽变电站发生故障，会危害系统的安全运行，严重时，甚至会破坏系统的稳定，使系统瓦解或造成大面积停电。因此系统枢纽变电站的电气主接线对可靠性、灵活性要求很高。

我国现今建设的枢纽变电站，一般为500kV或330kV的电压等级，出线多为电力系统的主干线或给较大区域供电的220～110kV线路。

图4-19所示为枢纽变电站电气主接线。该变电站采用两台三绕组自耦变压器。220kV侧出线较多，采用带旁路母线的双母线接线，并设置专用旁路断路器。500kV侧为一个半断路器接线。

为了满足系统无功补偿的要求，在自耦变压器第三绕组侧，连接无功补偿装置，同时还接有变电站自用变压器。枢纽变电站中的无功补偿装置目前有以下几种：调相机，静止补偿装置（由可控硅控制的电容器和电抗器组成），电抗器，以及分组投/切的电容器。

调相机造价高、损耗大、维护麻烦，而静止补偿装置调节性能好、电能损耗小、年运行费用少、维护管理简便，所以调相机将逐渐被静止补偿装置所替代。

2. 地区变电站电气主接线

地区重要的变电站处于地区网络的枢

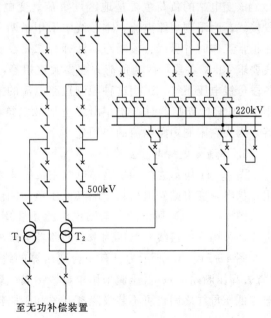

图4-19 枢纽变电站电气主接线

纽点，高压侧接受功率供给中压侧和低压侧负荷。如果发生全所停电事故，将会造成地区电网的瓦解，影响整个地区的供电。

图 4-20 所示为一地区变电站电气主接线。地区重要变电站的电气主接线同样应有较高的可靠性和灵活性。

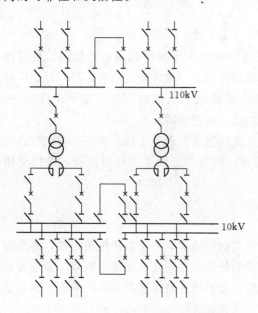

图 4-20 地区变电站电气主接线

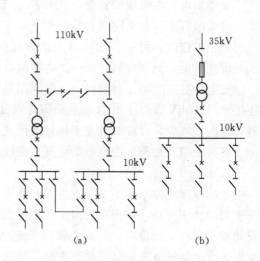

图 4-21 终端变电站电气主接线
(a) 装有两台变压器的终端变电站；
(b) 装有一台变压器的终端变电站

该变电站的负荷主要是地区性负荷。变电站 110kV 侧和 10kV 侧，均采用单母线分段接线。为限制短路电流，本接线中采用了两种措施：一是变压器低压侧母线分开运行，在正常工作时各母线分段断路器断开；二是在变压器低压回路中加装分裂电抗器。这种接线要求 10kV 各段母线上负荷分配要大致相等，否则分裂电抗器中的电能损耗增大，且使各段母线电压不等。采用这种限制短路电流的措施后，如还不能将短路电流限制到可以使用 10kV 轻型断路器时，才在出线上加装电抗器。一般在变电站中不采用母线分段电抗器，因为它限制短路电流的作用较小。

3. 终端变电站电气主接线

图 4-21 所示为终端变电站电气主接线。终端变电站的容量较小，降压后直接向附近用户供电，变电站停电后只影响其低压负荷的供电。

图 4-21 (a) 所示的变电站供电给重要用户，装设两台变压器，高压侧有两回电源进线，采用内桥接线。低压侧采用断路器分段的单母线分段接线。

图 4-21 (b) 所示为只有一台变压器的终端变电站接线，高压侧用高压熔断器保护（省去高压断路器）；低压侧采用单母线接线。若变电站的低压侧没有其他电源时，在变压器与低压母线之间也可不装设隔离开关和断路器。

第七节　发电厂厂用电和变电所所用电

一、发电厂厂用电的设计

1. 确定厂用电压等级

火电厂有大型高压厂用电动机，可采用 3kV、6kV 或 10kV 作为厂用高压级。发电机容量在 60MW 及以下时，可采用 3kV；容量在 100～300MW 时，宜采用 6kV；容量在 300MW 以上，在技术经济合理时，也可同时采用两种高压级，如 3kV 和 10kV。厂用低压则为 0.4kV。

水电厂多数仅有低压 0.4kV 作为厂用电源。

2. 确定厂用电接线及备用型式

火电厂的厂用电系统均采用单母线按锅炉多分段的型式，以满足可靠性和灵活性的要求。火电厂厂用电的备用型式多采用明备用，而水电厂厂用电备用型式多采用暗备用（互为备用）。

二、变电所所用电的设计

（1）一般变电所均装设两台所用变压器，以满足整流操作电源、强迫油循环变压器等的需要。如果能从所外引入可靠的 380V 备用电源时，也可以只装设一台所用变压器。

（2）一般从变电所较低电压的母线引接所用电源。这样比较经济且可靠性也较高。如果从两个不同电压等级的母线上分别引出所用电源，则可靠性就更高。

第八节　电力系统中性点运行方式

发电机和变压器高压侧通常接成星形（Y）绕组，其三相绕组的连接点称为电力系统的中性点。

确定中性点的运行方式是一个综合性的问题。它与电压等级、过电压水平、单相接地短路电流、保护配置等多种因素有关，会直接影响电网的绝缘水平、系统供电可靠性、发电机和主变压器的运行安全，以及对通信线路的干扰等。

一、中性点运行方式

中性点运行方式可分为中性点直接接地和中性点非直接接地两大类型。

1. 中性点直接接地（一般 110kV 及以上电网采用）

中性点直接接地系统又称大接地电流系统。因其发生单相短路时，单相短路电流很大，必须立即切除，这降低了供电可靠性，增加了断路器负担。但另一方面，非故障相电压不会升高，过电压水平较低，对地绝缘成本可降低，从而减少了电网的造价。特别是对高压和超高压电网，其经济性更加显著。

但对雷电活动较强山区的结构简单的 110kV 电网，则可采用中性点经消弧线圈接地的方式。若采用直接接地方式，可能不满足安全供电要求。

2. 中性点非直接接地（一般 6～63kV 电网采用）

中性点非直接接地系统又称小接地电流系统。因其发生单相短路时，呈电容性的单相短路电流很小。又细分为以下三种方式：

（1）多数 10kV 电网中性点不接地。此方式下，单相接地时接地电流仅为很小的电容电流，断路器不跳闸，允许带故障运行 2h，故供电连续性好。但由于非故障相电压会升高为线电压，电气设备对地绝缘水平需按线电压考虑，使绝缘成本稍有增加。

中性点不接地需满足以下限制条件：单相接地时，电容电流不能超过 30A（6～10kV 电网）或 10A（20～63kV 电网）。否则接地电弧不易自行熄灭，易产生相当高的弧光间歇接地过电压，危害整个电网。

（2）多数 35kV 电网中性点经消弧线圈接地。当单相接地电容电流超过 10A 时，须采用消弧线圈抵消电容电流，从而保证接地电弧瞬时熄灭，以消除弧光间歇接地过电压。

（3）一般大型发电机中性点经高电阻接地。当接地电容电流超过允许值时，也可采用中性点经高电阻接地的方式。此接地方式和经消弧线圈接地方式相比，改变了接地电流的相位，加速泄放回路中的残余电荷，促使接地电弧自熄，也可降低弧光间歇接地过电压。同时有足够大的零序电流和电压，能使接地保护可靠动作。

二、中性点非直接接地系统单相接地电容电流的计算

计算时，应计及有电气连接的所有架空线路、电缆线路、发电机、变压器以及母线等的电容电流，并考虑电网 5～10 年的发展。

1. 架空线路的电容电流

一般估算公式为：

$$I_C = 3.3 U_N L \times 10^{-3} \quad \text{（A）}$$

式中　L——有电气联系的线路总长度，km；

　　　U_N——线路额定电压，kV。

有架空地线的线路，系数取 3.3（无架空地线的线路，系数取 2.7）。

对于同杆架设双回线路，电容电流为单回线的 1.3～1.6 倍。

2. 电缆线路的电容电流

一般估算公式为：

$$I_C = 0.1 U_N L \quad \text{（A）}$$

6～35kV 电缆线路的单相接地电容电流还可采用表 4-1 的数值。

表 4-1　　　　　　　　　6～35kV 电缆线路电容电流（A/km）

U_N(kV) S(mm²)	6	10	35	U_N(kV) S(mm²)	6	10	35
10	0.33	0.46	—	95	0.82(0.98)	1.0	4.1
16	0.37	0.52	—	120	0.89(1.15)	1.1	4.4
25	0.46	0.62	—	150	1.1(1.33)	1.3	4.8
35	0.52	0.69	—	185	1.2(1.5)	1.4	5.2
50	0.59	0.77	—	240	1.3(1.7)	—	—
70	0.71	0.9	3.7				

注　括号中为实测数值。

3. 变电所增加的接地电容电流

对于变电所母线，计算其单相接地总电容电流时，除上述与其相连的线路外，还应计及其他设备的附加值。变电所增加的电容电流附加值见表 4 - 2。

表 4 - 2 变电所增加的接地电容电流附加值

额定电压（kV）	6	10	15	35	63	110
附加值（%）	18	16	15	13	12	10

三、消弧线圈的选择

1. 参数及型式的选择

消弧线圈一般选用油浸式。装在屋内且相对湿度小于 80% 场所的消弧线圈，也可选用干式。

2. 容量的确定

消弧线圈的补偿容量可计算为：

$$Q = KI_C \frac{U_N}{\sqrt{3}} \qquad v = \frac{I_C - I_L}{I_C}$$

式中　K——系数，过补偿取 1.35，欠补偿按脱谐度确定；

　　　v——脱谐度；

　　　I_C——电容电流；

　　　I_L——消弧线圈电感电流。

在确定容量时应注意以下问题：

(1) 为了便于运行调谐，选用的容量宜接近于计算值。

(2) 装在变压器以及有直配线的发电机中性点的消弧线圈，应采用过补偿方式。在正常情况下脱谐度一般不大于 10%。

(3) 装在单元连接的发电机中性点的消弧线圈，一般采用欠补偿方式。在正常情况下脱谐度不宜超过 ±30%。

3. 消弧线圈分接头的选择

消弧线圈分接头的数量，应满足调节脱谐度的要求，接于变压器的一般不应少于 5 个，接于发电机的最好不低于 9 个。消弧线圈应避免在谐振点运行。一般需调谐到接近谐振点的位置，以提高补偿成功率。

4. 中性点非直接接地系统中性点电压位移的校验

中性点非直接接地系统发生单相接地短路时，中性点电压不再为零。其中性点位移电压的公式为：

$$U_0 = \frac{U_{bd}}{\sqrt{d^2 + v^2}}$$

式中　U_{bd}——消弧线圈投入前，因电网不对称中性点已有的电压值，一般取 0.8% 相电压；

　　　d——阻尼率，一般对 63～110kV 架空线路取 3%，35kV 及以下架空线路取

5%，电缆线路取 $2\%\sim4\%$；

v——脱谐度。

中性点电压长时间的位移，不应超过下列数值：

经消弧线圈接地的变压器中性点： $\qquad U_0 \leqslant 15\% \dfrac{U_0}{\sqrt{3}}$

经消弧线圈接地的发电机中性点： $\qquad U_0 \leqslant 10\% \dfrac{U_0}{\sqrt{3}}$

5. 消弧线圈安放位置选择

（1）不应将多台消弧线圈集中安装在一处，并应尽量避免全电网仅安装一台消弧线圈。以保证在任何运行方式下，电网都不会失去补偿。

（2）在变电所中，消弧线圈一般装在变压器的中性点上，$6\sim10\text{kV}$ 消弧线圈也可装在调相机的中性点上。

（3）安装在 $Y_0/\triangle$ 接线或 $Y_0/Y_0/\triangle$ 接线变压器中性点上的消弧线圈的容量，不应超过变压器总容量的 50%，且不大于三绕组变压器任一绕组容量。

（4）接于 Y_0/Y 接线变压器中性点的消弧线圈，其容量不应超过变压器额定容量的 20%。

（5）Y_0/Y 接线的单相变压器组，其三相磁路互相独立，零序阻抗甚大，其中性点不应装设消弧线圈。

（6）若变压器无中性点或中性点未引出，可装设零序阻抗低的专用接地变压器。其容量应与消弧线圈的容量相配合。

（7）在发电厂，发电机电压的消弧线圈可装在发电机中性点上，也可装在厂用变压器的中性点上；当发电机与变压器为单元连接时，消弧线圈应装在发电机中性点上。

双 Y 绕组发电机且中性点分别引出时，仅允许在一个 Y 绕组中性点上连接消弧线圈。

四、中性点直接接地系统接地点的选择

在中性点直接接地系统中，变压器的接地台数及接地点的选择应根据继电保护和通信干扰等方面的要求确定，但在编制远景短路电流计算阻抗图时，可按以下原则考虑：

（1）凡是自耦变压器，其中性点应直接接地或经小阻抗接地。

（2）中、低压侧有电源的升压站及降压变电所，至少应有一台变压器中性点直接接地。

（3）应保证任何故障形式，都不应使中性点接地系统解列成为中性点不接地系统。双母线接线接有两台及以上主变压器时，可考虑两台主变压器中性点接地。

（4）终端变电所的变压器中性点一般不接地。

（5）中性点接地点的数量要适当，应使电网的零序综合电抗大于正序综合电抗。一方面使单相接地短路电流不超过三相短路电流，另一方面使单相接地时，健全相工频过电压值不超过阀型避雷器的灭弧电压。一般零序综合电抗应为正序综合电抗的 $1.5\sim3$ 倍。

（6）一般变压器的中性点都是经隔离开关接地，以方便系统调度员灵活选择。若变压器中性点绝缘未按线电压设计，应在该变压器中性点装设避雷器保护。

第九节　工厂电力线路及其接线方式

一、工厂高压线路的接线方式

工厂的高压线路有放射式、树干式和环形等基本接线方式。

1. 放射式接线

图 4-22 是高压放射式线路的电路图。放射式线路之间互不影响，因此供电可靠性较高，而且便于装设自动装置。但是高压开关设备用得较多，且每台高压断路器须装设一个高压开关柜，从而使投资增加。而且这种放射式线路发生故障或检修时，该线路所供电的负荷都要停电。要提高其供电可靠性，可在各车间变电所高压侧之间或低压侧之间敷设联络线。要进一步提高其供电可靠性，还可采用来自两个电源的两路高压进线，然后经分段母线由两段母线用双回路对用户交叉供电。

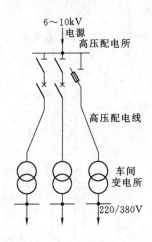

图 4-22　高压放射式线路

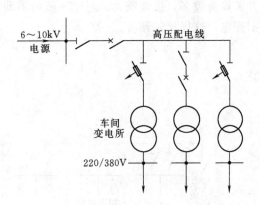

图 4-23　高压树干式线路

2. 树干式接线

图 4-23 是高压树干式线路的电路图。树干式接线与图 4-22 所示放射式接线相比，具有以下优点：多数情况下，能减少线路的有色金属消耗量；采用的高压开关数量少，投资较省。但有下列缺点：供电可靠性较低，当高压配电干线发生故障或检修时，接于干线的所有变电所都要停电，且在实现自动化方面，适应性较差。要提高供电可靠性，可采用双干线供电或两端供电的接线方式，如图 4-24（a）、（b）所示。

3. 环形接线

图 4-25 是环行接线的电路图。环形接线，实质上是两端供电的树干式接线。这种接线在现代化城市电网中应用很广。为了避免环行线路上发生故障时影响整个电网，也为了便于实现线路保护的选择性，大多数环形线路采取"开口"运行方式，即环形线路中有一处开关是断开的。

实际上，工厂的高压配电系统往往是几种接线方式的组合，依具体情况而定。不过一般地说，高压配电系统宜优先考虑采用放射式，因为便于运行管理。但放射式采用的高压

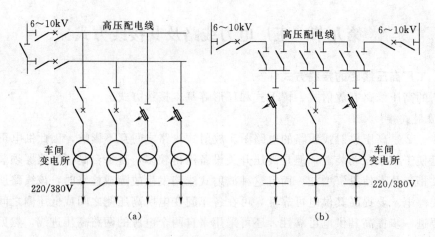

图 4－24　双干线供电和两端供电的接线方式
(a) 双干线供电；(b) 两端供电

开关设备较多，投资较大。对于一般的辅助生产区和生活住宅区，可考虑采用树干式或环形配电，这样比较经济。

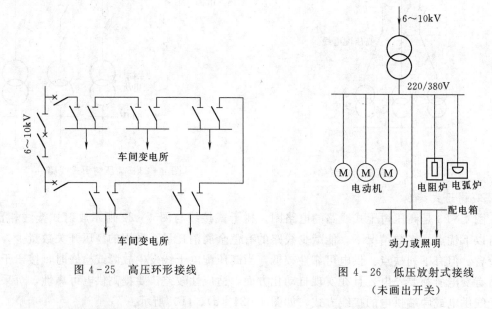

图 4－25　高压环形接线

图 4－26　低压放射式接线
（未画出开关）

二、工厂低压线路的接线方式

工厂的低压配电线路也有放射式、树干式和环形等基本接线方式。

1. 放射型接线

图 4－26 是低压放射式接线。放射式接线的特点是：其引出线发生故障时互不影响，供电可靠性较高，但是一般情况下，其有色金属消耗量较多，采用的开关设备也较多。放射式接线多用于设备容量大或对供电可靠性要求高的设备配电。

2. 树干式接线

图 4－27 (a)、(b) 是两种常见的低压树干式接线。树干式接线的特点正好与放射式

接线相反。一般情况下，树干式采用的开关设备较少，有色金属消耗量也较少，但干线发生故障时，影响范围大，因此供电可靠性较低。树干式接线在机械加工车间、工具车间和机修车间中应用比较普遍，而且多采用成套的封闭型母线，灵活方便，也比较安全，很适于供电给容量较小而分布较均匀的用电设备如机床、小型加热炉等。

　　图 4 – 27（b）所示"变压器—干线组"接线，还省去了变电所低压侧整套低压配电装置，从而使变电所结构大为简化，投资大为降低。

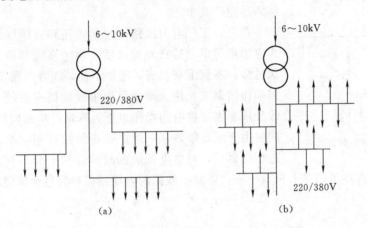

图 4 – 27　低压树干式接线
(a) 低压母线放射式配电的树干式；(b) 低压"变压器—干线组"的树干式

　　图 4 – 28（a）、（b）是一种变形的树干式接线，通常称为链式接线，链式接线的特点与树干式基本相同，适于用电设备彼此相距很近、而容量均较小的次要用电设备，链式相连的设备一般不宜超过 5 台，链式相连的配电箱不宜超过 3 台，且总容量不宜超过 10kW。

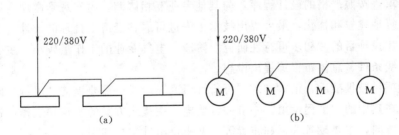

图 4 – 28　低压链式接线
(a) 连接配电箱；(b) 连接电动机

3. 环行接线

图 4 – 29 是由一台变压器供电的低压环形接线。

一个工厂内的一些车间变电所低压侧，也可通过低压联络线相互连接成为环形。

环形接线，供电可靠性较高。任一段线路发生故障或检修时，都不致造成供电中断，或只短时停电，一旦切换电源的操作完成，即能恢复供电。环形接线，可使电能损耗和电压损耗减少，但是环形系统的保护装置及其整定配合比较复杂，如果配合不当，容易发生误动作，反而扩大故障停电范围。实际上，低压环形线路也多采用"开口"方式运行。

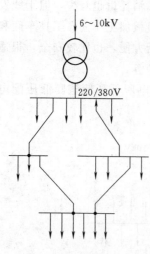

图 4-29　低压环形接线

在工厂的低压配电系统中，也往往是采用几种接线方式的组合，依具体情况而定。不过在正常环境的车间或建筑内，当大部分用电设备不很大而无特殊要求时，宜采用树干式配电。这一方面是由于树干式配电较之放射式经济，另一方面是由于我国各工厂的供电人员对采用树干式配电积累了相当成熟的运行经验。实践证明树干式配电在一般正常情况下能够满足生产要求。

总之，工厂电力线路（包括高压和低压线路）的接线形式应力求简单。运行经验证明，供电系统如果接线复杂，层次过多，不仅浪费投资，维护不便，而且电路串联元件过多，因操作错误或元件故障而发生事故的概率也随之增大，且事故处理和恢复供电的操作也更为麻烦，从而延长了停电时间。同时由于配电级数多，继电保护级数也相应增多，动作时间也相应延长，对供电系统的故障保护十分不利。此外，高低压配电线路都应尽可能深入负荷中心，以减少线路的电能损耗和有色金属消耗量，提高电压水平。

第十节　电气主接线设计及其技术经济比较

一、电气主接线设计在电力工程设计中的地位和步骤

电力工程设计中，电气主接线设计是一项繁琐而复杂的综合性工作，必须遵循国家的有关法律、法规、方针、政策，依据相应的国家标准和设计规程，结合具体工程的不同情况、不同要求，按照严格的设计程序，与其他专业互相协调，由宏观到微观，逐步地细化和充实，反复地比较和优化，最后提出技术上先进可靠、经济上合理的设计方案。

在电力建设项目的"初步可行性研究"阶段，电气专业的工作量较小，主要是配合系统专业就出线条件、总体布置等提出设想。

在建设项目被批准后，正式进入"可行性研究"阶段，需要提交"可行性研究报告"。电气专业应在其中的"工程设想"一节中说明电厂主接线方案的比较和选择，各级电压出线回路数和方向，主要设备选择和布置等，并提供电气主接线图。

在上级正式下达"电力建设项目设计任务书"后，设计工作进入初步设计阶段。初步设计其实是工程建设中特别重要的设计阶段，所有重大事项和各种设计方案，经过反复和充分的论证，基本都作出了选择和决定，最后提交初步设计说明书和相关图纸。电气专业在初步设计阶段必须完成以下内容：

（1）对设计依据和基础资料进行综合分析，必要时进一步收集有关资料。

（2）明确本工程在电力系统中地位、作用，与系统的连接方式及出线要求。

（3）选择发电机的容量和台数，拟定可能采用的主接线形式（包括分期建设方案和过渡方案）。

（4）各级电压负荷功率交换及出线回路数。

（5）选择主变压器，确定其规格、容量、台数以及阻抗和分接头数据。

（6）各级电压中性点接地方式，对6～35kV出线要计算其单相接地的电容电流，选择补偿设备。

（7）决定无功补偿设备的容量和型式。

（8）进行短路电流计算，给出计算结果及计算依据（接线及运行方式、系统容量等），提出限制短路电流的措施。

（9）选择主要电气设备，若为扩建工程还要对原有设备进行校验。

（10）对初选方案进行技术经济综合比较，最后定出最佳的电气主接线方案。

初步设计经审查批准之后，便可根据审查结论和主要设备的落实情况，开展最终的施工图设计。在作为施工图的电气主接线图中，须进一步注明各种电气设备和材料的型式、规格，主要元件还要标出编号。与初步设计有变动的部分，要重新计算短路电流进行校验，并对这些变动作出必要的论证和说明。

二、电气主接线的设计原则

电气主接线设计必须以设计任务书为依据，以国家相关的法规、标准为准则，结合工程的具体特点，全面地综合地加以分析，设计出可靠性高、运行方便灵活而又经济合理的最佳方案。具体设计中还应注意以下几个问题。

1. 发电机的容量和台数的考虑

（1）应根据发电厂在系统中的地位和作用，优先选用较大容量的发电机组，因为大机组（我国现为300MW及以上机组）的经济性好。如果附近负荷有供电的要求，一般可以在负荷中心另建降压变电所解决。

（2）为便于管理，火力发电厂内一个厂房的机组不宜超过6台。

（3）发电厂最大机组的单机容量应不大于系统总容量的10%。

（4）一个发电厂内发电机组的容量等级不宜过多，最好只有1～2种，同容量机组应尽量选用同一型式，以方便管理、运行和维护。

2. 电压等级及接入系统方式的考虑

（1）大中型发电厂的电压等级不宜多于3级（发电机电压一级，升高电压一级或两级）。大型发电机组要直接升压接入系统主网（目前指330～500kV超高压系统）；地区电厂接入110～220kV系统。

（2）一般发电厂与系统的连接应有两回或两回以上线路，并接于不同的母线段上，不应因线路故障造成"窝电"现象。个别地方电厂以供给本地负荷为主，仅有少量剩余功率送入系统，也可以用一回线路与系统连接。

（3）35kV及以上高压线路多采用架空线路，10kV线路可用架空线路，也可用电缆线路。

3. 保证负荷供电可靠性考虑

（1）对于一级负荷必须有两个独立电源（即发生某种单一故障不会同时停电）供电，且当任何一个电源失去后，能保证对全部一级负荷不间断供电。

（2）对于二级负荷一般也要有两个独立电源供电，且当任何一个电源失去后，能保证全部或大部分二级负荷供电。

（3）对于三级负荷一般只需要一个电源供电。

4．其他方面的综合考虑

要考虑的其他因素也很多，如主要设备的供货厂家、交通运输方式、环境、地质、地震、气象及海拔高度等，都会影响电气主接线的设计，必须综合加以考虑。

三、电气主接线方案的技术经济比较

（一）主接线方案的技术比较

电气主接线的技术比较，主要是比较各方案的供电可靠性和运行灵活性。

评价电气主接线的可靠性，一般多用定性分析，现在也应用可靠性理论来进行定量计算。

1．对电气主接线可靠性的一般考虑

（1）运行实践是电气主接线可靠性的客观衡量标准。国内外长期积累的运行实践经验在评价可靠性时起决定性作用。目前，常被选用的主接线类型并不很多。我国现行设计技术规程中对主接线的一些规定，就是对运行实践的归纳和总结。

（2）可靠性概念不是绝对的。不能脱离发电厂和变电所在系统中的地位和作用，脱离负荷的重要程度，片面地追求高可靠性，对某一电厂而言可靠性不够高的一种主接线形式，对另外一个电厂则可能是合适的。

2．一般衡量主接线可靠性的具体标志

（1）断路器检修时，能否不影响供电。

（2）线路、断路器甚至母线故障时以及母线检修时，停运的回路数和停运时间的长短，能否保证对重要用户的供电。

（3）发电厂或变电所全部停运的概率有多大。

3．对大机组超高压主接线提出的可靠性准则

大机组或超高压变电所的容量巨大，供电范围广，在电力系统中的地位十分重要。当发生事故时会造成难以估量的损失，因此对大机组超高压电气主接线的可靠性要求极高，特别要避免因母线故障而导致全厂（所）停电事故的发生。

参照国外经验并结合国内工程设计的实际情况，我国提出的大机组（300MW及以上）超高压（330～500kV）电气主接线可靠性准则如下：

（1）任何断路器检修，不得影响对用户的供电。

（2）任一台进出线断路器故障或拒动，不应切除一台以上机组和相应线路。

（3）任一台断路器检修并与另一台断路器故障或拒动相重合，以及当分段或母联断路器故障或拒动时，不应切除两台以上发电机组，两回以上超高压线路。

（4）一段母线故障（或连接于母线上的进出线断路器故障或拒动），宜将故障范围限制到不超过整个母线的1/4；当分段或母联断路器故障时，其故障范围宜限制到不超过整个母线的1/2。

（5）经过论证，在保证系统稳定和发电厂不致全停的条件下，允许切除两台以上300MW机组或故障范围大于上述要求。

4．电气主接线可靠性计算简介

对电气主接线的可靠性进行定量计算，无疑为各种方案的比较提供了更加科学的

依据。

可靠性是指一个元件、设备或系统，在预定时间内完成规定功能的能力，常用可靠度表示无故障（成功）的概率，用不可靠度表示故障（失败）的概率。

现代电力系统中，一般以每年用户不停电时间在全年中的百分比来表示供电的可靠性，先进的指标都在 99.9％ 以上，即每年用户停电时间不会超过 8.76h。

可靠性计算是以概率论和数理统计学为基础的。为开展这一工作，需要较长时期地积累和整理有关设备元件的实际故障率（每年发生故障的次数）、检修周期以及检修时间等基础资料，其中尤以断路器的故障率最为重要。同时还需指出，已取得的数据资料不是一成不变的，随着设备本身质量和运行、检修水平的提高，这些数据亦应不断加以修正才能反映真实情况。这是一项涉及面很广、时间很长且十分繁复的系统性工作。

此外，主接线系统包括了为数甚多的设备。利用建立数学模型的方法来计算其可靠性相当复杂，现今试用的"表格法"等几种近似计算方法还不够完善，例如对如何计及继电保护和二次回路对主接线可靠性的影响，目前尚无实用的方法。

基于上述原因，可靠性计算目前只能作为主接线选择时的一个参考。限于篇幅，关于电气主接线的可靠性计算方法从略。

（二）主接线方案的经济比较

经济比较包括计算综合投资、计算年运行费用和方案综合比较三方面内容。计算时，只计算各方案中不同的部分即可。

1. 计算综合投资

电气主接线综合总投资包括变压器综合投资和配电装置综合投资。

（1）变压器综合投资。除包括变压器本身价格外，还包括了运输和现场安装、架构、基础、铁轨、电缆等附加费用。变压器本身价格为 Z_0，各项附加费用可用 $\frac{a}{100}Z_0$ 表示，则变压器综合投资可表示为：

$$Z_T = Z_0\left(1 + \frac{a}{100}\right) \tag{4-1}$$

a 值与变压器容量和电压有关，参见表 4-3。

表 4-3　　　　　　　　　　　　变压器附加费用百分数 a

电压（kV）	35	110	220	330	500
a（％）	50～100	40～90	25～70		

（2）配电装置综合投资。配电装置是主接线中除发电机、变压器之外其余部分（包括开关电器、保护和测量电器、母线等）的总称，每一进出线回路所用的设备被安装在一个间隔中。配电装置的综合投资可用下式表示：

$$Z_D = \sum(nK_D) \tag{4-2}$$

式中　　n——某一类别配电装置的间隔数；

　　　　K_D——该类别配电装置一个间隔（例如 220kV 双母线出线回路）的综合投资，包括其中的设备价格和建筑安装费用，可从手册中查得。

（3）综合总投资。参与方案比较的综合总投资即为

$$Z = Z_T + Z_D \tag{4-3}$$

2. 计算年运行费 U

年运行费包括设备折旧费、维修费和电能损耗费三项。

方案年运行费用为：

$$U = U_1 + U_2 + \sum \alpha \Delta A \tag{4-4}$$

（1）设备折旧费 U_1

$$U_1 = U_{1T} + U_{1D} \tag{4-5}$$

其中变压器：　　$U_{1T} = 5.8\% Z_T$

其中配电装置：　$U_{1D} = (6 \sim 10)\% Z_D$

（2）设备维修费 U_2

$$U_2 = (2.2 \sim 4.2)\% Z \tag{4-6}$$

（3）全年电能损耗费为 $\alpha \Delta A$。其中，α 为电能价格，元/kWh；ΔA 为主变压器全年电能损耗，kWh。

一台双绕组变压器全年电能损耗为：

$$\Delta A = \Delta P_0 T + \Delta P_k \left(\frac{S_{\max}}{S_N} \right)^2 \tau \tag{4-7}$$

式中　ΔP_0——变压器的空载有功损耗，kW；

　　　ΔP_k——变压器的短路有功损耗，kW；

　　　S_N——变压器的额定容量，kVA；

　　　$S_{\max}$——变压器通过的最大负荷，kVA；

　　　T——变压器一年中的运行小时数，h；

　　　τ——变压器的最大负荷损耗时间，h，其值可由表 4-4 查出。

表 4-4　　　　　　　　　　　　最大负荷损耗时间 τ 值　　　　　　　　　　　单位：h

$T_{\max}$ (h) ＼ $\cos\varphi$	0.8	0.85	0.9	0.95	1.0
2000	1500	1200	1000	800	700
2500	1700	1500	1250	1100	950
3000	2000	1800	1600	1400	1250
3500	2350	2150	2000	1800	1600
4000	2750	2600	2400	2200	2000
4500	3150	3000	2900	2700	2500
5000	3600	3500	3400	3200	3000
5500	4100	4000	3950	3750	3600
6000	4650	4600	4500	4350	4200
6500	5250	5200	5100	5000	4850
7000	5950	5900	5800	5700	5600
7500	6650	6600	6550	6500	6400
8000	7400		7350		7250

3. 各方案的综合比较

综合比较方法有静态比较和动态比较两种。

（1）静态比较法。静态比较法就是不考虑资金的时间效益，认为资金与时间无关，是静态的。这对工期很短的较小项目还适用。静态比较法又分为抵偿年限法和年计算费用法。

1）抵偿年限法。若甲方案综合投资多于乙方案，但年运行费少于乙方案，则可求出其抵偿年限 T：

$$T = \frac{Z_甲 - Z_乙}{U_乙 - U_甲} \tag{4-8}$$

国家规定抵偿年限 T 为 5～8 年。如计算的 T 小于 5 年，则应选用投资多的甲方案（比乙方案多投资的钱不到 5 年即可收回，5 年以后每年都节省年运行费）。如果计算的 T 大于 8 年，则应选乙方案为宜。

2）年计算费用法。若有多个方案参加比较，可计算每个方案的年计算费用 C_i：

$$C_i = \frac{Z_i}{T} + U_i \quad (i = 1, 2, 3, \cdots) \tag{4-9}$$

取 $T = 5 \sim 8$ 年，把总投资分摊到每一年中，求出每一年的计算费用 C_i，取 C_i 最小者为最优方案。

（2）动态比较法。一般发电厂建设工期较长，各种费用支付时间不同，就会有不同的效益。在方案比较时应充分计及资金的时间效益，须进行动态比较。

按照我国《电力工程经济分析暂行条例》规定，采用"最小年费用法"进行方案的动态比较。最小年费用法是将参加比较的诸方案计算期内的全部支出费用折算到某一年，然后计算同一时期内的等年值费用即年费用后进行比较，年费用低的方案即为经济最优方案。

年费用的计算公式为（采用原国家计委颁布的统一符号）：

$$AC_m = \left[\frac{i(1+i)^n}{(1+i)^n - 1} \right] \times \left[\sum_{t=1}^{m} I_t (1+i)^{(m-t)} + \sum_{t=t'}^{m} C_t (1+i)^{(m-t)} + \sum_{t=m+1}^{m+n} C_t \frac{1}{(1+i)^{t-m}} \right]$$

$$\tag{4-10}$$

式中　m——施工年限，第 m 年即工程建成年；

　　　n——工程经济使用年限（寿命），水电厂取 50 年，火电厂与核电厂取 25 年，变电所取 20～25 年；

　　　t'——工程部分投运的年份；

　　　t——从工程开工起算的年份；

　　　i——电力工业投资回收率，目前取 0.1；

　　　I_t——工程施工期内每年的投资；

　　　C_t——工程部分或全部投产后每年的运行费用。

年费用公式中第 2 个中括号即表示动态综合总费用，其中的内各项意义可解释如下：

第 1 项表示施工期内逐年投资折算到第 m 年的动态总投资（向后折算）。

第 2 项表示工程部分投产到工程建成期间逐年运行费用折算到第 m 年的动态总运行费用（向后折算）。

第 3 项表示从工程建成开始到经济寿命期止逐年运行费用折算到第 m 年的动态总运行费用（向前折算）。

第 2 个中括号内的总和表示折算到第 m 年的工程综合投入总费用。

年费用公式中，第 1 个中括号内的 $\dfrac{i(1+i)^n}{(1+i)^n-1}$ 称为等额分付资本回收系数，或称为等年值系数。表示在考虑资金时间价值的条件下，在工程寿命期（n 年）内，每万元综合投入总费用每年应分摊的份额，或者说保证不亏本每年至少应回收的金额。

【例 4-1】 某工程计划 4 年建成，第 2 年即部分投产，4 年中的逐年净投资分别为 1000 万元、800 万元、500 万元和 100 万元，自第 2 年起逐年的运行费分别为 10 万元、20 万元、30 万元和 40 万元（以后不再变动）。预期寿命为 8 年，投资回收率 $i=0.1$。求计及投资时间价值的年费用。

解： 列表 4-5 进行计算，先将上述已知数据填入表中，再计算出表中其余各项。

$$I_m = \sum_{i=1}^{m} I_t(1+i)^{m-i} = 1000 \times 1.1^3 + 800 \times 1.1^2 + 500 \times 1.1 + 100$$

$$= 1331 + 968 + 550 + 100 = 2949(万元)$$

$$\sum_{t=t'}^{m} C_t(1+i)^{m-t} = 10 \times 1.1^2 + 20 \times 1.1 + 30$$

$$= 12.11 + 22 + 30 = 64.1(万元)$$

$$\sum_{t=m+1}^{m+n} C_i \frac{1}{(1+i)^{(t-m)}} = \frac{40}{1.1^1} + \frac{40}{1.1^2} + \frac{40}{1.1^3} + \frac{40}{1.1^4} + \frac{40}{1.1^5} + \frac{40}{1.1^6} + \frac{40}{1.1^7} + \frac{40}{1.1^8}$$

$$= 36.36 + 33.05 + 30.1 + 27.32 + 24.84 + 22.57 + 20.52 + 18.66$$

$$= 213.42(万元)$$

表 4-5 　　　　　　　　　例 4-1 计 算 表 　　　　　　　　　单位：万元

年份　　项目	1	2	3	4	第 4 年末总计	5	6	7	8	9	10	11	12
逐年净投资 I_t	1000	800	500	100									
折算到工程建成年	1331	968	550	100	2949								
逐年的运行费 C_t		10	20	30		40	40	40	40	40	40	40	40
折算到工程建成年		12.1	22	30	64.1 213.42	36.36	33.05	30.1	27.32	24.84	22.57	20.52	18.66
动态综合投入总费用					3226.52								
n 年每年分摊的年费用 AC_m						604.8	604.8	604.8	604.8	604.8	604.8	604.8	604.8

折算到第 4 年末工程综合投入总费用为：

$$2949 + 64.1 + 213.42 = 3226.52(万元)$$

$$\frac{i(1+i)^n}{(1+i)^n-1} = \frac{0.1(1.1)^8}{1.1^8-1} = \frac{0.1 \times 2.1436}{2.1436-1} = 0.187444$$

年费用为：

$$AC_m = 3226.52 \times 0.187444 = 604.8(万元)$$

若建成后每年净利润大于 604.8 万元，工程就有投资价值。若两方案预期建成后收入相同，则年费用小的方案为优。

第五章 载流导体的选择

电力网的各种载流导体，是输送电能的主要通路。它在总造价中所占比重很大，如架空线路就占 30% 以上。正确地选择各种载流导体的截面，在技术上和经济上都具有重要意义。

载流导体截面选择得过大，将增加投资及有色金属的消耗量；截面选择得过小，又将增加电能损耗及电压损耗。因此，应该按照正确的方法，选择出合适的截面，使在满足技术指标的条件下经济指标达到最优。

第一节 导 线 选 择

一、选择导线截面的一般条件

为了保证供电系统安全、可靠、优质、经济地运行，选择导线（包括电缆）截面时必须满足下列条件。

1. 发热条件

导线在通过正常最大负荷电流即线路计算电流时产生的发热温度，不应超过其正常运行时的最高允许温度。一般 10kV 及以下高压线路及低压动力线路，通常先按发热条件来选择截面，再校验电压损耗和机械强度。

2. 电压损耗条件

导线和电缆在通过正常最大负荷电流时产生的电压损耗，不应超过正常运行时允许的电压损耗。对于工厂内较短的高压线路，可不进行电压损耗校验。低压照明线路，因其对电压水平要求较高，因此通常先按允许电压损耗进行选择，再校验发热条件和机械强度。

3. 经济电流密度

35kV 及以上的高压线路，以及电压在 35kV 以下但距离长、电流大的线路，其导线和电缆截面宜按经济电流密度选择，可使线路的"年费用支出"最小。所选截面称为"经济截面"。

4. 机械强度

导线（包括裸线和绝缘导线）截面不应小于其机械强度最小允许截面。对于工厂的电力线路，只需按其最小截面（表 5-1、表 5-2）校验就行了。对于电缆，不必校验其机械强度。

5. 电晕条件

对于 60kV 以上电压的架空线路，为了防止电晕损耗和对无线电波的干扰，在正常运行情况下不允许出现全面电晕。因此，避免电晕的发生已成为高压与超高压线路选择导线截面的重要技术条件。对一定电压的导体，影响其会否出现电晕的主要因素，是导线的半径或截面。在选择导线截面时，要求线路导线在晴天不出现全面电晕的导线最小直径或相应的导线型号，列于表 5-3 中。

表 5-1　　　　　　　　　　　　架空裸导线的最小截面

线 路 类 别		导线最小截面（mm²）		
		铝及铝合金线	钢芯铝绞线	铜绞线
35kV 及以上线路		35	35	35
3～10kV 线路	居民区	35	25	25
	非居民区	25	16	16
低压线路	一般	16	16	16
	与铁路交叉跨越	35	16	16

表 5-2　　　　　　　　　　　　绝缘导线芯线的最小截面

线 路 类 别			芯线最小截面（mm²）		
			铜芯软线	铜 线	铝 线
照明用灯头引下线		室内	0.5	1.0	2.5
		室外	1.0	1.0	2.5
移动式设备线路		生活用	0.75		
		生产用	1.0		
敷设在绝缘支持件上的绝缘导线，（L 为支持点间距）	室内	L≤2m		1.0	2.5
	室外	L≤2m		1.5	2.5
		2m<L≤6m		2.5	4
		6m<L≤15m		4	6
		15m<L≤25m		6	10
穿管敷设的绝缘导线				1.0	2.5
沿墙明敷的塑料护套线				1.0	2.5
板孔穿线敷设的绝缘导线				1.0（0.75）	2.5
PE 线和 PEN 线	有机械保护时			1.5	2.5
	无机械保护时	多芯线		2.5	4
		单芯干线		10	16

表 5-3　　　　　　　　　　可不必验算电晕的导线最小直径或相应导线型号

额定电压（kV）	110	220	330		500（四分裂）	750（四分裂）
			单导线	双分裂		
导线外径（mm）相应线号	9.6 LGJ—50	21.4 LGJ—240	33.1 LGJ—600	2×LGJ—240	4×LGJQ—300	4×LGJQ—400

注　1. 对于 330kV 及以上电压的超高压线路，表中所列供参考。

　　2. 分裂导线次导线间距（即同一相各条导线之间距离）为 40cm。

二、导线截面的选择方法

传输容量小且长度较短的导体，以及配电装置的汇流母线，可按长期发热允许电流选择；而对于年负荷利用小时数大，传输容量大，长度在 20m 以上的导体，其截面一般按经济电流密度选择。

（一）按经济电流密度选择导线截面

按经济电流密度选择导线截面，适用于各级电压的线路导线。为了降低线路运行中的电能损耗，导线截面越大越有利；但为了降低线路造价及折旧维修费，导线截面则越小越有利。国家综合考虑各方面的因素，制定出符合国家整体经济利益的导线截面，称为经济截面。对应于经济截面中的电流密度，称为经济电流密度。按经济电流密度选择导线截面的公式为：

$$S = \frac{I}{J} \tag{5-1}$$

式中　　I——计算年限内导线长期通过的最大电流，A；

　　　　J——经济电流密度，A/mm^2。

计算年限内导线长期通过的最大电流，一般应考虑电力线路投运后 5～10 年的发展远景。因为，根据运行经验，电网负荷是逐年增长的，如果把计算年限选择得太短，则电网在建成后不久，传输电流或功率就可能超过计算值，造成以后长时间的不经济运行。相反，如果把计算年限选择得过长，则会增加电力网建设的初投资，同样也是不经济的。通常，计算年限按 5～10 年考虑。

经济电流密度，与线路的投资、发电成本、输电成本、电能损耗、计算电价、返本年限、投资利率、维护管理费用等多种因素有关，一般由国家制定。并视各地区、各时期的经济条件和发展情况而修订。我国现行的经济电流密度见表 5-4 和图 5-1、图 5-2。表 5-4 所列数值与图 5-1 中曲线是对应的。

表 5-4　　　　　　　　　经济电流密度 J（对应于图 5-1 曲线）　　　　　　　　单位：A/mm^2

线路电压（kV）	导线型号	最大负荷利用小时 T_{max}（h）						
		2000	3000	4000	5000	6000	7000	8000
10	LJ	1.48	1.19	1.00	0.86	0.75	0.67	0.60
	LGJ	1.72	1.40	1.17	1.00	0.87	0.78	0.70
35～220	LGJ、LGJQ	1.87	1.53	1.28	1.10	0.96	0.84	0.76

对于 330kV 及以上超高压线路，目前常用的导线截面的选择方法是：

（1）根据工程技术要求，目前常用的分裂组合，一般 330kV 线路，多采用双分裂；500kV 线路多采用 3～4 分裂；750kV 线路则采用 4～5 分裂。

（2）参考国内外超高压线路经济电流密度或经济负荷范围，结合工程具体情况，进行技术经济分析论证，最后选出导线截面及每相分裂导线的根数。

表 5-5 列出了前苏联于 1964 年提出的超高压线路导线经济电流密度，仅供参考。

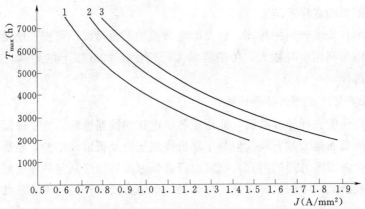

图 5-1　线路经济电流密度（平原和丘陵地区）

1—导线为 LJ 型，10kV 及以下电压线路；2—导线 LGJ 型，10kV 及以下电压线路；

3—导线为 LGJ、LGJQ 型，35～220kV 电压线路

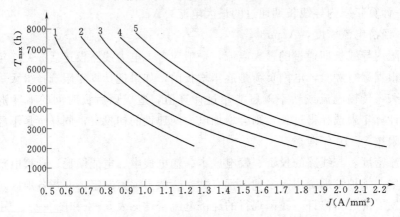

图 5-2　变电所用电缆、工矿企业用电缆及电缆线路经济电流密度（10kV 及以下）

1—铝芯纸绝缘铅包，分相铅包，铝包，干绝缘铅包，橡皮绝缘聚氯乙烯护套，聚氯乙烯绝缘护套（包括铠装）；2—铝芯橡皮绝缘铅包及各种铠装电缆；3—铜芯纸绝缘铅包和铝包，干绝缘铅包，聚氯乙烯绝缘聚氯乙烯护套（包括各种铠装）；4—铜芯纸绝缘分相铅包，橡皮绝缘铝包，橡皮绝缘聚氯乙烯护套（包括各种铠装）；5—铜芯橡皮绝缘，非燃性橡皮护套

表 5-5　　　　　前苏联超高压线路的经济电流密度（$T_{max}=5000h/$年）

电 压 （kV）	导线截面 （mm²）	经济电流密度（A/mm²）	
		欧洲地区	西伯利亚地区
330（双分裂）	2×240	0.6～0.8	0.7～0.95，平均 0.78
	2×300		
	2×400		
	2×500	0.7～0.8	0.8～0.95，平均 0.89
500（三分裂）	3×400	0.6～0.7	0.9～1.0
	3×500		

（二）按长期发热条件选择导线和电缆的截面

1. 三相系统相线截面的选择

电流通过导线（或电缆、母线）时，要产生能耗，使导线发热。裸导线的温度过高

时，会使接头处的氧化加剧，增大接触电阻，使之进一步氧化、发热，如此恶性循环，最后可发展到断线。而绝缘导线和电缆的温度过高时，可使绝缘加速老化甚至烧毁，甚至引发火灾。因此，导线的正常发热温度不得超过表 5-6 所列的最高允许温度。

表 5-6 　　　　　　　　　　导体在正常和短路时的最高允许温度及热稳定系数

导体种类和材料		最高允许温度（℃）		热稳定系数 C （A·$s^{1/2}$·mm^{-2}）
		额定负荷时	短路时	
母线	铜	70	300	171
	铝	70	200	87
油浸纸绝缘电缆	铜芯 1~3kV	80	250	148
	铜芯 6kV	65（80）	250	150
	铜芯 10kV	60（65）	250	153
	铜芯 35kV	50（65）	175	
	铝芯 1~3kV	80	200	84
	铝芯 6kV	65（80）	200	87
	铝芯 10kV	60（65）	200	88
	铝芯 35kV	50（65）	175	
橡皮绝缘导线和电缆	铜芯	65	150	131
	铝芯	65	150	87
聚氯乙烯绝缘导线和电缆	铜芯	70	160	115
	铝芯	70	160	76
交联聚乙烯绝缘电缆	铜芯	90（80）	250	137
	铝芯	90（80）	200	77
含有锡焊中间接头的电缆	铜芯		160	
	铝芯		160	

注　1. 表中"油浸纸绝缘电缆"中加括号的数字，适于"不滴流纸绝缘电缆"。
　　2. 表中"交联聚乙烯绝缘电缆"中加括号的数字，适于10kV以上电压。

导线允许载流量 I_{al} 应不小于通过导线的计算电流 I_{30}，即：

$$I_{al} \geqslant I_{30} \tag{5-2}$$

所谓导线的允许载流量，就是在规定的环境温度条件下，导线能够连续承受而不致使其稳定温度超过允许值的最大电流。如果导线敷设地点的环境温度与导线允许载流量所采用的环境温度不同时，则导线的允许载流量应乘以温度校正系数，即：

$$K_{\theta} = \sqrt{\frac{\theta_{al} - \theta'_0}{\theta_{al} - \theta_0}} \tag{5-3}$$

式中　θ_{al}——导线额定负荷时的最高允许温度（见表 5-6）；

　　θ_0——导线允许载流量所对应的标准环境温度；

　　θ'_0——导线敷设地点的实际环境温度。

这里所说的"实际环境温度"，是按发热条件选择导线和电缆时的特定温度。在室外，实际环境温度一般取当地最热月平均最高温度。在室内，则取当地最热月平均最高气温加 5℃。对土中直埋的电缆，则取当地最热月地下 0.8～1m 的土壤平均温度，亦可近似地取为当地最热月平均气温。温度校正系数也可由表 5-7 查得。

表 5-7　　　LJ 型铝绞线允许载流量的温度校正系数（导体最高允许温度为 70℃）

实际环境温度（℃）	5	10	15	20	25	30	35	40	45
允许载流量校正系数	1.20	1.15	1.11	1.05	1.00	0.94	0.89	0.82	0.75

表 5-8 列出了 LJ 型铝绞线在环境温度为 +25℃ 时的允许载流量；表 5-9 列出了 10kV 常用铝芯电缆的允许载流量。对应的铜线或铜芯电缆、铜芯绝缘线的允许载流量，可按相同截面的铝线或铝芯电缆、铝芯绝缘线允许载流量的 1.29 倍计。其他导线和电缆的允许载流量，可查本书附录及其他有关设计手册。

表 5-8　　　　　　　　　　　LJ 型铝绞线的主要技术数据

额定截面（mm²）	16	25	35	50	70	95	120	150	185	240
50℃的电阻 R_0（Ω/km）	2.07	1.33	0.96	0.66	0.48	0.36	0.28	0.23	0.18	0.14
线间几何均距（mm）	线路电抗 X_0（Ω/km）									
600	0.36	0.35	0.34	0.33	0.32	0.31	0.30	0.29	0.28	0.28
800	0.38	0.37	0.36	0.35	0.34	0.33	0.32	0.31	0.30	0.30
1000	0.40	0.38	0.37	0.36	0.35	0.34	0.33	0.32	0.31	0.31
1250	0.41	0.40	0.39	0.37	0.36	0.35	0.34	0.34	0.33	0.33
1500	0.42	0.41	0.40	0.38	0.37	0.36	0.35	0.35	0.34	0.33
2000	0.44	0.43	0.41	0.40	0.40	0.39	0.37	0.37	0.36	0.35
室外气温 25℃ 导线最高温度 70℃ 时的允许载流量（A）	105	135	170	215	265	325	375	440	500	610

注　1. TJ 型铜绞线的允许载流量约为同截面的 LJ 型铝绞线允许载流量的 1.29 倍。

　　2. 如当地环境温度不是 25℃，则导体的允许载流量应按表 5-7 所列系数进行校正。

按发热条件选择导线截面时所用的计算电流 I_{30}，对降压变压器高压侧的导线，应取为变压器额定一次电流 $I_{1N·T}$。对电容器的引入线，由于充电时有较大的涌流，I_{30} 应取为电容器额定电流 $I_{N·C}$ 的 1.35 倍。

2. 380/220V 低压线路中性线和保护线的截面选择

（1）中性线（N 线）截面的选择。380V 三相四线制系统中的中性线，会有不平衡电流和零序电流通过，因此中性线的允许载流量，不应小于三相系统的最大不平衡电流，并应计及谐波电流的影响。

一般三相四线制线路的中性线截面 A_0，应不小于相线截面 A_φ 的 50%，即：

$$A_0 \geqslant 0.5 A_\varphi \tag{5-4}$$

而由三相四线线路引出的单相线路，由于其中性线电流与相线电流相等，因此它们的中性线截面 A_0 应与相线截面 A_φ 相同，即：

$$A_0 = A_\varphi \tag{5-5}$$

表 5－9   **10kV 常用三芯电缆的允许载流量**

项　目	电缆允许载流量（A）							
绝缘类型	黏性油浸纸		不滴流纸		交联聚乙烯			
钢铠护套					无		有	
缆芯最高工作温度	60℃		65℃		90℃			
敷设方式	空气中	直埋	空气中	直埋	空气中	直埋	空气中	直埋
16	42	55	47	59	—	—	—	—
25	56	75	63	79	100	90	100	90
35	68	90	77	95	123	110	123	105
50	81	107	92	111	146	125	141	120
70	106	133	118	138	178	152	173	152
95	126	160	143	169	219	182	214	182
120	146	182	168	196	251	205	246	205
150	171	206	189	220	283	223	278	219
185	195	233	218	246	324	252	320	247
240	232	272	261	290	378	292	373	292
300	260	308	295	325	433	332	428	328
400					506	378	501	374
500					579	428	574	424
环境温度（℃）	40	25	40	25	40	25	40	25

缆芯截面（mm²）对应表中第一列的数值。

注 1. 本表系铝芯电缆数值。铜芯电缆的允许载流量可乘以 1.29。
    2. 本表据 GB 50217—1994《电力工程电缆设计规范》编制。

对于三次谐波电流相当突出的三相四线制线路，由于各相的三次谐波电流都要通过中性线，使得中性线电流可能接近甚至超过相电流，因此这种情况下，中性线截面 A_0 宜等于或大于相线截面 A_φ，即：

$$A_0 \geqslant A_\varphi \tag{5－6}$$

（2）保护线（PE 线）截面的选择。要考虑系统发生单相短路故障时，单相短路电流通过 PE 线时的短路热稳定度。按 GB 50054—1995《低压配电设计规范》的规定，根据短路热稳定度的要求，保护 PE 线的截面 A_{PE} 必须满足以下条件：

① 当 $A_\varphi \leqslant 16\text{mm}^2$ 时 $A_{PE} \geqslant A_\varphi$ (5－7)

② 当 $16\text{mm}^2 < A_\varphi \leqslant 35\text{mm}^2$ 时 $A_{PE} \geqslant 16\text{mm}^2$ (5－8)

③ 当 $A_\varphi > 35\text{mm}^2$ 时 $A_{PE} \geqslant 0.5A_\varphi$ (5－9)

（3）保护中性线（PEN 线）截面的选择。保护中性线兼有保护线和中性线的双重功能，因此其截面选择应同时满足上述保护线和中性线的要求，取其中的最大值。

（三）选择导线时对电晕的校验

对于 110kV 及以上裸导体，可按晴天不发生全面电晕条件校验，必须使裸导体开始发生电晕的临界电压 U_{cr} 大于导体最高工作电压 U_{max}，即：

$$U_{cr} \geqslant U_{max} \tag{5-10}$$

当所选导线型号和外径大于表 5-3 中数值时，可不进行电晕校验。

（四）选择导体时的短路热稳定校验

可反求由短路热稳定决定的导体最小截面 S_{min}，所选截面必须不小于 S_{min}。当计及集肤效应系数 K_s 的影响时，导体最小截面 S_{min} 的公式为：

$$S_{min} = \frac{I_\infty^2}{C} \sqrt{t_K K_S} \tag{5-11}$$

式中 C——热稳定系数，C 值与导体材料及工作温度有关，参见表 5-6 和表 5-10。

     I_∞——稳态短路电流有效值，见第七章。

     t_K——短路电流存在时间，见第七章。

表 5-10   不同工作温度下裸导体的 C 值

工作温度（℃）	40	45	50	55	60	65	70	75	80	85	90
硬铝及铝锰合金	99	97	95	93	91	89	87	85	83	82	81
硬铜	186	183	181	179	176	174	171	169	166	164	161

（五）选择导体时的短路动稳定校验

软导体不必进行动稳定校验。硬导体通常安装在支柱绝缘子上，短路冲击电流产生巨大的电动力，可能使导体发生弯曲甚至损坏。硬导体短路动稳定校验详见 65 页。

三、电力电缆的选择方法

电力电缆应按下列条件选择和校验：①电缆芯线材料及型号；②额定电压；③截面选择；④允许电压降校验；⑤热稳定校验。电缆的动稳定由厂家保证，可不必校验。

1. 电缆芯线材料及型号选择

电缆芯线有铜芯和铝芯，国内工程一般选用铝芯电缆。电缆的型号很多，应根据其用途、敷设方式和使用条件进行选择。例如：厂用高压电缆一般选用纸绝缘铅包电缆；除 110kV 及以上采用单相充油电缆外，一般采用三相铝芯电缆；低压动力电缆通常采用三芯或四芯（三相四线）；高温场所宜用耐热电缆；重要直流回路或保安电源宜选用阻燃型电缆；直埋地下一般选用钢带铠装电缆；潮湿或腐蚀地区应选用塑料护套电缆；敷设在高差大的地点，应采用不滴流或塑料电缆。

2. 电缆的电压选择

电缆的额定电压 U_N 应不小于所在电网的额定电压 U_{Ns}。

$$U_N \geqslant U_{Ns} \tag{5-12}$$

3. 电缆的截面选择

较短电力电缆截面一般按长期发热允许电流选择；而当电缆的最大负荷利用小时数 $T_{max} > 5000h$，且长度超过 20m 时，则应按经济电流密度选择。

电缆截面选择方法与裸导体基本相同。值得指出的是，其允许载流量修正系数 K 与环境温度和敷设方式都有关，即：

$$K = K_\theta K_1 K_2 \quad 或 \quad K = K_\theta K_3 K_4 \tag{5-13}$$

式中　K_θ——温度修正系数，可由式（5-3）计算或直接查表，但电缆芯线长期发热最
　　　　　　高允许温度 θ_{al} 与电压等级、绝缘材料和结构有关；

　　　K_1——空气中多根电缆并列敷设时的修正系数；

　　　K_2——当 $U_N \leqslant 10kV$，截面 $\leqslant 95mm^2$，K_2 取 0.9；截面为 $120 \sim 185mm^2$，K_2 取 0.85；

　　　K_3——直埋电缆因土壤热阻不同的修正系数；

　　　K_4——土壤中多根并列修正系数。

K_θ、K_1、K_3、K_4 值可查表 5-11、表 5-12、表 5-13、表 5-14。

表 5-11　　　　　　　　不同环境温度时载流量的校正系数 K_θ

导体工作温度（℃）＼环境温度（℃）	5	10	15	20	25	30	35	40	45
50	1.34	1.26	1.18	1.09	1.0	0.895	0.775	0.663	0.447
60	1.25	1.20	1.13	1.07	1.0	0.926	0.845	0.756	0.655
65	1.22	1.17	1.12	1.06	1.0	0.935	0.865	0.791	0.707
80	1.17	1.13	1.09	1.04	1.0	0.954	0.905	0.853	0.798

表 5-12　　　　　　电线电缆在空气中多根并列敷设时载流量的校正系数 K_1

线缆根数	1	2	3	4	5	4	6
排列方式（S=线间距）（d=线径）	○	○ ○	○ ○ ○	○ ○ ○ ○	○ ○ ○ ○ ○	○○／○○	○○○／○○○
线缆 $S=d$	1.0	0.9	0.85	0.82	0.80	0.8	0.75
中心 $S=2d$	1.0	1.0	0.98	0.95	0.90	0.9	0.90
距离 $S=3d$	1.0	1.0	1.0	0.98	0.96	1.0	0.96

注　表内为线缆外径 d 相同时的载流量校正系数，若外径不相同时，建议 d 取平均值。

表 5-13　　　　　　　不同土壤热阻系数时载流量的校正系数 K_3

导线截面（mm^2）＼土壤热阻系数（℃·cm/W）	60	80	120	160	200
2.5～16	1.06	1.0	0.9	0.83	0.77
25～95	1.08	1.0	0.88	0.80	0.73
120～240	1.09	1.0	0.86	0.78	0.71

注　土壤热阻系数的选取：潮湿土壤取 60～80（指沿海、湖、河畔地带等雨量较多地区），普通土壤取 120（指平原地区）；干燥土壤取 160～200（如高原地区、少雨的山区、丘陵）。

表 5-14　　　　　　电缆直接埋地多根并列敷设时载流量的校正系数 K_4

电缆间净距（mm）＼并列根数	1	2	3	4	5	6	7	8	9	10	11	12
100	1.00	0.90	0.85	0.80	0.78	0.75	0.73	0.72	0.71	0.70	0.70	0.69
200	1.00	0.92	0.87	0.84	0.82	0.81	0.80	0.79	0.79	0.78	0.78	0.77
300	1.00	0.93	0.90	0.87	0.86	0.85	0.85	0.84	0.84	0.83	0.83	0.83

4. 电缆允许电压降校验

对供电距离较远、容量较大的电缆线路，应校验电压损失 $\Delta U\%$。一般应满足：

$$\Delta U\% \leqslant 5\%$$

5. 电缆短路热稳定校验

由于电缆芯线一般系多股绞线构成（截面在 400mm^2 以下时，集肤效应 $K_\text{S} \approx 1$）满足电缆短路热稳定的最小截面为：

$$S_{\min} = \frac{I_\infty^2}{C} \sqrt{t_\text{K} k_\text{S}} \tag{5-14}$$

式中　C——电缆的热稳定系数，C 值与导体材料及工作温度有关，见表 5-6。

第二节　母 线 的 选 择

在发电厂和变电站中，将发电机、变压器与各种电器连接起来的导体称为母线，如发电机出口母线，10kV 汇流母线，220kV 汇流母线等。母线是电气主接线和各级电压配电装置中的重要环节，它的作用是用来汇集、传送和分配电能。母线选择的项目一般包括材料、型式、敷设方式和截面选择，并应进行短路热稳定、动稳定校验。

一、母线的分类及特点

1. 母线按所使用的材料分类

（1）铜母线。铜母线电阻率低、机械强度高、抗腐蚀性强，是很好的导电材料。但铜储量少，属贵重金属，只在含有腐蚀性气体的场合才采用。

（2）铝母线。铝的电阻率比铜高，但储量多，比重小，加工方便，价格便宜，所以通常情况下应尽量采用铝母线。

（3）钢母线。钢母线的优点是机械强度高，价格便宜。但钢的电阻率是铜的 7 倍，用于交流时会产生很强的集肤效应，所以仅用在高压小容量回路（如电压互感器）和电流在 200A 以下的低压和直流电路，以及接地装置中。

2. 母线按截面形状分类

（1）矩形母线。矩形母线具有集肤效应系数小、散热条件好、安装简单、连接方便等优点。在 35kV 及以下的户内配电装置中多采用矩形母线。

（2）管形母线。管形母线是空芯导体，集肤效应系数小，且其直径较大、电晕临界电压高。在 35kV 以上的户外配电装置中多采用管形母线。

（3）槽形母线。槽形母线的电流分布较均匀，与同截面矩形母线相比，集肤效应系数小、冷却条件好、金属材料的利用率高、机械强度高。当母线工作电流很大，每相需要三条以上的矩形母线才能满足要求时，一般均选用槽形母线。

（4）圆形软母线。屋外高压配电装置大多采用钢芯铝绞线的软母线。如 500kV、330kV 的母线都用软母线。

二、母线的着色

母线着不同的颜色有利于工作人员识别交流相序和直流极性。在交流装置中，A、B、C 三相分别涂黄、绿、红色，不接地的中性线涂白色，接地的中性线涂紫色。在直流装置中，正极涂红色，负极涂蓝色。同时，母线的着色可以增加母线的热辐射能力，有利于散热，钢母线着色还可以防止生锈。

三、母线截面尺寸的选择

1. 按最大工作电流选择母线

配电装置的汇流母线，一律按最大工作电流来选择。因为流经其中各段的电流数值是变化不定的，根本无法计算其经济性。

配电装置汇流母线可能出现的最大工作电流，总会小于汇入母线的全部电源电流的总和。具体数值应分析主接线图中电源和负荷接入母线的位置来确定。

2. 按经济电流密度选择母线

对于传输容量大，年负荷利用小时数高，长度在 20m 以上的导体，例如发电机出口母线，其截面应按经济电流密度选择。

四、母线截面尺寸的短路稳定性校验

1. 母线截面尺寸的短路热稳定校验

母线截面尺寸的热稳定校验，与前已讲过的载流导体短路热稳定校验完全相同。

2. 母线截面尺寸的短路动稳定校验

软母线不需进行动稳定校验。硬母线要计算出承受短路冲击电流 i_{sh} 时出现的最大应力 σ_{max}，只有此值小于母线材料的允许应力（例如铝为 $70 \times 10^6 \text{Pa}$）才是动稳定的。

$$\sigma_{max} \leqslant \sigma_{允} \tag{5-15}$$

最大应力 σ_{max} 的计算公式为：

$$\sigma_{max} = \frac{M}{W} = \frac{fL^2}{10W} \quad (\text{Pa}) \tag{5-16}$$

$$f = 0.173 \frac{1}{a} i_{sh}^2 \tag{5-17}$$

式中　M——弯矩，N·m；

　　　W——抗弯矩，又称母线的截面系数，m^3，矩形母线的截面系数见表 5-15；

　　　f——作用在母线 1m 长度上的电动力，与短路冲击电流 i_{sh} 平方成正比，N/m；

　　　L——跨距，支撑母线的两个相邻绝缘子间的距离，m；

　　　a——母线的相间距离，m。

表 5-15　　　　　　　　矩形母线截面系数　　　　　　　　单位：m^3

三相导体布置方式			截面系数 W	三相导体布置方式			截面系数 W
			$bh^2/6$				$1.44b^2h$
			$b^2h/6$				$0.5bh^2$
			$0.333bh^2$				$3.3b^2h$

注　b 为母线的厚度，h 为母线的宽度，均为 m，故 W 为 m^3。

第六章 电力网潮流计算和调压计算

第一节 潮 流 计 算

电网潮流计算，是电力系统设计及运行时必不可少的基本计算。所谓潮流计算，就是计算出电力网中所有支路的功率分布，以及所有节点的电压分布。

潮流计算的数据主要用于下列应用：

（1）在规划设计中，用于选择接线方式、导线截面以及选择各种电气设备。

（2）在运行时，用于确定运行方式、制定检修计划、确定调整电压的措施。

（3）提供继电保护、自动装置设计与整定所需的数据。

一、潮流计算的典型运行方式

在系统设计中，需进行潮流计算的典型运行方式有：

（1）设计水平年有代表性的正常最大、最小运行方式。

（2）检修运行方式及事故后运行方式。

（3）扩建过渡时期有代表性的运行方式。

（4）对于含有水电厂的系统，尚应计算各种水文年有代表性季节的运行方式；必要时需考虑水电调峰机组停运后的运行方式。

（5）潮流计算时，发电机的实际运行功率因数，应根据无功平衡计算及电压调整的要求来确定，并非一定按其额定功率因数运行。

二、电网的等值电路

（一）电网中各元件的等值电路

1. 同步发电机的等值电路

同步发电机等值电路如图 6-1 所示。正常运行时为同步电势 E_G 和同步电抗 X_G 相串联，而在短路瞬间则变为由次暂态电势 E''_G 和次暂态电抗 X''_G 相串联。在短路计算中，还可近似地认为次暂态电势 E''_G 等于发电机额定电压 U_N。

电抗值的计算按下列公式：

$$\left. \begin{array}{l} X_G = X_d\% \dfrac{U_N^2}{S_N} \\[2mm] X''_G = X''_d\% \dfrac{U_N^2}{S_N} \end{array} \right\} \quad (\Omega) \qquad (6-1)$$

式中　$X_d\%$——发电机同步电抗百分数；

$\quad\quad X''_d\%$——发电机次暂态电抗百分数；

$\quad\quad U_N$——发电机的额定电压，kV；

$\quad\quad S_N$——发电机的额定容量，MVA。

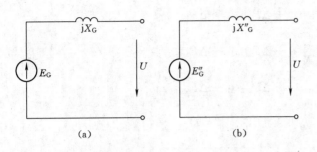

图 6-1 同步发电机（简化）等值电路
(a) 稳态运行时；(b) 短路初瞬

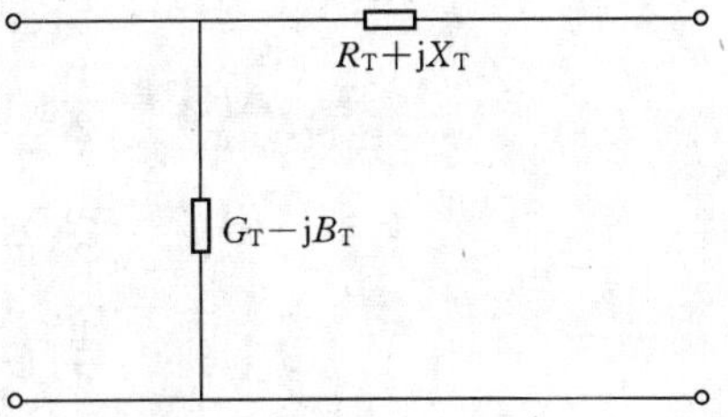

图 6-2 双绕组变压器等值电路

2. 变压器的等值电路

(1) 双绕组变压器等值电路见图 6-2，各参数计算按下列公式：

电阻 $\qquad R_T = \dfrac{\Delta P_k}{1000}\dfrac{U_N^2}{S_N^2}$

电抗 $\qquad X_T = \dfrac{U_k\%}{100}\dfrac{U_N^2}{S_N}$

电导 $\qquad G_T = \dfrac{\Delta P_0}{1000U_N^2}$

电纳 $\qquad B_T = \dfrac{I_0\%}{100}\dfrac{S_N}{U_N^2}$

$\qquad\qquad\qquad\qquad\qquad\qquad\qquad\qquad (6-2)$

式中 $\quad U_N$——变压器额定电压，kV，一般用高压侧值（也可视电网情况用低压侧值）；

$\quad S_N$——变压器额定容量，MVA；

$\quad \Delta P_k$——变压器的短路损耗，kW；

$\quad \Delta P_0$——变压器的空载损耗，kW；

$\quad U_k\%$——变压器短路电压百分数；

$\quad I_0\%$——变压器空载电流百分数。

以上各项均为变压器的铭牌参数。等值电路中电阻、电抗的单位为欧姆（Ω）；电导、电纳的单位为西门子（S）。西门子为欧姆的倒数。

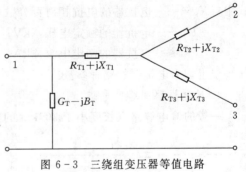

图 6-3 三绕组变压器等值电路

(2) 三绕组变压器的等值电路见图 6-3，参数计算按下列公式：

$$R_{T1} = \frac{\Delta P_{k1}U_N^2}{1000S_N^2}(\Omega) \qquad X_{T1} = \frac{U_{k1}\%U_N^2}{100S_N}(\Omega)$$

$$R_{T2} = \frac{\Delta P_{k2}U_N^2}{1000S_N^2}(\Omega) \qquad X_{T2} = \frac{U_{k2}\%U_N^2}{100S_N}(\Omega)$$

$$R_{T3} = \frac{\Delta P_{k3}U_N^2}{1000S_N^2}(\Omega) \qquad X_{T1} = \frac{U_{k3}\%U_N^2}{100S_N}(\Omega)$$

$$G_T = \frac{\Delta P_0}{1000U_N^2}(S) \qquad B_T = \frac{I_0\%S_N}{100U_N^2}(S)$$

$$(6-3)$$

$$\Delta P_{k1} = \frac{1}{2}\left[\Delta P_{k(1-2)} + \Delta P_{k(1-3)} - \Delta P_{k(2-3)}\right]$$

$$\Delta P_{k2} = \frac{1}{2}\left[\Delta P_{k(1-2)} + \Delta P_{k(2-3)} - \Delta P_{k(1-3)}\right]$$

$$\Delta P_{k3} = \frac{1}{2}\left[\Delta P_{k(1-3)} + \Delta P_{k(2-3)} - \Delta P_{k(1-2)}\right]$$

$$U_{k1}\% = \frac{1}{2}\left[U_{k(1-2)}\% + U_{k(1-3)}\% - U_{k(2-3)}\%\right]$$

$$U_{k2}\% = \frac{1}{2}\left[U_{k(1-2)}\% + U_{k(2-3)}\% - U_{k(1-3)}\%\right]$$

$$U_{k3}\% = \frac{1}{2}\left[U_{k(1-3)}\% + U_{k(2-3)}\% - U_{k(1-2)}\%\right]$$

式中　　　　　　　　S_N——变压器高压绕组额定容量（也就是变压器的铭牌额定容量），MVA；

　　　　　　　　　　U_N——高压侧的额定电压，也可以采用中、低压侧的额定电压（要看折算到哪一侧进行网络计算方便而定），kV；

$\Delta P_{k(1-2)}$、$\Delta P_{k(1-3)}$、$\Delta P_{k(2-3)}$——变压器厂家给出的短路损耗数据，kW；

$U_{k(1-2)}\%$、$U_{k(1-3)}\%$、$U_{k(2-3)}\%$——变压器厂家给出的短路电压数据。

3. 电抗器的等值电路

电抗器的等值电路仅是一个电抗，其电抗值为：

$$X_R = \frac{X_R\%}{100}\frac{U_N}{\sqrt{3}I_N} \tag{6-4}$$

式中　$X_R\%$——电抗器的电抗相对百分数；

　　　U_N——电抗器的额定电压，kV；

　　　I_N——电抗器的额定电流，kA。

以上均为电抗器的铭牌参数。

4. 输电线路的等值电路

一般的输电线路（长度小于 300km 的架空线路或长度小于 100km 的电缆线路）多用 π 型等值电路，见图 6-4。

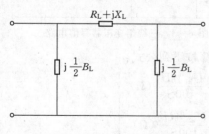

图 6-4　输电线路等值电路

$$\left.\begin{aligned} R_L &= r_1 L \\ X_L &= x_1 L \\ B_L &= b_1 L \end{aligned}\right\} \tag{6-5}$$

式中　r_1、x_1、b_1——每千米线路的电阻（Ω/km），电抗（Ω/km），电纳（S/km），可由导线规范查得；

　　　L——线路长度，km。

线路电阻随导线截面的增大而减小，但导线截面却对线路电抗影响不大。有时，高压架空输电线路均可近似取 $x_1 = 0.4\,\Omega/\mathrm{km}$；而电缆线路的电抗则小得多，约为架空线路电抗的 1/4~1/6。

（二）具有多个电压级电力网的等值电路

由于三相对称，电网的等值电路只画出一相即可。各元件按实际接线顺序连接，但因电网中有变压器，各元件分别处于不同的电压等级，而在连接成等值电路时，变压器本身已经变成了阻抗和导纳，变换电压的作用不见了，因此，必须将各元件有名值参数全都"折算"到某一指定的电压级（可自行选定），从而使所有元件及其连通后的整个网络，都处于同一个电压级中。折算也称为归算。

为了简化这种"折算"和网络计算，各电压级都可采用其平均电压进行计算，变压器也不用实际变比而改用两侧平均电压之比。

1. 各级电压的平均电压 U_{av}

各输电线路首端电压可达 $1.1U_N$，而线路末端电压为 U_N，因而其平均电压约为 $1.05U_N$。现在各级电压的平均电压已有统一规定，见表 6-1。

表 6-1　　　　　　　　　　各级额定电压和相应的平均电压

各级额定电压 U_N（kV）	0.38	3	6	10	35	110	220	330	500
相应的平均电压 U_{av}（kV）	0.4	3.15	6.3	10.5	37	115	230	345	525

2. 折算的基本级

网络各元件参数均要折算至基本级，往往取全电网最高电压级作为基本级。

3. 阻抗和导纳的折算

可按变压器标准变比进行简化折算，简化折算公式为：

$$\left. \begin{array}{l} Z' = ZK^2 = Z\left(\dfrac{U_{1N}}{U_{2N}}\right)^2 \\[2mm] Y' = Y/K^2 = Y\left(\dfrac{U_{2N}}{U_{1N}}\right)^2 \end{array} \right\} \tag{6-6}$$

式中　Z——变压器低压侧线路阻抗（Z'为其折算到变压器高压侧以后的），Ω；

　　　Y——变压器低压侧线路导纳（Y'为其折算到变压器高压侧以后的），S；

　　　K——变压器标准变比，$K = \dfrac{U_{1N}}{U_{2N}} > 1$，也可改用两侧平均电压之比；

U_{1N}/U_{2N}——变压器高压侧/低压侧额定电压。

4. 电源电势的折算

无论原来电源电势是多少，都改为折算后统一新基本级的平均电压即可。

【例 6-1】　原始电网如图 6-5 所示，各元件参数已标注在图中，画出从电源到短路点的电网等值电路。

解：先画出对应的电网短路时等值电路，见图 6-6。各元件标明其代表符号并在下方划一横线，将折算后的等值参数（本题选择以短路点电压为基本级）填写在横线下方（阻抗均为 Ω，导纳均为 S，图中未标注）。电源电势也要折算。由于短路点处的平均电压是 10.5kV，刚好与原来的电源电势相同，因此在本例中电源电势似乎没变动。

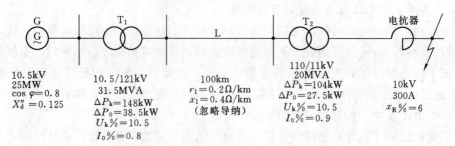

图 6-5 原始电力网络及其参数（具有三个电压级）

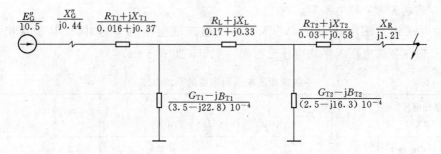

图 6-6 以短路点电压为基本级的折算后等值电路（只有一个电压级：10.5kV）

$$X''_G = \frac{12.5}{100} \times \frac{10.5^2}{25/0.8} \times \left(\frac{115}{10.5}\right)^2 \times \left(\frac{10.5}{115}\right)^2 = 0.44(\Omega)$$

$$R_{T1} = \frac{148}{1000} \times \frac{115^2}{31.5^2} \times \left(\frac{10.5}{115}\right)^2 = \frac{148}{1000} \times \frac{10.5^2}{31.5^2} = 0.016(\Omega)$$

$$X_{T1} = \frac{10.5}{100} \times \frac{115^2}{31.5} \times \left(\frac{10.5}{115}\right)^2 = 0.37(\Omega)$$

$$G_{T1} = \frac{38.5}{1000} \times \frac{1}{10.5^2} = 3.5 \times 10^{-4}(S)$$

$$B_{T1} = \frac{0.8}{100} \times \frac{31.5}{10.5^2} = 22.8 \times 10^{-4}(S)$$

$$R_L = 0.2 \times 100 \times \left(\frac{10.5}{115}\right)^2 = 0.17(\Omega)$$

$$X_L = 0.4 \times 100 \times \left(\frac{10.5}{115}\right)^2 = 0.33(\Omega)$$

$$R_{T2} = \frac{104}{1000} \times \frac{10.5^2}{20^2} = 0.03(\Omega)$$

$$X_{T2} = \frac{10.5}{100} \times \frac{10.5^2}{20} = 0.58(\Omega)$$

$$G_{T2} = \frac{27.5}{1000} \times \frac{1}{10.5^2} = 2.5 \times 10^{-4}(S)$$

$$B_{T2} = \frac{0.9}{100} \times \frac{20}{10.5^2} = 16.3 \times 10^{-4}(S)$$

$$X_R = \frac{6}{100} \times \frac{10.5}{\sqrt{3} \times 0.3} = 1.21(\Omega)$$

从以上计算中可见，发电机和变压器参数在计算时只要用折算后的平均电压代替原来的额定电压就等于折算过了。另外，导纳数值都很小，常可略去不计。

三、简单电力网潮流计算

电力系统的所有元件，无论线路或变压器，在等值电路中都表示成阻抗和导纳，因此，只要学会阻抗和导纳的相关计算就可以了。

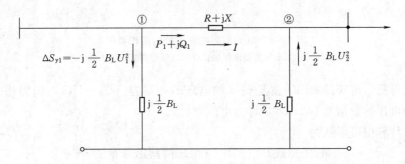

图 6-7 电网中一节阻抗和导纳环节的潮流计算图

（一）功率通过阻抗时所产生的功率损耗和电压降落

1. 功率损耗计算

当功率 $P_i + jQ_i$ 通过阻抗 $R + jX$ 时，所产生的功率损耗 $\Delta \dot{S}$ 为：

$$\Delta \dot{S} = \Delta P + j\Delta Q = \frac{P_i^2 + Q_i^2}{U_i^2}(R + jX) \quad (i = 1, 2) \tag{6-7}$$

2. 电压降落计算

当功率 $P_i + jQ_i$ 通过阻抗 $R + jX$ 时，还会产生电压降落 $d\dot{U}$。令其纵分量为 ΔU，其横分量为 δU，分别为：

$$\left. \begin{aligned} \Delta U_i &= \frac{P_i R + Q_i X}{U_i} \\ \delta U_i &= \frac{P_i X - Q_i R}{U_i} \end{aligned} \right\} \tag{6-8}$$

式中　　R、X——线路或变压器的电阻、电抗，Ω；

P_i、Q_i、U_i——始端/末端的有功功率（MW）、无功功率（MVar）、电压（kV）。

1）若已知末端数据 P_2、Q_2、U_2，用公式算出 ΔU_2 和 δU_2 后，可求得始端电压 U_1 为：

$$U_1 = \sqrt{(U_2 + \Delta U_2)^2 + (\delta U_2)^2} \tag{6-9}$$

$$\delta = \arctan \frac{\delta U_2}{U_2 + \Delta U_2} \tag{6-10}$$

2）若已知始端数据 P_1、Q_1、U_1，同样可求得末端电压 U_2 为：

$$U_2 = \sqrt{(U_1 - \Delta U_1)^2 + (\delta U_1)^2} \tag{6-11}$$

$$\delta = \arctan \frac{\delta U_1}{U_1 - \Delta U_1} \tag{6-12}$$

δ 称为功角，其值为电压向量 $\dot{U}_1$ 与电压向量 $\dot{U}_2$ 间的相角差。根据上述情形，可作出相量图，见图 6-8。

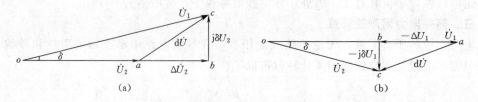

图 6-8 电力网阻抗环节的电压相量图

(a) 已知末端数据求始端；(b) 已知始端数据求末端

由上述可见，电压降落 $\mathrm{d}\dot{U}$ 就是始末端电压的相量差 $(\dot{U}_1-\dot{U}_2)$，仍为相量。同时，把始末两端电压的数值差 U_1-U_2，称为电压损耗。

在近似计算中可以认为：

$$\text{电压损耗 } U_1 - U_2 \approx \text{电压降落纵分量 } \Delta U$$

（二）功率通过导纳支路中的功率损耗

在导纳支路上会产生功率损耗。因为线路电纳为容性，而变压器电纳为感性。因为导纳支路下端接地承受全部电压，故不需计算导纳电压降落。

1. 线路导纳支路中的功率损耗

常常略去极小的线路电导有功损耗，只计线路两端的容性充电功率，即：

$$\Delta \dot{S}_{yi} = \overset{*}{Y}U^2 = -\mathrm{j}\frac{1}{2}B_{\mathrm{L}}U_i^2 \tag{6-13}$$

式中　$\dfrac{1}{2}B_{\mathrm{L}}$——全线路电纳的一半，S；

　　　U_i——节点 i 的电压，kV。

可见，线路导纳支路中无功损耗是负值，即说明实际是向系统发出无功。图 6-7 中左边功率损耗的箭头向下但数值为负，也可标为箭头向上数值为正（右边）。

2. 变压器导纳支路中的功率损耗

变压器导纳支路分电导、电纳两部分，在电导上有有功损耗，在电纳上有无功损耗，可表示为：

$$\Delta \dot{S}_{yT} = \Delta P_{yT} + \mathrm{j}\Delta Q_{yT} = \frac{\Delta P_0 U_i^2}{1000 U_N^2} + \mathrm{j}\frac{I_0 \% U_i^2}{100 U_N^2}S_N \tag{6-14}$$

式中　ΔP_0——变压器空载损耗，kW；

　　　$I_0\%$——变压器空载电流百分数；

U_N、S_N——变压器额定电压（kV）、额定容量（MVA）；

　　　U_i——节点 i 的电压（简化计算时常取 $U_i = U_N$），kV。

一般将变压器导纳支路损耗 ΔS_{yT} 放在等值电路图中的靠电源一侧。

（三）关于运算功率和运算负荷

1. 发电厂的运算功率

若电力系统内有几个电厂，一般规定其中一个发电厂作为主调频厂，其余电厂均须按调度部门预先制定的负荷曲线运行，称为基载厂。

对这些按发电计划规定的出力运行的基载厂，可将其出力看成是带负号的负荷，用"运算功率"的概念进行电力网等值电路的简化。

发电厂的运算功率，可先计算有功部分。发电机有功出力减去厂用电（取合适的百分数）、本地负荷，再减去升压变压器阻抗与导纳中的有功损耗，就是上网总有功功率。然后按一个合适的功率因数（对远距离送电的大电厂应取较高的数值，如 0.95），计算出相应的无功功率，再加上线路充电功率的一半（高压母线所连的全部线路）。

2. 变电所的运算负荷

在简化电力网的等值电路时，对降压变电所常采用"运算负荷"的概念。

降压变电所的运算负荷，等于变电所低压母线负荷（计及无功补偿）加上变压器阻抗与导纳中的功率损耗，再减去线路充电功率的一半（变电所高压母线所连的全部线路）。

（四）简单开式网的潮流计算方法

简单开式网络一般指简单的放射网络。简单开式网的潮流计算常用有名制计算。潮流计算具体步骤如下：

（1）折算各元件参数。各元件参数均要折算至基本级，常取最高电压级为基本级。

（2）做出归算到基本级后的等值网络图，并将元件参数标于图中。

（3）先用额定电压求变电所的运算负荷或发电厂的运算功率（基荷发电厂）。

（4）手算潮流。为计算简单起见，手算常采用如下近似的潮流计算方法：

1）先假设全网均为基本级额定电压，逐段推算功率损耗，得出全网的功率分布。

2）再根据全网功率分布，从已知电压点处，逐段推算电压降落，推出各点电压。

3）求出各点的基本级电压后，还要按变压器实际变比进行还原，并将潮流分布数据标注到归算前的原始网络图中。

四、环网和两端供电网的潮流计算

两端供电网是指两个独立电源向用户或变电所供电的网络。环网则可看成是两端电源电压相等的两端供电网。当两端供电网由不同电压等级线路及变压器组成，同样要归算至同一电压基本级，方可进行潮流计算。

与开式网的潮流计算一样，首先要进行元件参数的计算、求出变电所的运算负荷以及基荷发电厂的运算功率、做出归算到基本级的等值网络图等步骤，然后进行潮流计算，其具体方法步骤如下。

1. 初步潮流分布计算

不计电网中功率损耗的潮流分布，称为初步潮流分布。

（1）两端供电网初步潮流分布。如图 6-9 所示。一个有 n 个负荷点的两端供电网，由电源 A、B 分别向电力网络供给功率，其计算公式为：

$$\overset{*}{S}_{A} = \frac{\sum\limits_{i=1}^{n} \overset{*}{Z}_{iB} \overset{*}{S}_{i}}{\overset{*}{Z}_{AB}} + \frac{(\overset{*}{U}_{A} - \overset{*}{U}_{B})}{\overset{*}{Z}_{AB}} U_{N} \qquad (6-15)$$

$$\overset{*}{S}_{B} = \frac{\sum\limits_{i=1}^{n} \overset{*}{Z}_{iA} \overset{*}{S}_{i}}{\overset{*}{Z}_{AB}} + \frac{(\overset{*}{U}_{B} - \overset{*}{U}_{A})}{\overset{*}{Z}_{AB}} U_{N} \qquad (6-16)$$

式中 $\overset{*}{Z}_{AB}$——A、B 两点之间全部阻抗之和（$\overset{*}{Z}_{AB}$为其共轭值，下同）；

    $\overset{*}{Z}_{iB}$——负荷 i 点到 B 点之间阻抗之和；

    $\overset{*}{Z}_{iA}$——负荷 i 点到 A 点之间阻抗之和；

    $\overset{*}{S}_i$——各点复数负荷功率（$i=1，2，3，\cdots，n$）；

    $\overset{*}{S}_A$——由电源 A 供出的复数功率；

    $\overset{*}{S}_B$——由电源 B 供出的复数功率。

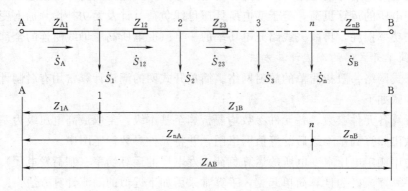

图 6-9 等值的两端供电网

上两式中功率、电压、阻抗都是复数，计算时要用计算器进行较繁的复数运算。

如果两端供电网各段线路结构相同、导线截面相等，则这种电力网称为均一网。这时 S_A、S_B 可用线路公里数 L 计算（L_{iB} 的含义同上），其计算式可简化为：

$$\dot{S}_A = \frac{\sum\limits_{i=1}^{n} L_{iB}\dot{S}_i}{L_{AB}} + \frac{(\dot{U}_A - \dot{U}_B)}{\dot{Z}_{AB}} U_N \qquad (6-17)$$

$$\dot{S}_B = \frac{\sum\limits_{i=1}^{n} L_{iA}\dot{S}_i}{L_{AB}} + \frac{(\dot{U}_B - \dot{U}_A)}{\dot{Z}_{AB}} U_N \qquad (6-18)$$

图 6-9 中功率箭头所指为假设流向，由于不计功率损耗，根据功率平衡原理可得出各线段初步功率分布为：

$$\dot{S}_{12} = \dot{S}_A - \dot{S}_1$$
$$\dot{S}_{23} = \dot{S}_{12} - \dot{S}_2$$
$$\vdots$$

还可进行验算：
$$\dot{S}_A + \dot{S}_B = \sum\limits_{i=1}^{n} \dot{S}_i$$

（2）环网初步潮流分布。对于环网，也就是两端电源电压相等的两端供电网，式（6-15）、式（6-17）即变为：

$$\dot{S}_A = \frac{\sum\limits_{i=1}^{n} \dot{Z}_{iB}\dot{S}_i}{\dot{Z}_{AB}} \quad 或 \quad \dot{S}_A = \frac{\sum\limits_{i=1}^{n} L_{iB}\dot{S}_i}{L_{AB}}$$

2. 找出功率分点

根据初步潮流计算结果分析，发现某个节点所需的负荷功率均由两侧电源分别供来，则称该节点为功率分点，并以符号▼标注在该节点的上方。有功分点与无功分点可能重合，也可能不重合。若不重合时，有功分点用符号▼标注，无功分点用符号▽标注。功率分点往往是电网电压的最低点。

3. 拆成两个开式电网

在功率分点处将两端供电网或环网拆成两个开式电网。当有功、无功分点不重合时，一般从无功分点▽处拆开。

4. 最终潮流计算

此后计算与前述开式网络完全相同。根据开式网潮流计算方法，由功率分点向两侧电源逐段推算功率损耗，再从已知电压点逐段推求电压降落。详见例6-2。

五、全年电能损耗计算

常用最大负荷损耗时间 τ_{max} 求全年的电能损耗。其计算式为：

$$\Delta W = \Delta P_{max} \tau_{max} \tag{6-19}$$

式中　ΔP_{max}——最大负荷时线路或变压器绕组电阻上产生的有功损耗，kW；

　　　　τ_{max}——最大负荷损耗时间，可由表4-4查得。

对变压器来说，年电能损耗除了绕组电阻的电能损耗外，还有由激磁电导产生的铁芯电能损耗。后者可近似取变压器空载损耗 ΔP_0 与变压器年运行小时数 T 的乘积。这样，变压器年电能损耗表达式为：

$$\Delta W_T = \Delta P_{max} \tau_{max} + \Delta P_0 T \tag{6-20}$$

【例6-2】　电力系统潮流计算。网络及负荷情况见图6-10，已知：首端电压为116kV，所有线路参数均为每公里电阻0.2Ω，每公里电抗0.4Ω。

解：由题意可知，环网3边导线截面相同，可按均一环网计算。

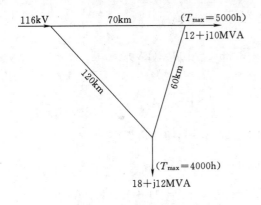

图6-10　例6-2图1

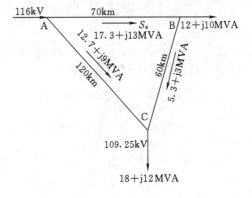

图6-11　例6-2图2

（1）求出初步潮流分布，并标注于图6-11中。

$$S_a = S_{AB} = \frac{(12+j10) \times 180 + (18+j12) \times 120}{250}$$

$$= \frac{2160+j1800+2160+j1440}{250} = 17.3+j13 (\text{MVA})$$

$$S_{BC} = (17.3 + j13) - (12 + j10) = 5.3 + j3(\text{MVA})$$

$$S_{AC} = (18 + j12) - (5.3 + j3) = 12.7 + j9(\text{MVA})$$

(2) 将图 6-12 从无功分点▽处拆开。可见 C 点为功率分点，在 C 点切开电网变成左、右两个开式电网，并设流水号标注于各点，见图 6-13。各段阻抗分别为：70km 处阻抗为 14+j28（Ω），60km 处阻抗为 12+j24（Ω），120km 处阻抗为 24+j48（Ω）。

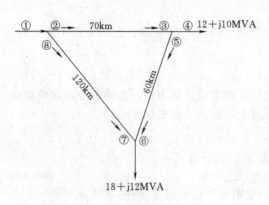

图 6-12　例 6-2 图 3

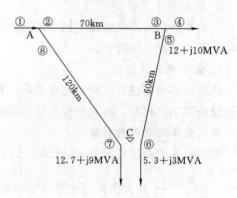

图 6-13　例 6-2 图 4

(3) 左边开式电网潮流计算：

$$\Delta S_{7-8} = \frac{12.7^2 + 9^2}{110^2}(24 + j48) = 0.5 + j1.0(\text{MVA})$$

$$S_8 = (12.7 + 0.5) + j(9 + 1) = 13.2 + j10(\text{MVA})$$

又已知：$U_8 = U_1 = 116\text{kV}$，因此：

$$\Delta U_{8-7} = \frac{13.2 \times 24 + 10 \times 48}{116} = 6.86(\text{kV})$$

$$\delta U_{8-7} = \frac{13.2 \times 48 - 10 \times 24}{116} = 3.38(\text{kV})$$

$$U_7 = \sqrt{(116 - 6.86)^2 + 3.38^2} = 109.2(\text{kV})$$

(4) 右边开式电网潮流计算：

$$\Delta S_{6-5} = \frac{5.3^2 + 3^2}{110^2}(12 + j24) = 0.04 + j0.07(\text{MVA})$$

$$S_5 = 5.34 + j3.07(\text{MVA}), \qquad S_3 \approx 17.34 + j13(\text{MVA})$$

$$\Delta S_{3-2} = \frac{17.34^2 + 13^2}{110^2}(14 + j28) = 0.54 + j1.08(\text{MVA})$$

$$S_2 \approx 17.88 + j14.1(\text{MVA}), \qquad S_1 \approx S_2 + S_8 = 31 + j24(\text{MVA})$$

又已知：$U_2 = U_1 = 116\text{kV}$，则：

$$\Delta U_{2-3} = \frac{17.88 \times 14 + 14.1 \times 28}{116} = 5.56(\text{kV})$$

$$\delta U_{2-3} = \frac{17.88 \times 28 - 14.1 \times 14}{116} = 2.61(\text{kV})$$

$$U_4 = \sqrt{(116 - 5.56)^2 + 2.61^2} = 110.5(\text{kV})$$

$$\Delta U_{5-6} = \frac{5.34 \times 12 + 3.07 \times 24}{110.5} = 1.23(\mathrm{kV})$$

$$\delta U_{5-6} = \frac{5.34 \times 24 - 3.07 \times 12}{110.5} = 0.83(\mathrm{kV})$$

$$U_6 = \sqrt{(110.5 - 1.23)^2 + 0.83^2} = 109.3(\mathrm{kV})$$

$$U_C = U_7 = U_6 \approx \frac{109.2 + 109.3}{2} = 109.25(\mathrm{kV})$$

C点电压只有唯一值，故取两者平均值。

(5) 潮流分布图：将计算结果标注于原始网络图中，即为潮流分布图，见图 6-14。

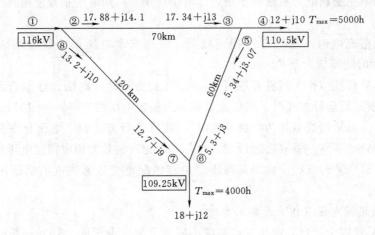

图 6-14　原始网络潮流分布图

(6) 全年电能损耗计算。

2—3 线功率损耗：　　　　　　　$\Delta P = 0.54\mathrm{MW}$

$$\cos\varphi = \frac{17.88}{\sqrt{17.88^2 + 14.1^2}} = 0.78$$

用有功 P 值进行加权平均：

$$T_{\max} = \frac{12 \times 5000 + 5.34 \times 4000}{12 + 5.34} = 4550(\mathrm{h}), \quad \tau_{\max} = 3200\mathrm{h}$$

5—6 线功率损耗：　　　　　　　$\Delta P = 0.04\mathrm{MW}$

$$\cos\varphi = \frac{5.34}{\sqrt{5.34^2 + 3.07^2}} = 0.866$$

$$T_{\max} = 4000\mathrm{h}, \quad \tau_{\max} = 2500\mathrm{h}$$

7—8 线功率损耗：　　　　　　　$\Delta P = 0.5\mathrm{MW}$

$$\cos\varphi = \frac{13.2}{\sqrt{13.2^2 + 10^2}} = 0.8$$

$$T_{\max} = 4000\mathrm{h}, \quad \tau_{\max} = 2750\mathrm{h}$$

全网全年总电能损耗：

$$\Delta W = \sum(\Delta P \cdot \tau) = 0.54 \times 3200 + 0.04 \times 2500 + 0.5 \times 2750 = 3203(\mathrm{MW \cdot h})$$

第二节　调　压　计　算

一、电网电压允许偏差

电压是电能质量的重要指标，根据 SD 325《电力系统电压和无功电力技术导则（试行）》的规定，电力系统各级电网电压的偏差值必须控制在如下允许范围。

1. 发电厂和变电所母线电压

（1）330、500kV 母线。正常运行方式，最高运行电压不得超过额定电压的＋10％，最低运行电压不应影响电力系统同步稳定、电压稳定、厂用电的正常使用及下一级电压的调节。

向空载线路充电时，在暂态过程衰减后，线路末端电压不应超过系统额定电压的 1.15 倍，持续时间不应大于 20min。

（2）220kV 母线（作为线路首端时）。正常运行方式时，电压允许偏差为额定电压的 0～＋10％；事故后运行方式时，电压允许偏差为额定电压的－5％～＋10％。

（3）110、35kV 母线（作为线路首端时）。正常运行方式时，电压允许偏差为相应额定电压的－3％～＋7％；事故后运行方式时，电压允许偏差为相应额定电压的±10％。

（4）10（6）kV 母线。应使全部高压用户和经配电变压器供电的低压用户的电压偏差符合规定值。

2. 用户受电端电压（作为线路末端时）

（1）35kV 及以上用户，电压变动幅度不应大于额定电压的±10％，即电压允许值为额定电压的 90％～110％范围内。

（2）380V～10kV 用户，电压允许偏差值为系统额定电压的±7％。

（3）220V 用户，电压允许偏差值为其额定电压的－10％～＋5％。

（4）特殊用户，电压允许偏差值按供用电合同执行。

对于 1～10kV 线路，通常要求从供电变电所母线至线路末端的最大电压损耗，不超过 5％；对于更高电压等级的线路虽然无限制，但一般认为，在无特殊要求的条件下，正常运行时电压损耗不超过 10％；故障时电压损耗不超过 15％。

二、电力系统主要调压措施

电力系统的无功功率平衡以及必要的无功备用容量，是保证电压质量的基本条件。在此前提下，为使电网内各节点电压均在允许范围内，可运用各种调压措施，以保证负荷所要求的电压质量。

按 SD 325 要求，在正常运行方式时，为保证用户端电压质量和降低线损，220kV 及以下电网电压的调整，宜采用"逆调压"方式。因此，逆调压方式应是运行时的主要调压方式，在规划设计中应尽力予以实现。

所谓"逆调压"方式，就是通过各种调压手段，在电压允许偏差范围内，高峰负荷时使得电网母线电压高一些（如 $1.05U_N$）；低谷负荷时使得电网母线电压低一些（如 $1.0U_N$）。逆调压是调压的最高标准。此外有稍逊一些的"常调压"：无论大负荷小负荷，电压都基本不变（保持 $1.025U_N$～$1.05U_N$）。还有更差一些的"顺调压"：大负荷时允许电压低一点，但不低于 $1.025U_N$；小负荷时允许电压高一点，但不高于 $1.075U_N$。

这里需要说明，不论实现逆调压，还是受条件限制而采用"常调压"或者"顺调压"，其电压变动范围均须满足上述规定的电压允许偏差值。

电力系统调压措施通常有以下 4 项。

1. 调整发电机端电压调压

这是最简单灵活且实用的调压措施。当同步发电机端电压在 $(0.95\sim1.05)U_N$ 范围内变化时，仍可保证额定有功出力。在规划设计时，应根据发电机直配负荷和厂用电负荷的电压要求，来调整发电机的端电压。但此种措施不宜作为电网的主要调压手段。

2. 改变变压器分接开关位置调压

在主干电网电压质量有保证的前提下，为满足发电厂、变电所母线和用户受电端电压质量的要求，可用改变变压器变比的方法调整电压。根据变压器分接开关切换方式的不同，可分为两种：无励磁调压变压器和有载调压变压器。前者也称普通变压器，须在停电后，方可改变分接开关位置，故常在季节交替或检修时进行。分接开关的电压范围，一般为 $U_N\pm2\times2.5\%$，10kV 配电变压器为 $U_N\pm5\%$。

有载调压变压器可在运行中改变分接开关位置，而且调节范围大，是保证电压质量、降低线路损耗的常用措施。分接开关的调压范围，随电压等级和制造厂家的不同而异。35kV 有载调压变压器多为 $U_N\pm3\times2.5\%$；60kV 及以上有载调压变压器有 $U_N\pm8\times1.25\%$、$U_N\pm8\times1.5\%$ 等几种。

按我国有关规定，在各级电网中，直接向 10kV 配电网供电的降压变压器，应选用有载调压变压器。经调压计算，若仅此一级调压尚不能满足电压控制要求时，可在其电源侧的降压变压器中，再采用一级有载调压变压器。

若电力用户对电压质量的要求严于前述规定值时，该用户的受电变压器也应选用有载调压变压器。

3. 调节无功补偿设备调压

装于电网各处的无功补偿设备，可以通过人工或自动的调整，使电网电压保持在规定的范围内。当电网出现电压过低现象时，可投入并联电容器组，或调高同步调相机、静止无功补偿装置的无功出力；当电网出现电压过高现象时，可切除并联电容器组，或调节同步调相机、静止无功补偿装置，令其吸收多余的无功功率。

并联电容器在配电网中广为应用。并联电容器成组安装，只能分级投切调节，常装有自动控制装置，自动调节该处的功率因数和电压。如在用户处安装，尚须有防止向系统侧倒送无功功率的功能。

在电缆线路较多的 110kV 及以下变电所中，当轻负荷时切除并联电容器以后，可能仍会出现电压高出允许范围，并向系统侧倒送无功的情况。此时应投入装设于中（或低）压母线上的并联电抗器；在 220kV 变电所，轻负荷时切除并联电容器后，如高压母线电压仍高出允许范围，或功率因数仍高于 0.98 时，应投入并联电抗器。

同步调相机调压方便、灵活、幅度大，可发无功亦可吸无功，可以连续平滑地调节。对于 220kV 及以上电网，还有提高输电能力及稳定电压的作用。但它投资大、安装工期长、运行管理复杂。而静止无功补偿装置调压更为方便、灵活，亦为可发可吸，连续平滑调节。若经技术经济论证认为合理时，都可以采用。

此外，有时还在线路末端装设串联补偿电容器，以提高线路末端电压。

4. 改变电力系统运行方式调压

在可能的条件下，有时通过改变系统运行方式，电压问题也可得以解决。

综上所述，通过各种措施的相互配合和综合运用，便可获得良好的调压效果。在规划设计中，有载调压变压器的配置及其分接开关位置的正确调节，无功补偿容量的正确配置及适时投切等，是最主要的调压措施。

三、电力系统的调压计算举例

改变变压器分接开关位置和调节无功补偿设备相配合，可以发挥很好的调压作用。下面以具体算例来说明这种调压计算方法。

【例 6-3】　如图 6-15 所示，设 110kV 线路首端电压保持为 115kV 不变，已计算出线路和变压器阻抗之和为 $Z_\Sigma = 20 + j40\Omega$。采用的是普通无载调压变压器，变比为 $110 \pm 2 \times 2.5\%/11$kV，其分接头档位有 5 档，分别是 115.5kV、112.75kV、110.0kV、107.25kV、104.5kV，大负荷为 $S = 26 + j20$（MVA），小负荷为 $S = 22 + j16$（MVA）。变压器二次侧母线电压要求实现逆调压，即大负荷时 10.5kV；小负荷时 10kV。

求应装设补偿电容器的容量 Q_C 和无载调压变压器分接头档位。

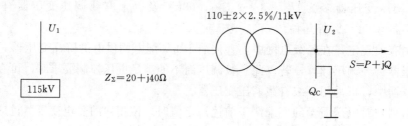

图 6-15　110kV 线路和变压器示意图

解：（1）小负荷时应切除全部补偿电容，仅用合适的分接头来实现调压目标 10kV：

$$U'_2 = 115 - \frac{22 \times 20 + 16 \times 40}{115} = 105.6(kV)$$

$$105.6 \times \frac{11}{U_x} = 10(kV) \quad \text{分接头电压} \quad U_x = 105.6 \times \frac{11}{10} = 116(kV)$$

选取最接近的 115.5kV 分接头，则变比 $K = \dfrac{115.5}{11} = 10.5$

验算：二次侧母线电压：$U_2 = 105.6 \times \dfrac{11}{115.5} = 10.06(kV)$

调压误差为：　　$\dfrac{10.06 - 10}{10} = +0.6\%$　　（十分接近逆调压目标 10kV）

（2）大负荷时应投入补偿电容器实现调压目标 10.5kV，但必须仍然使用上述分接头。

未投电容前：　　$U'_2 = 115 - \dfrac{26 \times 20 + 20 \times 40}{115} = 103.52(kV)$

$$U_2 = 103.52 \times \frac{11}{115.5} = 9.86(\text{kV}) \quad (\text{电压低，不合格})$$

用下列公式可求出应该投入的补偿电容容量 Q_C：

$$Q_\mathrm{C} = \frac{U_{2目标}}{X_\Sigma}(U_{2目标} - U_{2实际})K^2 \qquad\qquad (6-21)$$

式中　$U_{2目标}$——二次侧母线要实现的调压目标值，kV；

　　　$U_{2实际}$——二次侧母线目前实际的电压值，kV；

　　　X_Σ——从已知电压点到调压点的总电抗，此处为线路和变压器电抗之和，Ω；

　　　K——变压器变比。

将本题相关数据代入：

$$Q_\mathrm{C} = \frac{10.5}{40} \times (10.5 - 9.86) \times \frac{115.5^2}{11^2} = 18.5(\text{Mvar}) \quad 选取\ Q_\mathrm{C} = 18\text{Mvar}$$

验算：
$$U'_2 = 115 - \frac{26 \times 20 + (20 - 18) \times 40}{115} = 109.78(\text{kV})$$

$$U_2 = 109.78 \times \frac{11}{115.5} = 10.46(\text{kV}) \quad (\text{十分接近逆调压目标 } 10.5\text{kV})$$

调压误差为：
$$\frac{10.46 - 10.5}{10.5} = -0.3\%$$

可见，采用并联补偿电容器 18Mvar 和无载调压变压器适当的分接头（$K = \frac{115.5}{11}$）联合调节，完全实现了逆调压的调压目标。

第七章 短路电流计算及继电保护配置

第一节 短路电流计算

一、概述

1. 短路的类型

短路故障分为对称短路和不对称短路。三相短路是对称性短路，造成的危害最为严重，但发生三相短路的机会较少。其他种类的短路都属于不对称短路，其中单相短路发生的机会最多，约占短路总数中的70%以上。图7-1画出了短路的各种类型和相应的代表符号。

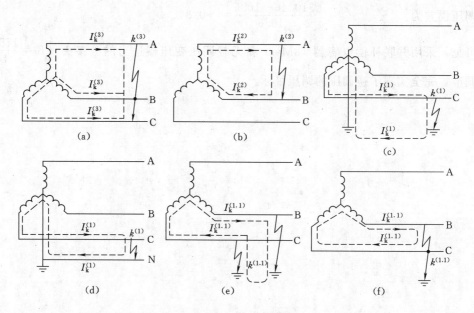

图7-1 短路的各种类型

（a）三相短路；（b）两相短路；（c）单相接地短路；（d）单相短路；（e）两相接地短路；（f）两相短路接地

2. 短路电流计算的目的

为了保证电力系统安全运行，在设计选择电气设备时，都要用可能流经该设备的最大短路电流进行热稳定校验和动稳定校验，以保证该设备在运行中能够经受住突发短路引起的发热和电动力的巨大冲击。同时，为了尽快切断电源对短路点的供电，继电保护装置将自动地使有关断路器跳闸。继电保护装置的整定和断路器的选择，也需要准确的短路电流数据。

3. 短路计算的假定条件

短路过程是一种暂态过程。影响电力系统暂态过程的因素很多，若在实际计算中把所有因素都考虑进来，将是十分复杂也是不必要的。因此，在满足工程要求的前提下，为了简化计算，通常采取一些合理的假设，采用近似的方法对短路电流进行计算。

基本假设条件如下：

（1）在短路过程中，所有发电机电势的相位及大小均相同，亦即在发电机之间没有电流交换，发电机供出的电流全部是流向短路点的。而所有负荷支路则认为都已断开。

（2）不计磁路饱和。这样，系统中各元件的感抗便都是恒定的、线性的，可以运用叠加原理。

（3）不计变压器励磁电流。

（4）系统中所有元件只计入电抗。但在计算短路电流非周期分量衰减时间常数，或者计算电压为 1kV 以下低压系统短路电流时，则须计及元件的电阻。

（5）短路皆为金属性短路，即不计短路点过渡电阻的影响。

（6）三相系统是对称的。对于不对称短路，可应用对称分量法，将每序对称网络简化成单相电路进行计算。

以上假设，使短路电流计算结果稍偏大一些，但最大误差一般不超过 10%～15%，这对于工程设计所要求的准确度来说是允许的。

4. 典型的短路电流波形曲线

为校验各种电气设备，必须找出可能出现的最严重的短路电流。经分析，发现在空载线路上且恰好当某一相电压过零时刻发生三相短路，在该相中就会出现最为严重的短路电流。因此，常常把这种情况下的短路电流波形曲线，作为典型的短路电流波形曲线，见图 7-2。

图 7-2 中，短路电流瞬时值 i_k 是由周期分量 i_p 和非周期分量 i_{np} 合成的，即：

$$i_k = i_p + i_{np} = - I_{pm}\cos\omega t + I_{pm}e^{\frac{-t}{T_a}} \tag{7-1}$$

式中　　　i_p——短路电流的周期分量，I_{pm} 为其幅值，$i_p = - I_{pm}\cos\omega t$；

i_{np}——短路电流的非周期分量，按指数规律衰减，$i_{np} = I_{pm}e^{\frac{-t}{T_a}}$；

T_a——短路电流非周期分量衰减时间常数，$T_a = \dfrac{L_\Sigma}{R_\Sigma} = \dfrac{X_\Sigma}{\omega R_\Sigma}$；

L_Σ、X_Σ、R_Σ——短路点到电源的总电感、总电抗和总电阻。

从图 7-2 中还可以看出，当短路初瞬（$t=0$s），周期分量为负的最大值，而非周期分量则为正的最大值，使合成短路电流从零开始，迅速增大，在 $t=0.01$s 时出现一个最大的短路全电流瞬时值，被称为三相短路冲击电流 i_{sh}，其值可从下式求出：

$$i_{sh} = I_{pm} + I_{pm}e^{-0.01/T_a} = I_{pm}(1 + e^{-0.01/T_a}) = \sqrt{2}I''K_{sh} \tag{7-2}$$

$$K_{sh} = (1 + e^{-0.01/T_a})$$

$$I'' = \frac{I_{pm}}{\sqrt{2}}$$

式中　I''——短路电流周期分量在第一个周期内的有效值，被称为次暂态短路电流；

K_{sh}——短路电流的冲击系数，$1 < K_{sh} < 2$，其值与短路回路的时间常数 T_a 有关。

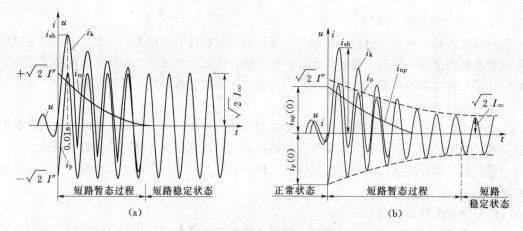

图 7-2 典型的短路电流波形曲线
(a) 无限大系统供电; (b) 有限容量系统供电

短路全电流最大有效值用 I_{sh} 表示, 可由下式计算:

$$I_{sh} = I'' \sqrt{1 + 2(K_{sh} - 1)^2} \qquad (7-3)$$

短路电流非周期分量 i_{np} 约经 10 个周波左右即衰减为零, 此后短路电流中只剩下周期分量, 称为稳态短路电流, 其有效值用 I_∞ 表示 (读成 I 无穷大)。

图 7-2 (a) 所示为由无穷大电源供电的系统, 短路电流周期分量的幅值是恒定不变的, 因而有:

$$I'' = I_\infty = I_t$$

式中　I_t——任意时刻周期分量的有效值。

图 7-2 (b) 所示为有限大容量电源供电的系统, 短路电流周期分量的幅值也是随时间而变化的。此时 I'' 可能大于 I_∞, 但也可能小于 I_∞。

二、采用标幺值的电力网等值电路

标幺值是一种无量纲的相对值。在短路计算中, 采用标幺值比采用有名值更为方便。

1. 标幺值的定义和基准值的确定

$$标幺值 = \frac{有名值}{同名的基准值} (用下角标 * 表示标幺值) \qquad (7-4)$$

在短路计算中, 一般取容量基准值为 100MVA (也可以取为 1000MVA 或其他值), 各级电压的基准值就取为各级平均电压, 表示为:

$$S_d = 100MVA$$

$$U_d = U_{av}$$

电流基准值和阻抗基准值则需由上述两基准值算出:

$$\left.\begin{array}{l} I_d = \dfrac{S_d}{\sqrt{3}U_d}(kA) \\[3mm] Z_d = \dfrac{U_d}{\sqrt{3}I_d} = \dfrac{U_d^2}{S_d}(\Omega) \end{array}\right\} \qquad (7-5)$$

2. 化标幺的第一种方法: 统一化标幺

将原始网络先用折算的方法画出有名值等值电路, 再将各元件有名值除以统一的基准值，即可得出各元件的标幺值。详见例 7 - 1。

【例 7 - 1】   利用例 6 - 1 的最后结果，将其有名值等值电路进一步化为标幺值等值电路。因导纳数值很小，略去。与电抗相比，电阻也较小，在短路计算时一般亦可略去不计（电抗前符号 j 都可略去）。

解：例 6 - 1 最后结果略去导纳和电阻后，简化电路图见图 7 - 3。

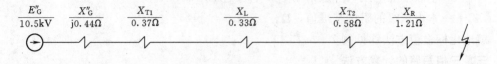

图 7 - 3   例 6 - 1 简化的等值电路（仅计电抗时）

因折算后各元件已处于同一个电压级 10.5kV，故各元件电抗值可直接相加：

$$X_\Sigma = 0.44 + 0.37 + 0.33 + 0.58 + 1.21 = 2.93(\Omega)$$

现用标幺值进行计算。取基准容量为 100MVA：

$$S_d = 100MVA$$

$$U_d = 10.5kV$$

$$Z_d = \frac{10.5^2}{100} = 1.1(\Omega)$$

$$I_d = \frac{100}{\sqrt{3} \times 10.5} = 5.5(kA)$$

电源电势的标幺值为：

$$E''_{G*} = \frac{E''_G}{U_d} = \frac{10.5}{10.5} = 1.0$$

各元件电抗的标幺值为：

$$X''^*_G = \frac{0.44}{1.1} = 0.4; \quad X^*_{T1} = \frac{0.37}{1.1} = 0.34; \quad X^*_L = \frac{0.33}{1.1} = 0.3$$

$$X^*_{T2} = \frac{0.58}{1.1} = 0.53; X^*_R = \frac{1.21}{1.1} = 1.1$$

标幺值等值电路见图 7 - 4。各元件电抗标幺值可直接相加：

$$X_{\Sigma*} = (0.4 + 0.34 + 0.3 + 0.53 + 1.1) = 2.67$$

$$\frac{E''_{G*}}{1.0} \quad \frac{X''^*_G}{0.4} \quad \frac{X^*_{T1}}{0.34} \quad \frac{X^*_L}{0.3} \quad \frac{X^*_{T2}}{0.53} \quad \frac{X^*_R}{1.1}$$

图 7 - 4   标幺值等值电路

现将其还原成有名值：

$$X_\Sigma = X^*_\Sigma Z_d = 2.67 \times 1.1 = 2.93(\Omega)$$

可见与前面的结果完全是一致的。

3. 化标幺的第二种方法：就地化标幺

这种方法不必先用折算方法化为有名值等值电路，而是直接用各元件有名值阻抗除以本电压级的阻抗基准值，即可直接计算出各元件的阻抗标幺值：

$$Z^* = \frac{Z}{Z_d} = Z \frac{S_d}{U_d^2} \qquad (7-6)$$

式中　Z——各元件按本身额定电压（或其平均电压）计算出的有名值阻抗，Ω；

　　　S_d——化标幺时统一规定的容量基准值，MVA；

　　　U_d——本级基准电压（一般采用本级平均电压），kV；

　　　Z_d——本电压级的阻抗基准值，Ω。

就地化标幺值方法详见例 7-2。

三、三相短路的计算方法

（一）无穷大电源系统供给的短路电流

1. 无穷大电源的概念

无穷大电源理论上是指系统容量 $S \to \infty$，系统电抗 $X_s \to 0$，其出口分界母线的电压在短路时能够保持不变。实际上，当系统容量很大，加之发电机自动电压调节器及强行励磁装置的作用，以及枢纽变电所无功/电压自动控制装置的作用，在短路时系统某一枢纽变电所高压母线电压是可以保持不变的，这样的大容量系统就可以认为是无穷大电源系统。

2. 无穷大电源系统供出的三相短路电流计算方法

无穷大电源系统供出的短路电流周期分量幅值是不衰减的，可以很方便地算得。

（1）直接用有名值计算（根据折算到短路点处的等值电路）：

$$\left. \begin{array}{l} I'' = I_\infty = I_t = \dfrac{U_{av}}{\sqrt{3} X_\Sigma} \\[2mm] S_k = \sqrt{3} I'' U_N \\[2mm] i_{sh} = \sqrt{2} K_{sh} I'' \end{array} \right\} \qquad (7-7)$$

式中　　　I''——短路点处的次暂态短路电流（有效值），kA；

　　　　　S_k——短路点处的短路容量，MVA；

　U_{av}、U_N——短路点处的平均电压、额定电压（线电压），kV；

　　　　X_Σ——系统电源到短路点之间的总电抗，Ω；

　　　　i_{sh}——短路点处的冲击短路电流（瞬时值），kA；

　　　　K_{sh}——短路电流冲击系数。

如果短路点处在低压电网中，电阻 R 也要计入，则公式中 X_Σ 要用 Z_Σ 代替，即：

$$Z_\Sigma = \sqrt{R_\Sigma^2 + X_\Sigma^2} \qquad (7-8)$$

（2）用标幺值进行计算：无穷大系统电源电压保持不变，电源相电压的标幺值即为 1.0，故：

$$\left. \begin{array}{l} I''^* = I_\infty^* = I_t^* = \dfrac{1}{X_\Sigma^*} \\[2mm] I'' = I_\infty = I_1 = \dfrac{1}{X_\Sigma^*} I_d = \dfrac{1}{X_\Sigma^*} \dfrac{S_d}{\sqrt{3} U_d} \\[2mm] S_k = \sqrt{3} I'' U_N \\[2mm] i_{sh} = \sqrt{2} K_{sh} I'' \end{array} \right\} \qquad (7-9)$$

式中 S_d——计算 X_Σ^* 时所选用的基准容量，一般选 100MVA；

$\quad\quad U_d$——短路点处的基准电压，一般为该点的平均电压 U_{av}（线电压），kV；

$\quad\quad I_d$——短路点处的基准电流，kA。

（二）有限容量电源供给的短路电流

有限容量电源系统在短路过程中，电源电压是变化的，因而短路电流周期分量的幅值也是随时间变化的。这样，$I'' \neq I_\infty \neq I_t$，不像无穷大系统那样简单了。

在工程实用计算中，一般采用运算曲线法来求取任意时刻的短路电流周期分量有效值 I_t（常需要计算 0s 时刻的 I''；0.1s 或 0.2s 时刻的 $I_{0.1}$、$I_{0.2}$；4s 时刻的 I_4 即稳态短路电流 I_∞），还要求出短路冲击电流 i_{sh}。

下面用算例来说明具体计算方法。

【例 7-2】 如图 7-5 所示之电力系统，各元件参数均已标注在图中，求 K 点发生三相短路时，短路点的短路电流 I''、$I_{0.2}$、I_∞ 和 i_{sh}。

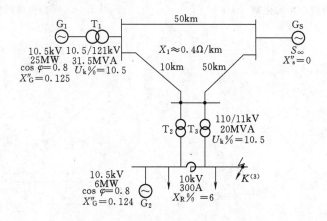

图 7-5 电力系统短路原始网络图

解：（1）网络化简步骤。

1）画等值电路图 7-6，各电抗按顺序编号。

2）将 3、4、5 号电抗组成的三角形网络化成由 10、11、12 号电抗构成的星形网络，将 6、7、8 号电抗组成的三角形网络化成由 13、14、15 号电抗构成的星形网络，如图 7-7 所示。

3）将 1、2、10 号电抗合并为 16 号电抗，将 12、13 号电抗合并为 17 号电抗；将 9、14 号电抗合并为 18 号电抗，如图 7-8 所示。

4）将 16、17、11 号电抗构成的星形化为由 19、20、21 号电抗构成的三角形。因 21 号电抗是连接两个电源的支路，与短路点电流无关，故可略去不画，见图 7-9。

5）用星→网变换公式求"转移电抗"。

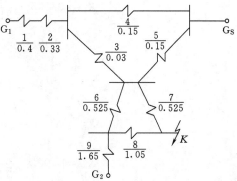

图 7-6 等值电路图

将图 7-9 的星形化为如图 7-10 的网形，其中两个电源之间的连接支路均可略去不画。这样，只画出 G_2 到短路点的直连电抗 22、G_1 到短路点的直连电抗 23 和 G_s 到短路点的直连电抗 24。这 3 个直连电抗 22、23、24 就分别是电源 G_2、G_1 和系统 G_s 对短路点的"转移电抗"。

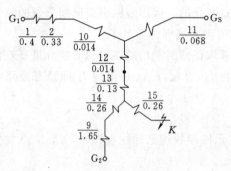

图 7-7   等值电路的化简（一）

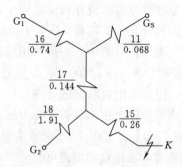

图 7-8   等值电路的化简（二）

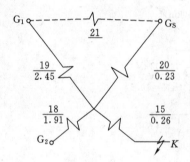

图 7-9   等值电路的化简（三）

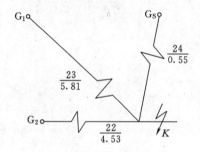

图 7-10   等值电路的化简（四）

（2）参数计算（均用标幺值，为方便省去 ＊ 号）。

1）各元件参数。取 $S_d = 100\text{MVA}$，$U_d = U_{av}$（本例中分别为 115kV 和 10.5kV）。

$$X_1 = 0.125 \times \frac{100}{25/0.8} = 0.4$$

$$X_2 = 0.105 \times \frac{100}{31.5} = 0.33$$

$$X_3 = 0.4 \times 10 \times \frac{100}{115^2} = 0.03$$

$$X_4 = X_5 = 0.4 \times 50 \times \frac{100}{115^2} = 0.15$$

$$X_6 = X_7 = 0.105 \times \frac{100}{20} = 0.525$$

$$X_8 = 0.06 \times \frac{10}{\sqrt{3} \times 0.3} \times \frac{100}{10.5^2} = 1.05$$

$$X_9 = 0.124 \times \frac{100}{6/0.8} = 1.65$$

2）△→Y 变换：

$$X_{10} = \frac{X_3 X_4}{X_3 + X_4 + X_5} = \frac{0.03 \times 0.15}{0.03 + 0.15 + 0.15} = 0.014$$

$$X_{11} = \frac{X_4 X_5}{X_3 + X_4 + X_5} = \frac{0.15 \times 0.15}{0.03 + 0.15 + 0.15} = 0.068$$

$$X_{12} = \frac{X_3 X_5}{X_3 + X_4 + X_5} = \frac{0.03 \times 0.15}{0.03 + 0.15 + 0.15} = 0.014$$

$$X_{13} = \frac{X_6 X_7}{X_6 + X_7 + X_8} = \frac{0.525 \times 0.525}{0.525 + 0.525 + 1.05} = 0.13$$

$$X_{14} = X_{15} = \frac{0.525 \times 1.05}{0.525 + 0.525 + 1.05} = 0.26$$

3）串联电抗合并：

$$X_{16} = 0.4 + 0.33 + 0.014 = 0.74$$
$$X_{17} = 0.014 + 0.13 = 0.144$$
$$X_{18} = 0.264 + 1.65 = 1.91$$

4）Y→△变换：

$$X_{19} = X_{16} + X_{17} + \frac{X_{16} X_{17}}{X_{11}} = 0.74 + 0.144 + \frac{0.74 \times 0.144}{0.068} = 2.45$$

$$X_{20} = X_{17} + X_{11} + \frac{X_{17} X_{11}}{X_{16}} = 0.144 + 0.068 + \frac{0.144 \times 0.068}{0.74} = 0.23$$

X_{21} 连接两个电源，已经与短路点的短路电流无关，不必计算了。

5）星→网变换求出各电源对短路点的"转移电抗"：

$$X_{22} = X_{18} X_{15} \left(\frac{1}{X_{18}} + \frac{1}{X_{15}} + \frac{1}{X_{19}} + \frac{1}{X_{20}} \right)$$

$$= 1.91 \times 0.26 \times \left(\frac{1}{1.91} + \frac{1}{0.26} + \frac{1}{2.45} + \frac{1}{0.23} \right)$$

$$= 1.91 \times 0.26 \times 9.126 = 4.53$$

$$X_{23} = X_{19} X_{15} \left(\frac{1}{X_{18}} + \frac{1}{X_{15}} + \frac{1}{X_{19}} + \frac{1}{X_{20}} \right) = 2.45 \times 0.26 \times 9.126 = 5.81$$

$$X_{24} = X_{20} X_{15} \left(\frac{1}{X_{18}} + \frac{1}{X_{15}} + \frac{1}{X_{19}} + \frac{1}{X_{20}} \right) = 0.23 \times 0.26 \times 9.126 = 0.55$$

6）将"转移电抗"化为各电源到短路点的"计算电抗"：

$$X_{ca}(G_1) = X_{23} \frac{S_{G1}}{S_d} = 5.81 \times \frac{25/0.8}{100} = 1.82$$

$$X_{ca}(G_2) = X_{22} \frac{S_{G2}}{S_d} = 4.53 \times \frac{6/0.8}{100} = 0.34$$

G_s 代表无穷大电源系统，不能求它的计算电抗。无穷大电源系统要直接用转移电抗 X_{24} 进行计算。

（3）计算各电源供给的短路电流。有限容量电源根据其计算电抗查运算曲线（本例查汽轮发电机曲线），可求出各个时刻的短路电流标幺值，进而求出其有名值；无穷大电源则根据其转移电抗直接进行计算。

1）电源 G_1 供给在短路点处产生的短路电流：先求以电源 G_1 容量为基准容量、以短路点平均电压为基准电压的电流基准值：

$$I_{d1} = \frac{25/0.8}{\sqrt{3} \times 10.5} = 1.72(kA)$$

查附录的 0s 曲线，对应 $X_{ca} = 1.82$：

$$I''^* = 0.57 \quad I'' = 0.57 \times 1.72 = 0.98(kA)$$

查附录的 0.2s 曲线，对应 $X_{ca} = 1.82$：

$$I^*_{(0.2)} = 0.539 \quad I_{(0.2)} = 0.539 \times 1.72 = 0.93(kA)$$

查附录的 4s 曲线，对应 $X_{ca} = 1.82$：

$$I^*_\infty = 0.584 \quad I_\infty = 0.584 \times 1.72 = 1.0(kA)$$

2）电源 G_2 供给在短路点处产生的短路电流：求以电源 G_2 容量为基准容量、以短路点平均电压为基准电压的电流基准值：

$$I_{d2} = \frac{6/0.8}{\sqrt{3} \times 10.5} = 0.41(kA)$$

查附录的 0s 曲线，对应 $X_{ca} = 0.34$：

$$I'' = 3.16 \quad I'' = 3.16 \times 0.41 = 1.3(kA)$$

查附录的 0.2s 曲线，对应 $X_{ca} = 0.34$：

$$I^*_{(0.2)} = 2.52 \quad I_{(0.2)} = 2.52 \times 0.41 = 1.03(kA)$$

查附录的 4s 曲线，对应 $X_{ca} = 0.34$：

$$I^*_\infty = 2.28 \quad I_\infty = 2.28 \times 0.41 = 0.94(kA)$$

3）无穷大电源供给在短路点处产生的短路电流：

$$I_{d(s)} = \frac{100}{\sqrt{3} \times 10.5} = 5.5(kA) \quad (S_d = 100MVA \text{ 的电流基准值})$$

$$I''^* = I^*_{(0.2)} = I^*_\infty = \frac{1}{X_{24}} = \frac{1}{0.55} = 1.82$$

$$I'' = I_{(0.2)} = I_\infty = 1.82 \times 5.5 = 10(kA)$$

（4）求短路点总的三相短路电流：

$$I''_k = 0.98 + 1.3 + 10 = 12.28(kA)$$

$$I_{k(0.2)} = 0.93 + 1.03 + 10 = 11.96(kA)$$

$$I_{k\infty} = 1.0 + 0.94 + 10 = 11.94(kA)$$

（5）求短路点的短路容量：

$$S''_k = \sqrt{3} \times 12.28 \times 10 = 212.7(MVA)$$

（6）求三相短路冲击电流（取 $K_{sh} = 1.8$）：

$$i_{sh} = \sqrt{2} \times 1.8 \times 12.28 = 31.26(kA)$$

以上就是三相短路电流计算的全过程。

（三）短路电流计算中的几个问题

1. 电源的合并问题

当几个电源的类型和容量相近，且各自到短路点的电气距离（即电抗值）相差不大时，可以将它们合并成一个等值电源。等值电源的容量就等于各电源的容量之和，等值电抗则是各电源支路电抗的并联。两个电源的合并，见图 7-11。

当两个电源类型不同，或到短路点的电气距离相差很大时，就不可以合并，否则误差就太大了。

一般，可以合并电源的条件是：

$$\frac{S_1 X_1}{S_2 X_2} = (0.4 \sim 2.5) \qquad (7-10)$$

式中 S_1、S_2——两个电源的容量；

X_1、X_2——两个电源到短路点的等值电抗。

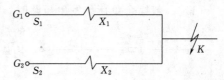

图 7-11 两个电源的合并

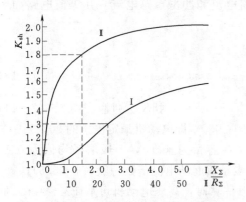

图 7-12 短路电流冲击系数 K_{sh} 曲线

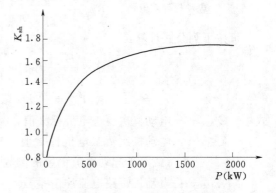

图 7-13 异步电动机冲击系数曲线

2. 短路电流冲击系数 K_{sh} 的不同取值

在计算多电源网络中某点短路时，要分别求出各电源供给的冲击短路电流有名值，最后再总加起来。因为各自的冲击系数 K_{sh} 是不相同的。

在电网的不同地点短路，冲击系数 K_{sh} 取值不同。

在发电机出口短路时，取 $K_{sh}=1.9$；在发电厂升压变压器高压侧母线短路时，取 $K_{sh}=1.85$；在高压电网其他地点短路时，取 $K_{sh}=1.8$；在 1000kVA 及以下变压器低压侧 0.4kV 短路时，取 $K_{sh}=1.3$。

冲击系数 K_{sh} 也可由图 7-12 查得。

冲击系数公式为： $K_{sh} = (1 + e^{\frac{0.01}{T_a}})$

T_a 为短路回路时间常数，与短路回路参数 X_Σ / R_Σ 有关：

$$T_a = \frac{X_\Sigma}{\omega R_\Sigma}, \qquad \frac{X_\Sigma}{R_\Sigma} = \omega T_a = 314 T_a$$

在发电厂以外高压电网中，短路回路时间常数 T_a 通常约为 0.05s，则

$$X_\Sigma / R_\Sigma = 314 \times 0.05 = 15.7$$

由图 7 - 12 曲线 Ⅱ，此时对应的冲击系数 $K_{\text{sh}} = 1.8$：

$$i_{\text{sh}} = \sqrt{2} \times 1.8 I'' = 2.55 I'' \tag{7-11}$$

$$I_{\text{sh}} = I'' \sqrt{1 + 2 \times (1.8 - 1)^2} = 1.51 I'' \tag{7-12}$$

3．对电网中负荷的处理

(1) 一般综合负荷。发生短路时，综合负荷的电流会因电压下降而大为减小，与巨大的短路电流相比，完全可略去不计，即认为此刻负荷均从网络中断开，不参与短路电流计算。

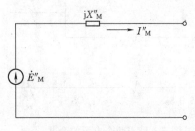

图 7 - 14　短路瞬间异步
电动机等效电路

(2) 异步电动机。异步电动机在稳定运行时，相当于一个阻抗。然而在短路初瞬次暂态时段内，接在短路点附近（一般为 5m 以内）的较大容量异步电动机（高压电动机容量在 800kW 以上、低压电动机容量在 200kW 以上）却类似于一台发电机，也能向短路点反馈次暂态短路电流和冲击短路电流。其等值电路如图 7 -14 所示。

可按下列公式计算：

$$I''_{\text{M}} = \frac{E''_{\text{M}*}}{X''_{\text{M}*}} I_{\text{MN}} \approx \frac{0.9}{0.17} I_{\text{MN}} \approx 5.3 I_{\text{MN}} \tag{7-13}$$

$$i_{\text{sh}} = \sqrt{2} K_{\text{sh(M)}} I''_{\text{M}} = \sqrt{2} K_{\text{sh(M)}} \times 5.3 I_{\text{MN}} = 7.48 K_{\text{sh(M)}} I_{\text{MN}} \tag{7-14}$$

式中　$E''_{\text{M}*}$——电动机次暂态电势标幺值，一般取 0.9（即电动机额定电压的 90%）；

　　　$X''_{\text{M}*}$——电动机次暂态电抗标幺值（以本身容量为基准），一般取平均值为 0.17（或等于起动电流倍数的倒数，电动机起动电流倍数一般为 5～6.5）；

　　　$K_{\text{sh(M)}}$——电动机短路电流冲击系数，一般估算时，高压电动机可取 1.4～1.6，低压电动机可取 1.0，也可由图 7 - 13 查得；

　　　I_{MN}——电动机额定电流。

在其他情况下，均不考虑异步电动机的反馈电流。

(3) 同步电动机和同步调相机。接于系统中某一点上的同步电动机或同步调相机，当容量大于 1000kVA 时，在短路计算中应看做附加电源，可用运算曲线法计算其供出的短路电流。对同步电动机可查有自动电压调整装置的水轮发电机运算曲线，但查曲线时所用的时间要改为等值时间，即 $t' = 2t$（如查 0.2s 的 $I_{0.2}$，要查 0.4s 的曲线）。这是由于两者定子开路时励磁绕组的时间常数不同，水轮发电机一般为 5s，而同步电动机一般平均值为 2.5s。

对同步调相机，可查有自动励磁调节装置的汽轮发电机运算曲线。

4．系统的等值电抗的估算

在计算短路电流时，有时供电部门只给出系统总容量以及某个分界母线处的短路容量，有时则只知道分界母线上的断路器的额定断流容量，这时可用下式估算出系统的等值电抗标幺值 X_{s}^*：

$$X_{\text{s}}^* = \frac{1}{S_{\text{k}}^*} = \frac{S_{\text{d}}}{S_{\text{k}}} \tag{7-15}$$

式中　S_{k}^*——系统中某点短路容量的标幺值；

S_k——系统分界母线处的短路容量（常用该处断路器额定断流容量代替）；

S_d——基准容量，一般取 100MVA。

5．短路时母线残压的计算

电网中发生三相短路时，短路点的电压已降为零，短路点邻近地点电压也大为降低。为分析短路时电力系统的运行状态或因继电保护整定计算的要求，常需计算系统中某点在短路时的电压，称为残压，以 U_{re} 表示。

稳态短路时系统某点残压（标幺值）的计算按下式进行：

$$U_{*re} = I_{\infty *} X_* \tag{7-16}$$

式中　X_*——由短路点算起到系统某点的电抗标幺值。

四、不对称短路的计算方法

（一）短路回路中各元件的序电抗

按照对称分量法的观点，当电网中发生不对称短路时，三相短路电流 I_{KA}、I_{KB}、I_{KC} 是不对称的，因而可以分解成正序分量短路电流、负序分量短路电流和零序分量短路电流。各元件通过各序分量电流时，应分别产生正序分量压降、负序分量压降和零序分量压降。现定义：

正序压降与正序电流之比，称为元件的正序电抗 X_1。

负序压降与负序电流之比，称为元件的负序电抗 X_2。

零序压降与零序电流之比，称为元件的零序电抗 X_0。

元件各序电抗的数值是不同的，分述如下。

1．正序电抗 X_1

正序电抗 X_1 的数值，即为电网各元件参数计算公式所算得的电抗值。

2．负序电抗 X_2

对于静止的电气设备，如变压器、线路、电抗器等，其负序电抗值与正序电抗值完全相同，即 $X_2 = X_1$；对旋转电机，$X_2 \neq X_1$，一般计算时可采用表 7-1 中的数值（两者相差并不大，亦可认为 $X_2 \approx X_1$）。

3．零序电抗 X_0

零序电抗的情况比较复杂。零序电流从短路点出发，由于三相电路的零序电流相位相同，如果前方变压器的绕组中性点没有接地（△或 Y），零序电流就不能流通，相当于该变压器的零序电抗为无穷大。因此零序电抗与电网中性点是否接地以及其他许多因素密切相关，要分别加以说明：

（1）架空及电缆线路的零序电抗比正序电抗大许多，与许多因素有关，可查表 7-2。

（2）同步电机的零序电抗比正序电抗小，一般常取表 7-2 中的数值。

（3）变压器的零序电抗，当零序电流可以顺畅地流通时，就等于其正序电抗；当零序电流不能顺畅地流通时，则可近似认为 $X_0 = \infty$。具体情形可见表 7-2 和表 7-3。

（二）不对称短路时的序网图

发生不对称短路时，可以认为各序电流分别流经各自的序网。

1．正序网络

正序网络就是前面三相短路计算时所用的等值电路，电源的参数和电抗的参数都没有变动。实际上，可以把三相短路看作不对称短路的特例：只有正序电流流经正序网络，而没有负序电流（流经负序网）和零序电流（流经零序网）。对正序网的求解也完全与前面三相短路电流计算方法相同。

2. 负序网络

负序网络与正序网络仅有两点不同：

(1) 所有元件的电抗都用负序电抗 X_2。实际上，对不旋转的静止元件，$X_2 = X_1$。只有旋转电机，X_2 稍大于 X_1。当无详细资料时，也可近似采用 $X_2 = X_1$。

(2) 负序网络中原来的电源没有了（因为这些电源也属于正序），而是将电源点接地。推动负序电流流动的负序电压是作用在短路点处。即负序电流是从短路点流出，最后从接地点（即原来电源点）入地返回。

3. 零序网络

零序网络与正序、负序网络差别很大。推动零序电流的零序电压，也是作用于短路点处。零序电流从短路点出发，遇到线路、电抗器以及 YN，yn 接法的变压器时，都可以顺畅地流过去（但注意各元件要采用其零序电抗）。而遇到 Y，y 接法、Y，yn 接法、D，y 接法或 D，yn 接法的变压器时则不能流通一般情况下均可认为变压器激磁电抗 $X_{\mu 0}$ 为无穷大。最后只有流经 YN，d（即 Y/△）接法的变压器才能够流入"地"，完成零序电流的闭合回路。如果变压器中性点是经过阻抗而接地的，则须将此阻抗值乘 3 后串接在零序电流回路中。凡没有流通零序电流的各个元件，均不出现在零序网络中。

表 7-1　　　　　　　　各种元件的各序电抗平均值

序号	元 件 名 称		电抗平均值			备　注
			正序电抗	负序电抗	零序电抗	
1	汽轮发电机		$X''_{G*}=0.125$	$X_{2*}=0.16$	$X_{0*}=0.06$	以电机额定参数为基准的标幺值
2	有阻尼绕组的水轮发电机		$X''_{G*}=0.20$	$X_{2*}=0.25$	$X_{0*}=0.07$	
3	无阻尼绕组的水轮发电机		$X''_{G*}=0.27$	$X_{2*}=0.45$	$X_{0*}=0.07$	
4	同步调相机和大型同步电动机		$X''_{G*}=0.20$	$X_{2*}=0.24$	$X_{0*}=0.08$	
5	110kV 和 220kV 单芯电缆		$X_1=0.18\Omega/km$	$X_2=X_1$	$X_0=(0.8\sim1.0)X_1$	
6	35kV 三芯电缆		$X_1=0.12\Omega/km$	$X_2=X_1$	$X_0=3.5X_1$	
7	20kV 三芯电缆		$X_1=0.11\Omega/km$	$X_2=X_1$	$X_0=3.5X_1$	
8	6~10kV 三芯电缆		$X_1=0.08\Omega/km$	$X_2=X_1$	$X_0=3.5X_1$	
9	1kV 三芯电缆		$X_1=0.06\Omega/km$	$X_2=X_1$	$X_0=0.7\Omega/km$	
10	1kV 四芯电缆		$X_1=0.066\Omega/km$	$X_2=X_1$	$X_0=0.17\Omega/km$	
11	无避雷线的架空输电线路	单回路	35~220kV $X_1=0.4\Omega/km$ 3~10kV $X_1=0.35\Omega/km$	$X_2=X_1$	$X_0=3.5X_1$	
12		双回路			$X_0=5.5X_1$	系每一回路
13	有钢质避雷线的架空输电线路	单回路		$X_2=X_1$	$X_0=3X_1$	
14		双回路			$X_0=4.7X_1$	系每一回路
15	有良导体避雷线的架空输电线路	单回路		$X_2=X_1$	$X_0=2X_1$	
16		双回路			$X_0=3X_1$	系每一回路

表 7-2　双绕组变压器的零序电抗

序号	接线图	等值网络	等值电抗 三个单相或壳式 三相五柱式	等值电抗 三相三柱式	备　注
1			$X_0 = \infty$	$X_0 = \infty$	零序电流根本不能流入变压器
2			$X_{\mu 0} = \infty$　$X_0 = X_{\mathrm{I}} + \cdots$	$X_0 = X_{\mathrm{I}} + \cdots$	零序电流能顺畅地流入变压器，X_{I}为变压器正序电抗，是否能继续向前流要取决于前方有无入地点
3			$X_{\mu 0} = \infty$　$X_0 = \infty$	$X_0 = X_{\mathrm{I}} + X_{\mu 0}$	零序电流能流入变压器，但只好从数值很大的$X_{\mu 0}$入地，不能流出N点
4			$X_{\mu 0} = \infty$　$X_0 = X_{\mathrm{I}}$	$X_0 = X_{\mathrm{I}} + \dfrac{X_{\mathrm{I}} X_{\mu 0}}{X_{\mathrm{I}} + X_{\mu 0}} \approx X_{\mathrm{I}}$	零序电流能并在入地，但仅在三角形副绕组内部环流，无法流出去到N点
5			$X_{\mu 0} = \infty$　$X_0 = X_{\mathrm{I}} + 3Z$	$X_0 = X_{\mathrm{I}} + \dfrac{(X_{\mathrm{II}} + 3Z)\dfrac{X_{\mu 0}}{X_{\mathrm{II}} + 3Z + X_{\mu 0}}}{} \approx X_{\mathrm{I}} + 3Z$	零序电流能顺畅地流通原，但仅在三角形内部环流，副绕组中性点经阻抗Z接地，星形绕组中性点流过从三相流入的三个零序分量电流，产生三倍零序电压降，故在单相图中应乘3
6			$X_{\mu 0} = \infty$　$X_0 = X_{\mathrm{I}} + 3Z + \cdots$	$X_0 = X_{\mathrm{I}} + \dfrac{(X_{\mathrm{II}} + 3Z + \cdots)\dfrac{X_{\mu 0}}{X_{\mu 0} + X_{\mathrm{II}} + 3Z + \cdots}}{}$	零序电流能顺畅地流过变压器，能否再向前流要看前方有无入地点

注　1. $X_{\mu 0}$为变压器的零序励磁电抗。三相三柱式为$X_{\mu 0}=0.3\sim1.0$，通常在0.5左右（以额定容量为基准）；三个单相、三相五柱式，两者大致相等，X_{I}为变压器的正序电抗，$X_{\mathrm{I}} = X_{\mathrm{I}} + X_{\mathrm{II}}$。
2. X_{I}、X_{II}为变压器各线圈的正序电抗。

表 7-3   **三绕组变压器的零序电抗**

序号	接线圈	等值网络	等值电抗	说　明
1			$X_0 = X_{\mathrm{I}} + X_{\mathrm{II}}$	零序电流不能进入第Ⅱ绕组。能在第Ⅲ绕组内部顺畅地流通（图中 I_0 可入地），但无法流到第Ⅲ绕组外面去，不能流到 P 点
2			$X_0 = X_{\mathrm{I}}$ $+ \dfrac{X_{\mathrm{III}}(X_{\mathrm{II}} + \cdots)}{X_{\mathrm{III}} + X_{\mathrm{II}} + \cdots}$	零序电流可以顺畅地流出第Ⅱ绕组继续向前流（前方需有 YN,D 变压器才能入地）。第Ⅲ绕组情况同上
3			$X_0 = X_{\mathrm{I}}$ $+ \dfrac{X_{\mathrm{III}}(X_{\mathrm{II}} + 3Z + \cdots)}{X_{\mathrm{III}} + X_{\mathrm{II}} + 3Z + \cdots}$	第Ⅱ绕组中性点经阻抗 Z 接地，以 3 倍 Z 值串接于 X_{II} 之后。第Ⅲ绕组情况同上
4			$X_0 = X_{\mathrm{I}} + \dfrac{X_{\mathrm{II}} X_{\mathrm{III}}}{X_{\mathrm{II}} + X_{\mathrm{III}}}$	第Ⅱ绕组与第Ⅲ绕组都是三角形，零序电流仅能在它们内部流通（图中 I_0 有 2 个入地点），不能流到 N 点和 P 点

注   1. X_{I}、X_{II}、X_{III} 为三绕组变压器等值星形各支路的正序电抗。

     2. 直接接地 YN,yn,yn 和 YN,yn,d 接线的自耦变压器与 YN,yn,d 接线的三绕组变压器的等值电路是一样的。

（三）序网络的化简和各序的综合电抗

各序网络均可化简为一个综合电抗。

正序网络一般有多个电源点，可先按三相短路计算方法求得各电源对短路点的转移电抗，然后将各电源支路合并为一个等值电源（不必计算等值电势值）和一个等值电抗，这个等值电抗就是正序综合电抗，用 $X_{1\Sigma}$ 表示。但如果各电源容量相差很大，就不要进行合并，还是分别计算各电源供出的短路电流为宜。

负序网络和零序网络都只有一个电源点（即短路点），另有多个接地点。负序网络的接地点是各个电源点；零序网络的接地点则是各个接法为 YN,d 的变压器。

从短路点看出去，对各支路进行合并化简，最后就可以化简为一个位于电源点（短路点）和"地"之间的综合电抗，即负序综合电抗 $X_{2\Sigma}$ 和零序综合电抗 $X_{0\Sigma}$。实际上，在多数情况下，$X_{2\Sigma} \approx X_{1\Sigma}$，而一般 $X_{0\Sigma} > X_{1\Sigma}$。

（四）利用正序增广网络求解不对称短路

可以利用正序增广网络求解不对称短路。即在正序网络化简到各电源点到短路点仅为转移电抗时，在原来短路点 K 处插入一个附加电抗 X_Δ 后再短路接地。此附加电抗与短路类型有关，见表 7-4。

新接地点处可称为 K'，然后再重新求各电源点到新接地点 K' 点的转移电抗，再用前述求三相短路同样的方法，求得各电源点对 K' 处三相短路时供出的短路电流，该电流也就是在 K 处不对称短路时，短路电流中的正序分量。

最后，正序分量再乘以一个与短路类型有关的故障电流系数 m（见表 7-4），就最终求得发生 K 点不对称短路时，故障点的实际短路电流。这称为正序增广法则。详见例 7-4。

表 7-4　　各种短路的附加电抗 X_Δ 和故障电流系数 m（$I_K^{(n)} = m^{(n)} I_{K1}^{(n)}$）

短路类型	代表符号	附加阻抗 X_Δ	故障电流系数 m
三相短路	$K^{(3)}$	0	1
二相短路	$K^{(2)}$	$X_{2\Sigma}$	$\sqrt{3}$
单相短路	$K^{(1)}$	$X_{2\Sigma} + X_{0\Sigma}$	3
二相接地短路	$K^{(1,1)}$	$\dfrac{X_{2\Sigma} X_{0\Sigma}}{X_{2\Sigma} + X_{0\Sigma}}$	$\sqrt{3} \times \sqrt{1 - \dfrac{X_{2\Sigma} X_{0\Sigma}}{(X_{2\Sigma} + X_{0\Sigma})^2}}$

图 7-15 绘出了各种短路时的正序增广网络图。

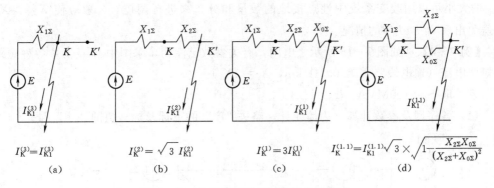

$$I_K^{(3)} = I_{K1}^{(3)} \qquad I_K^{(2)} = \sqrt{3}\, I_{K1}^{(2)} \qquad I_K^{(1)} = 3 I_{K1}^{(1)} \qquad I_K^{(1,1)} = I_{K1}^{(1,1)} \sqrt{3} \times \sqrt{1 - \dfrac{X_{2\Sigma} X_{0\Sigma}}{(X_{2\Sigma} + X_{0\Sigma})^2}}$$

（a）　　　　　　（b）　　　　　　（c）　　　　　　（d）

图 7-15　各种短路时的正序增广网络图

（a）三相短路时（无任何变化，$X_\Delta = 0$，$m = 1$）；（b）二相短路时（$K \to K'$，$X_\Delta = X_{2\Sigma}$，$m = \sqrt{3}$）；

（c）单相短路时（$K \to K'$，$X_\Delta = X_{2\Sigma} + X_{0\Sigma}$，$m = 3$）；（d）两相短路接地时

$$\left(K \to K',\ X_\Delta = X_{2\Sigma} /\!/ X_{0\Sigma},\ m = \sqrt{3} \times \sqrt{1 - \dfrac{X_{2\Sigma} X_{0\Sigma}}{(X_{2\Sigma} + X_{0\Sigma})^2}} \right)$$

（五）和三相短路的比较

1. 两相短路与三相短路的比较

由图 7-15（a）可见：
$$I_{K1}^{(3)} = \frac{E}{X_{1\Sigma}} = I_K^{(3)}$$

式中　$I_{K1}^{(3)}$——三相短路电流的正序分量，也就等于三相短路电流本身；

E——电源电势（经合并以后的总电源），实用计算中其标幺值可取 1.0；

$X_{1\Sigma}$——正序综合电抗。

由图 7-15（b）可见：

$$I_{K1}^{(2)} = \frac{E}{X_{1\Sigma} + X_{2\Sigma}} \approx \frac{E}{2X_{1\Sigma}} = \frac{I_{K1}^{(3)}}{2} = \frac{I_K^{(3)}}{2}$$

式中　$I_{K1}^{(2)}$——两相短路电流的正序分量。

因而有：

$$I_K^{(2)} = \sqrt{3}\,I_{K1}^{(2)} \approx \frac{\sqrt{3}}{2} I_K^{(3)} = 0.866 I_K^{(3)} \qquad (7-17)$$

这是一个很有用的结论，即：在由无穷大系统供电时，两相短路电流总是小于同一点三相短路电流，为三相短路电流的 86.6%。

2. 单相短路与三相短路的比较

假设零序电抗近似与正序、负序电抗相等，$X_{0\Sigma} \approx X_{1\Sigma} \approx X_{2\Sigma}$，由图 7-15（c）可知：

$$I_{K1}^{(1)} = \frac{E}{X_{1\Sigma} + X_{2\Sigma} + X_{0\Sigma}} \approx \frac{E}{3X_{1\Sigma}}$$

$$I_K^{(1)} = 3 I_{K1}^{(1)} \approx \frac{3E}{3X_{1\Sigma}} \approx I_K^{(3)}$$

可见这时单相短路电流等于三相短路电流。

实际上，$X_{0\Sigma}$ 往往大于 $X_{1\Sigma}$，因此一般而言单相短路电流小于同一点的三相短路电流。但也可能出现 $X_{0\Sigma} < X_{1\Sigma}$ 的个别情况，此时单相短路电流就大于三相短路电流了。$X_{0\Sigma}$ 的大小可以用改变系统中性点接地的数量和分布来进行调控，一般应使 $X_{0\Sigma} > X_{1\Sigma}$，以避免出现 $I_K^{(1)} > I_K^{(3)}$ 的情况。

【例 7-4】　如图 7-16 所示之电网，有关参数已注明，求图中 K 点发生各种短路时的短路电流（输电线路 $X_1 = 0.4\Omega/\text{km}$，$X_0 = 3X_1$）。

解　取 $S_d = 100\text{MVA}$，$U_d = U_{av}$。

（1）各序网及参数计算（为简便计，略去"序"的下标及标幺值的"*"号）

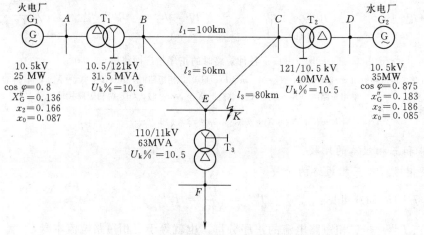

图 7-16　不对称短路计算的原始网络图

1）原始网络等值电路（标幺值），见图 7-17。

$$X_1 = 0.136 \times \frac{100}{25/0.8} = 0.435$$

$$X_2 = 0.105 \times \frac{100}{31.5} = 0.33$$

$$X_3 = 0.105 \times \frac{100}{40} = 0.26$$

$$X_4 = 0.183 \times \frac{100}{35/0.875} = 0.458$$

$$X_5 = 0.4 \times 100 \times \frac{100}{115^2} = 0.3$$

$$X_6 = 0.4 \times 50 \times \frac{100}{115^2} = 0.15$$

$$X_7 = 0.4 \times 80 \times \frac{100}{115^2} = 0.24$$

$$X_8 = 0.105 \times \frac{100}{63} = 0.167$$

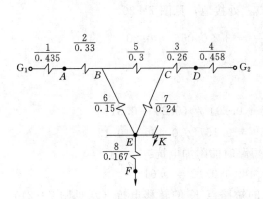

图 7-17 原始网络的等值电路图（标幺值）

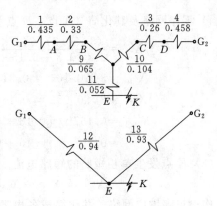

图 7-18 正序网络及其化简

2）正序网络及其化简，见图 7-18。

$X_8 = 0.167$（但因是负荷支路，可断开，在正序网络中不画了）

$$X_9 = \frac{0.3 \times 0.15}{0.3 + 0.15 + 0.24} = 0.065$$

$$X_{10} = \frac{0.3 \times 0.24}{0.3 + 0.15 + 0.24} = 0.104$$

$$X_{11} = \frac{0.15 \times 0.24}{0.3 + 0.15 + 0.24} = 0.052$$

$$X_{12} = (0.435 + 0.33 + 0.065) + 0.052 + \frac{(0.425 + 0.33 + 0.065) \times 0.052}{0.458 + 0.26 + 0.104} = 0.94$$

$$X_{13} = (0.458 + 0.26 + 0.104) + 0.052 + \frac{(0.458 + 0.26 + 0.104) \times 0.052}{0.435 + 0.33 + 0.065} = 0.93$$

$$X_{1\Sigma} = \frac{0.94 \times 0.93}{0.94 + 0.93} = 0.467$$

3）负序网络及其化简，G_1 及 G_2 处接地，见图 7-19。

$$X'_1 = 0.166 \times \frac{100}{25/0.8} = 0.531$$

$$X'_4 = 0.186 \times \frac{100}{35/0.875} = 0.465$$

$$X_{2\Sigma} = (0.531 + 0.33 + 0.065) \mathbin{/\!/} (0.465 + 0.26 + 0.104) + 0.052$$

$$= \frac{0.926 \times 0.829}{0.926 + 0.829} + 0.052 = 0.437 + 0.052 = 0.489$$

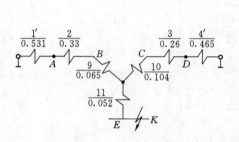

图 7-19　负序网络及其化简　　　　　图 7-20　零序网络及其化简

4）零序网络及其化简（A 点、D 点及 F 点三处接地，见图 7-20）

$$X'_9 = \frac{(3 \times 0.3) \times (3 \times 0.15)}{3 \times (0.3 + 0.15 + 0.24)} = 3 \times 0.065 = 0.20$$

$$X'_{10} = 3 \times 0.104 = 0.31$$

$$X'_{11} = 3 \times 0.052 = 0.16$$

$$X'_{0\Sigma} = 0.167 \mathbin{/\!/} [0.16 + (0.33 + 0.20) \mathbin{/\!/} (0.26 + 0.31)]$$

$$= 0.167 \mathbin{/\!/} [0.16 + 0.275] = 0.167 \mathbin{/\!/} 0.435 = 0.12$$

（2）K 点发生单相短路的短路电流。单相短路时的附加电抗：

$$X_{\Delta}^{(1)} = X_{2\Sigma} + X_{0\Sigma} = 0.489 + 0.12 = 0.61$$

作出正序增广网络，并化简成各电源到新的短路点 K' 的转移电抗（参见图 7-21），再求出火电厂和水电厂到新短路点 K' 的计算电抗：

$$X_{12}^{(1)} = 0.94 + 0.61 + \frac{0.94 \times 0.61}{0.93} = 2.16$$

$$X_{13}^{(1)} = 0.93 + 0.61 + \frac{0.93 \times 0.61}{0.94} = 2.14$$

$$X_{ca(火)} = 2.16 \times \frac{25/0.8}{100} = 0.675$$

$$X_{ca(水)} = 2.14 \times \frac{35/0.875}{100} = 0.856$$

查运算曲线或查表（0s）得到短路电流标幺值，进而求出其有名值：

$$I''_{(火)*} = 1.58 \quad I''_{(火)} = 1.58 \times \frac{25/0.8}{\sqrt{3} \times 115} = 0.248(\text{kA})$$

$$I''_{(水)*} = 1.25 \quad I''_{(水)} = 1.25 \times \frac{35/0.875}{\sqrt{3} \times 115} = 0.251(\text{kA})$$

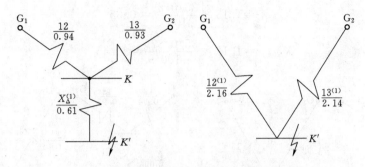

图 7-21 单相短路时的正序增广网络及其化简

这是在 K' 点发生三相短路时各电厂供出流到短路点的电流，也是在原 K 点发生单相短路时，各电厂供给短路点短路电流中的正序分量，乘以故障电流系数 $m^{(1)} = 3$ 以后，才是在 K 点发生单相短路时，短路点的实际故障电流：

$$I''^{(1)} = m^{(1)} I_{K1}^{(1)} = 3 \times (0.248 + 0.251) = 3 \times 0.5 = 1.5(\text{kA})$$

（3）K 点发生二相短路时的短路电流。二相短路时的附加电抗：

$$X_\Delta^2 = X_{2\Sigma} = 0.489$$

作出正序增广网络（见图 7-22），求到 K' 的转移电抗和计算电抗：

$$X_{12}^{(2)} = 0.94 + 0.489 + \frac{0.94 \times 0.489}{0.93} = 1.92$$

$$X_{13}^{(2)} = 0.93 + 0.489 + \frac{0.93 \times 0.489}{0.94} = 1.90$$

$$X_{\text{ca}(火)} = 1.92 \times \frac{25/0.8}{100} = 0.6$$

$$X_{\text{ca}(水)} = 1.90 \times \frac{35/0.875}{100} = 0.76$$

查运算曲线或查表（0s）得到短路电流的标幺值，进而求出其有名值：

$$I''_{(火)*} = 1.765 \qquad I''_{(火)} = 1.765 \times \frac{25/0.8}{\sqrt{3} \times 115} = 0.277(\text{kA})$$

$$I''_{(水)*} = 1.42 \qquad I''_{(水)} = 1.42 \times \frac{35/0.875}{\sqrt{3} \times 115} = 0.285(\text{kA})$$

二相短路故障电流系数 $m^{(2)} = \sqrt{3}$，K 点二相短路故障点的实际短路电流为：

$$I''^{(2)} = \sqrt{3} \times (0.277 + 0.285) = 0.974(\text{kA})$$

（4）K 点发生二相短路接地时的短路电流

二相短路接地时的附加电抗：

$$X_\Delta^{(1.1)} = \frac{X_{2\Sigma} \times X_{0\Sigma}}{X_{2\Sigma} + X_{0\Sigma}} = \frac{0.489 \times 0.120}{0.489 + 0.120} = 0.096$$

作出正序增广网络（见图 7-23），求到 K' 的转移电抗和计算电抗：

$$X_{12}^{(1,1)} = 0.94 + 0.096 + \frac{0.94 \times 0.096}{0.93} = 1.13$$

$$X_{13}^{(1,1)} = 0.93 + 0.096 + \frac{0.93 \times 0.096}{0.94} = 1.12$$

$$X_{ca(火)} = 1.13 \times \frac{25/0.8}{100} = 0.35$$

$$X_{ca(水)} = 1.12 \times \frac{35/0.875}{100} = 0.45$$

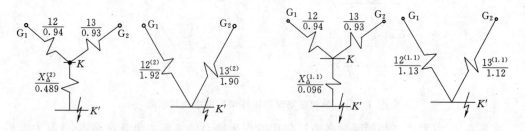

图 7-22　两相短路时的正序增广网络及其化简图　　图 7-23　两相短路接地时的正序增广网络及其化简图

查运算曲线或查表（0s）得到短路电流的标幺值，进而求出其有名值：

$$I''_{(火)*} = 3.1 \quad I''_{(火)} = 3.1 \times \frac{25/0.8}{\sqrt{3} \times 115} = 0.486(\text{kA})$$

$$I''_{(水)*} = 2.4 \quad I''_{(水)} = 2.4 \times \frac{35/0.875}{\sqrt{3} \times 115} = 0.48(\text{kA})$$

二相短路接地时故障电流系数：

$$m^{(1,1)} = \sqrt{3} \times \sqrt{1 - \frac{X_{2\Sigma} X_{0\Sigma}}{(X_{2\Sigma} + X_{0\Sigma})^2}} = \sqrt{3} \times \sqrt{1 - \frac{0.489 \times 0.120}{(0.489 + 0.120)^2}} = 1.589$$

K 点二相短路接地时故障点的实际短路电流为：

$$I''^{(1,1)} = 1.589 \times (0.486 + 0.48) = 1.535(\text{kA})$$

（5）K 点发生三相短路时的短路电流。三相短路时附加电抗 $X_\Delta^{(3)} = 0$。因此不需增广，直接由到 K 点的转移电抗 X_{12}、X_{13} 求计算电抗。

$$X_{ca(火)} = 0.94 \times \frac{25/0.8}{100} = 0.294$$

$$X_{ca(水)} = 0.93 \times \frac{35/0.875}{100} = 0.372$$

查运算曲线或查表（0s）得到短路电流的标幺值，进而求出其有名值：

$$I''_{(火)*} = 3.70 \qquad I''_{(火)} = 3.70 \times \frac{25/0.8}{\sqrt{3} \times 115} = 0.580(\text{kA})$$

$$I''_{(水)*} = 2.98 \qquad I''_{(水)} = 2.98 \times \frac{35/0.875}{\sqrt{3} \times 115} = 0.598(\text{kA})$$

三相短路时故障电流系数 $m=1$，火电厂和水电厂供给短路点的短路电流相加：

$$I''^{(3)} = 0.580 + 0.598 = 1.18(\text{kA})$$

本例中只计算了 0s 时刻的短路电流 I''，同样可查运算曲线得到任意时刻的短路电流。由本例可见，用正序增广网络方法求各种不对称短路非常简便。

在本例中　　　　　　　　　　　　$X_{1\Sigma} = 0.467$

$$X_{2\Sigma} = 0.489$$

$$X_{0\Sigma} = 0.12$$

可见，$X_{2\Sigma}$ 略大于 $X_{1\Sigma}$，近似认为 $X_{2\Sigma} = X_{1\Sigma}$ 也是可以的。而 $X_{0\Sigma}$ 却没能大于 $X_{1\Sigma}$，因此使单相短路电流（1.5kA）大于同一点的三相短路电流（1.18kA）。如果打开负荷支路 63MVA 变压器中性接地刀闸，则零序网络中就去掉了经 8 号电抗接地的并联支路，此时 $X_{0\Sigma} = 0.435$，变大许多，单相短路电流也就会相应减少。

由于本例中不是无限大电源系统供电，两相短路电流（0.974kA）仅为三相短路电流（1.18kA）的 82.5%，这个结果是正确的。

第二节 继电保护装置的选择与整定

一、对继电保护装置的基本要求

1. 可靠性

指保护装置该动作时动作，不拒动；而不该动作时不误动。前者为信赖性，后者为安全性，即可靠性包括信赖性和安全性。为此，继电保护装置应简单可靠，使用的元件和接点应尽量少，接线回路应力求简单，运行维护方便，在能够满足要求的前提下宜采用最简单的保护。

2. 选择性

指首先由故障设备或线路本身的保护切除故障。当故障设备或线路本身的保护拒动时，则应由相邻设备或线路的保护切除故障。为此，对相邻设备和线路有配合要求的保护，前后两级之间的灵敏性和动作时间应相互配合。

3. 灵敏性

指在被保护设备或线路范围内发生金属性短路时，保护装置应具有必要的灵敏系数。

4. 速动性

指保护装置应能尽快地切除短路故障，提高系统稳定性，减轻故障设备和线路的损坏程度。当需要加速切除短路故障时，可允许保护装置无选择性动作，但应利用自动重合闸或备用电源自动投入装置，缩小停电范围。

二、继电保护的灵敏系数

保护装置的灵敏系数，应按不利的正常运行方式和不利的故障类型进行计算。

保护装置灵敏系数计算式为：

$$S_p = \frac{I_{k \cdot min}}{I_{op \cdot 1}} \tag{7-18}$$

式中 $I_{k \cdot min}$——电力系统最小运行方式下，保护区内的最小短路电流，A；

$\quad\quad I_{op \cdot 1}$——继电保护的一次动作电流值，A。

GB 50062—1992《电力装置的继电保护和自动装置设计规范》关于继电保护的最小灵敏系数的部分规定，如表 7-5 所示。表中标 * 者按 JBJ 6—1996《机械工厂电力设计规范》和 JGJ/T 16—1992《民用建筑电气设计规范》补充，供参考。

表 7 - 5　　　　　　　　　部分继电保护装置的最小灵敏系数

保护分类	保护类型	组成元件	计算条件	最小灵敏系数
主保护	发电机、变压器、线路及电动机的纵联差动保护	差电流元件	按被保护区末端金属性短路计算	2
	变压器、线路及电动机电流速断保护	电流元件	按保护安装处金属性短路计	2
	电流保护和电压保护	电流元件、电压元件	按被保护区末端金属性短路计算	1.5
	带方向的电流保护或电压保护	零序、负序方向元件	按被保护区末端金属性短路计算	2
主保护的个别元件	中性点非直接接地保护	电流元件	按被保护区末端金属性短路计算	1.5
后备保护	电流保护和电压保护	电流元件、电压元件	按相邻电力设备和线路末端金属性短路计算	1.2

三、电力变压器的保护

（一）电力变压器保护装置的配置要求

1. 瓦斯保护

800kVA 及以上的油浸式变压器和 400kVA 及以上的车间内油浸式变压器，均应装设瓦斯保护。当油箱内故障产生轻微瓦斯或油面下降时，应瞬时动作于信号；当产生大量瓦斯时，应动作于断开变压器各侧断路器。当变压器安装处电源侧无断路器或短路开关时，可作用于信号。

2. 纵联差动保护

10000kVA 及以上的单独运行变压器和 6300kVA 及以上的并列运行变压器，应装设纵联差动保护。6300kVA 及以下单独运行的重要变压器，亦可装设纵联差动保护。

3. 过电流保护和电流速断保护

10000kVA 以下的变压器，可装设过电流保护和电流速断保护。2000kVA 及以上的变压器，当电流速断灵敏系数不符合要求时，宜改装纵联差动保护。400kVA 及以上、一次电压为 10kV 及以下、线圈为三角—星形连接的变压器，可采用两相三继电器式的过电流保护。

上述纵联差动保护、过电流保护和电流速断保护，用于对变压器引出线、套管及内部的短路故障的保护。保护装置动作时，应使变压器各侧的断路器跳闸。过电流保护带一个较长的动作时限时，可用于对变压器外部相间短路的保护。400kVA 及以上、一次电压为 10kV 及以下、线圈为三角—星形连接、低压侧中性点直接接地的变压器，对低压侧单相接地短路，当灵敏性符合要求时，可利用高压侧的过电流保护；保护装置带时限动作于跳闸。

4. 过负荷保护

400kVA 及以上变压器，当数台并列运行或单独运行并作为其他负荷的备用电源时，应根据可能过负荷的情况装设过负荷保护。过负荷保护采用单相式接线，带时限动作于信号。在无经常值班人员的变电所，过负荷保护可动作于跳闸或断开部分负荷。

（二）变压器过电流保护的整定计算

1. 过电流保护动作电流的整定计算公式

$$I_{op} = \frac{K_{rel}K_{\omega}}{K_{re}K_i}I_{L \cdot max}$$ （7-19）

式中　$I_{L \cdot max}$——变压器最大负荷电流，可取 1.5～3 倍变压器一次额定电流 I_{1NT}；

　　　　K_{rel}——保护装置的可靠系数，对定时限，取 1.2，对反时限，取 1.3；

　　　　K_{ω}——保护装置的接线系数，对相电流接线取 1，对相电流差接线取 $\sqrt{3}$；

　　　　K_{re}——电流继电器的返回系数，一般取 0.8；

　　　　K_i——电流互感器的变流比。

必须注意：对感应式继电器，I_{op} 应整定为整数，且在 10A 以内。

2. 过电流保护动作时间的整定计算公式

$$t_1 \geqslant t_2 + \Delta t$$ （7-20）

式中　t_1——在变压器低压母线发生三相短路时高压侧继电保护的动作时间；

　　　　t_2——变压器低压侧保护在低压母线发生三相短路时最长的一个动作时间；

　　　　Δt——前后两级保护装置的时间级差，对定时限过电流保护，可取 0.5s，对反时限过电流保护，可取 0.7s。

必须注意：对反时限过电流保护装置，由于其过电流继电器的整定时间只能是"10倍动作电流的动作时间"，因此整定时必须借助继电器的动作特性曲线，以确定对应的实际动作时间，或由实际动作时间确定整定时间。

3. 过电流保护灵敏系数的检验公式

$$S_p = \frac{I_{k \cdot min}}{I_{op \cdot 1}} \geqslant 1.5$$ （7-21）

式中　$I_{k \cdot min}$——最小运行方式下，低压母线两相短路电流折合到变压器高压侧的值；

　　　　$I_{op \cdot 1}$——继电保护动作电流折合到一次电路（即变压器高压侧）的值。

若作为后备保护，则灵敏系数 $S_p \geqslant 1.2$ 即可。

（三）变压器电流速断保护的整定计算

1. 电流速断保护动作电流（速断电流）的整定计算公式

$$I_{qb} = \frac{K_{rel}K_{\omega}}{K_iK_T}I_{k \cdot max}$$ （7-22）

式中　$I_{k \cdot max}$——变压器低压母线三相短路电流周期分量有效值；

　　　　K_{rel}——可靠系数，对 DL 型继电器取 1.2～1.3，对 GL 型继电器取 1.4～1.5；

　　　　K_T——变压器的电压比；

其余符号同式（7-19）。

对 GL 型继电器，速断电流通常用 I_{qb} 对 I_{op} 的倍数（速断电流倍数）K_{qb} 来表示，$K_{qb} = I_{qb}/I_{op} = 2 \sim 8$。

2. 电流速断保护灵敏系数的检验公式

$$S_p = \frac{I_{k \cdot min}}{I_{qb \cdot 1}} \geqslant 2$$ （7-23）

式中 $I_{k \cdot min}$——在电力系统最小运行方式下，变压器高压侧的两相短路电流；

$\quad\quad I_{qb \cdot 1}$——速断电流折算到一次电路（变压器高压侧）的值。

若 $S_p \geqslant 2$ 有困难时，可 $S_p \geqslant 1.5$。

（四）变压器低压侧单相接地短路保护的整定计算

1. 利用高压侧三相三继电器接线来实现低压侧单相接地短路保护时的整定计算

（1）动作电流的整定计算公式与式（7-19）同。

（2）动作时间的整定计算公式与式（7-20）同。

（3）保护灵敏系数的检验公式：

$$S_p = \frac{I_{k \cdot min}}{I_{op \cdot 1}} \geqslant 1.5 \tag{7-24}$$

式中 $I_{k \cdot min}$——在电力系统最小运行方式下，低压干线末端的单相短路电流折合到变压器高压侧的值；

$\quad\quad I_{op \cdot 1}$——保护装置动作电流折合到一次电路（变压器高压侧）的值。

2. 利用低压侧接地中性线上装设专用的零序电流保护时的整定计算

（1）动作电流的整定计算公式：

$$I_{op(0)} = \frac{K_{rel} K_{dsq}}{K_i} I_{2N} \tag{7-25}$$

式中 I_{2N}——变压器的额定二次电流；

$\quad\quad K_{dsq}$——变压器低压侧出现最大不平衡电流的不平衡系数，一般取为 0.25；

$\quad\quad K_{rel}$——可靠系数，一般取为 1.2~1.3；

$\quad\quad K_i$——零序电流互感器的变流比。

（2）动作时间的整定计算公式：

$$t_{op} = 0.5 \sim 0.7 s \tag{7-26}$$

（3）保护灵敏系数的检验公式与式（7-23）同。

（五）变压器过负荷保护的整定计算

1. 过负荷保护动作电流的整定计算公式

$$I_{op(OL)} = (1.2 \sim 1.25) \frac{I_{1N}}{K_i} \tag{7-27}$$

式中 I_{1N}——变压器的额定一次电流；

$\quad\quad K_i$——电流互感器的变流比。

2. 过负荷保护动作时间的整定计算公式

$$t_{op(OL)} = 10 \sim 15 s \tag{7-28}$$

（六）变压器的低电压起动的带时限过电流保护的整定计算

1. 保护装置动作电流的整定计算公式

$$I_{op} = \frac{K_{rel} K_\omega}{K_{re} K_i} I_{1N} \tag{7-29}$$

式中 I_{1N}——变压器的额定一次电流；

其余符号含义同式（7-19）。

2. 保护装置动作电压的整定计算公式

$$U_{op} = \frac{U_{min}}{K_{rel} K_{re} K_u}$$ (7-30)

式中　U_{min}——变压器运行中可能遇到的最低工作电压，一般取为 $(0.5\sim0.7)\,U_N$，U_N

　　　　　　为变压器的额定一次电压；

　　　K_{rel}——保护装置的可靠系数，可取 1.2；

　　　K_{re}——低电压继电器的返回系数，一般取 1.25；

　　　K_u——电压互感器的变压比。

3. 保护装置动作时间的整定计算公式

其公式与式（7-20）同。

4. 保护灵敏系数的检验公式

（1）过电流保护的灵敏系数检验公式与式（7-21）同。

（2）低电压起动的灵敏系数检验公式：

$$S_{p(u)} = \frac{U_{op\cdot1}}{U_{sp\cdot max}} \geqslant 1.2$$ (7-31)

式中　$U_{op\cdot1}$——保护装置动作电压折合到一次电路（变压器高压侧）的值；

　　　$U_{sp\cdot max}$——在过电流保护的保护区内发生最轻微的短路故障时（一般取低压母线的

　　　　　　两相短路计算），低电压起动装置安装地点的最大剩余电压。

四、电力线路的保护

（一）电力线路保护装置的配置要求

1. 相间短路保护

3～10kV 线路的相间短路保护装置应符合下列要求：

（1）由电流继电器构成的保护装置，应接于两相电流互感器上，同一网络的所有线路均应装在相同的两相上。

（2）后备保护应采用远后备方式，即线路的主保护或断路器拒动时，由相邻线路或设备的保护来切除故障。

（3）当线路短路使重要用户母线电压低于额定电压的 60% 时，以及线路导线截面过小、不允许带时限切除短路时，应快速切除故障。

（4）当过电流保护的时限不大于 0.5～0.7s 时，且没有以上（3）中所列情况，或没有配合上的要求时，可不装设瞬动的电流速断保护。

（5）对单侧电源的线路，可装设两段过电流保护：第一段为不带时限的电流速断保护，第二段为带时限的过电流保护。保护装置仅在线路的电源侧装设。

（6）对双侧电源的线路，可装设带方向或不带方向的电流速断和过电流保护。对 1～2km 双侧电源的短线路，当采用上述保护不能满足选择性、灵敏性或速动性的要求时，可采用带辅助导线的纵联差动保护作主保护，并装设带方向或不带方向的电流保护作后备保护。

（7）对并列运行的平行线路，宜装设横联差动保护作为主保护，并应以接于两回线电流之和的电流保护，作为两回线同时运行的后备保护及一回线断开后的主保护及后备保护。

2. 单相接地故障保护

对 3～66kV 中性点非直接接地系统中的单相接地故障，应装设接地保护装置，并应符合下列要求：

(1) 在发电厂和变电所母线上，应装设接地监视装置，动作于信号。

(2) 线路上宜装设有选择性的接地保护，也动作于信号。但当危及人身和设备安全时，接地保护应动作于跳闸。

(3) 在出线回路数不多，或难以装设选择性单相接地保护时，可采用依次断开线路的方法，寻找故障线路。

3. 线路过负荷保护

对可能时常出现过负荷的电缆线路，应装设过负荷保护。保护装置宜带时限动作于信号。当危及设备安全时，可动作于跳闸。

(二) 线路过电流保护的整定计算

1. 过电流保护动作电流的整定计算公式

$$I_{op} = \frac{K_{rel}K_{\omega}}{K_{re}K_{i}} I_{L \cdot max} \qquad (7-32)$$

式中　$I_{L \cdot max}$——线路的最大负荷电流，可取为 (1.5～3) I_{30}，I_{30} 为线路的计算电流；

其他符号含义同式 (7-19)。

必须注意：对感应式继电器，I_{op} 应整定为整数，且在 10A 以内。

2. 过电流保护动作时间的整定计算公式

$$t_1 \geqslant t_2 + \Delta t \qquad (7-33)$$

式中　t_1——在后一级保护的线路首端发生三相短路时，前一级保护的动作时间；

　　　t_2——后一级保护中最长的一个动作时间；

　　　Δt——前后两级保护装置的时间级差，对定时限过电流保护可取 0.5s，对反时限过电流保护可取 0.7s。

对感应式继电器，必须注意其整定时间只能是"10 倍动作电流的动作时间"，如前面式 (7-20) 后的说明所述。

3. 过电流保护灵敏系数的检验公式

$$S_p = \frac{I_{k \cdot min}}{I_{op \cdot 1}} \geqslant 1.5 \qquad (7-34)$$

式中　$I_{k \cdot min}$——在电力系统最小运行方式下，被保护线路末端的两相短路电流；

　　　$I_{op \cdot 1}$——动作电流折算到一次电路的值。

若作为后备保护，则灵敏系数 $S_p \geqslant 1.2$ 即可。

(三) 线路电流速断保护的整定计算

1. 电流速断保护动作电流 (速断电流) 的整定计算公式

$$I_{qb} = \frac{K_{rel}K_{\omega}}{K_i} I_{k \cdot max} \qquad (7-35)$$

式中　$I_{k \cdot max}$——被保护线路末端的三相短路电流；

其他符号含义同式 (7-19)。

对 GL 型继电器，速断电流整定用速断电流倍数 $K_{qb} = I_{qb}/I_{op} = 2～8$。

2. 电流速断保护灵敏系数的检验公式

$$S_p = \frac{I_{k \cdot min}}{I_{op \cdot 1}} \geqslant 2 \tag{7-36}$$

式中　$I_{k \cdot min}$——在电力系统最小运行方式下，线路首端的两相短路电流；

　　　$I_{op \cdot 1}$——速断电流折算到一次电路的值。

若 $S_p \geqslant 2$ 有困难时，可 $S_p \geqslant 1.5$。

（四）线路单相接地保护的整定计算

1. 单相接地保护动作电流的整定计算公式

$$I_{op(K)} = \frac{K_{rel}}{K_i} I_C \tag{7-37}$$

式中　I_C——其他线路发生单相接地时，在被保护线路上产生的电容电流，按以下所列近似公式计算；

　　　K_i——零序电流互感器的变流比；

　　　K_{rel}——可靠系数；保护装置不带时限时，取为 $4 \sim 5$；保护装置带时限时，取为 $1.5 \sim 2$，这时接地保护的动作时间应比相间短路的过电流保护的动作时间大一个时间级差 Δt。

式 (7-37) 中的 I_C 按以下近似公式计算（单位为 A）：

$$I_C = \frac{U_N l}{10}$$

式中　U_N——线路额定电压，kV；

　　　l——被保护的电缆线路的长度，km。

2. 单相接地保护灵敏系数的检验公式

$$S_p = \frac{I_{C \cdot \Sigma} - I_C}{K_i I_{op(E)}} \geqslant 1.5 \tag{7-38}$$

式中　$I_{C \cdot \Sigma}$——电压为 U_N 的电网（中性点非直接接地系统）的单相接地电容电流，A，按式 (7-39) 计算；

　　　I_C——其他线路发生单相接地时，被保护线路上产生的电容电流，按上面的近似公式计算。

式 (7.38) 中的 $I_{C \cdot \Sigma}$ 按以下近似公式计算（单位为 A）：

$$I_{C \cdot \Sigma} = \frac{U_N(l_{ah} + 35 l_{cab})}{350} \tag{7-39}$$

式中　l_{ah}——同一电压 U_N 的具有电气联系的架空线路总长度，km；

　　　l_{cab}——同一电压 U_N 的具有电气联系的电缆线路总长度，km。

（五）6～10kV 并联电容器的保护

1. 并联电容器保护装置的配置要求

（1）对电容器组和断路器之间连接线的短路保护：可装设带有短时限的电流速断和过电流保护，动作于跳闸。

（2）对电容器内部故障及其引出线的短路保护：宜对每台电容器分别装设专用的熔断器。

（3）电容器组的单相接地故障保护：可利用电容器组所连接母线上的绝缘监察装置进行监视。如果电容器组所连接母线有引出线路时，可装设有选择性的接地保护，动作于信号；当危及人身和设备安全时，应动作于跳闸。

（4）过电压保护：对电容器组的过电压，应装设过电压保护，带时限动作于信号或跳闸。

（5）过负荷保护：对于电网中出现的高次谐波有可能导致电容器过负荷时，电容器组宜装设过负荷保护，带时限动作于信号或跳闸。

2. 电容器组过电流保护的整定计算

（1）过电流保护动作电流的整定计算公式：

$$I_{op} = \frac{K_{rel} K_{\omega}}{K_i} I_{N \cdot C} \qquad (7-40)$$

式中　K_{rel}——保护装置的可靠系数，取 2～2.5；

　　　K_{ω}——保护装置的接线系数，接于相电流时取 1，接于相流差时取 $\sqrt{3}$；

　　　K_i——电流互感器的变流比，考虑到电容器的合闸涌流，互感器的一次电流宜选为电容器额定电流的 2 倍左右；

　　　$I_{N \cdot C}$——电容器组的额定电流。

（2）过电流保护的动作时间的整定计算公式：

$$t_{op} \leqslant 0.5 \qquad (7-41)$$

（3）过电流保护灵敏系数的检验公式：

$$S_p = \frac{K_{\omega} I_{k \cdot min}^{(2)}}{K_i I_{op}} \geqslant 1.5 \qquad (7-42)$$

式中　$I_{k \cdot min}^{(2)}$——在系统最小运行方式下电容器组的两相短路电流；

　　　I_{op}——保护装置的动作电流，$K_i I_{op} / K_{\omega} = I_{op \cdot 1}$，即一次动作电流。

3. 电容器组过电压保护的整定计算

过电压保护动作电压的整定计算公式：

$$U_{op} = \frac{1.1 U_N}{K_u} \qquad (7-43)$$

式中　U_N——电容器组所连接母线的额定电压；

　　　K_u——电压互感器的变压比。

4. 电容器保护用熔断器的熔体电流选择

按 GB 50227—1995《并联电容器装置设计规范》规定，熔体额定电流不应小于电容器额定电流 $I_{N \cdot C}$ 的 1.43 倍，并不宜大于 $I_{N \cdot C}$ 的 1.55 倍，即：

$$I_{N \cdot FE} = (1.43 \sim 1.55) I_{N \cdot C} \qquad (7-44)$$

第八章　电气设备的选择

第一节　发电厂主要电气设备

在发电厂和变电所中，根据电能生产、转换和分配等各环节的需要，配置了各种电气设备。根据它们在运行中所起的作用不同，通常将它们分为电气一次设备和电气二次设备。

一、电气一次设备及其作用

直接参与生产、变换、传输、分配和消耗电能的设备称为电气一次设备。主要电气一次设备有：

(1) 进行电能生产、应用和变换的设备，如发电机、电动机、变压器等。

(2) 接通、断开电路的开关电器，如断路器、隔离开关、接触器、熔断器等。

(3) 限制过电流或过电压的设备，如限流电抗器、避雷器等。

(4) 将电路中的电压和电流降低，供测量仪表和继电保护装置使用的变换设备，如电压互感器、电流互感器。

(5) 载流导体及其支撑和绝缘设备，如母线、电力电缆、绝缘子、穿墙套管等。

(6) 为电气设备正常运行及人员、设备安全而采取的相应措施，如接地装置等。

二、电气二次设备及其作用

对电气一次设备运行状态进行测量、监视、控制、调节、保护等的设备，称为电气二次设备，主要电气二次设备有：

(1) 各种测量表计，如电流表、电压表、有功无功功率表、功率因数表等。

(1) 各种继电保护装置及各种自动装置。

(2) 直流电源设备，如蓄电池、浮充电装置等。

第二节　电气设备选择的一般条件

不同类别的电气设备承担的任务和工作条件各不相同，因此它们的具体选择方法也不相同。但是，为了保证工作的可靠性及安全性，在选择它们时的基本要求是相同的，即按正常工作条件选择，按短路条件进行校验。对于断路器、熔断器等，特别要校验其开断短路电流的能力。

一、按正常工作条件选择设备

(一) 按使用环境选择设备

1. 温度和湿度

一般高压电气设备可在环境温度为 $-30 \sim +40$℃ 的范围内长期正常运行。当使用环境温度低于-30℃时，应选用适合高寒地区的产品；若使用环境温度超过+40℃时，应选用型号后带"TA"字样的干热带型产品。

一般高压电气设备可在温度为+20℃，相对湿度为90%的环境下长期正常运行。当环境的相对湿度超过标准时，应选用型号后带有"TH"字样的湿热带型产品。

2. 污染情况

安装在污染严重，有腐蚀性物质、烟气、粉尘等恶劣环境中的电气设备，应选用防污型产品或将设备布置在室内。

3. 海拔高度

一般电气设备的使用条件为不超过1000m。当用在高原地区时，由于气压较低，设备的外绝缘水平将相应下降。因此，设备应选用高原型产品或外绝缘提高一级的产品。现行电压等级为110kV及以下的设备，其外绝缘都有一定的裕度，实际上均可使用在海拔不超过2000m的地区。

4. 安装地点

配电装置为室内布置时，设备应选户内式；配电装置为室外布置时，设备则选户外式。此外，还应考虑地形、地质条件以及地震影响等。

（二）按正常工作电压选择设备额定电压

所选电气设备的最高允许电压，必须高于或等于所在电网的最高运行电压。

设备允许长期承受的最高工作电压，厂家一般规定为相应电网额定电压的1.1～1.15倍，而电网实际运行的最高工作电压也在此范围，故选择时只要满足下式即可：

$$U_N \geqslant U_{NS} \tag{8-1}$$

式中　U_{NS}——设备所在电网的额定电压，kV；

　　　U_N——设备的额定电压，kV。

（三）按工作电流选择设备额定电流

所选设备的额定电流，应大于或等于所在回路的最大长期工作电流：

$$I_N \geqslant I_{max} \tag{8-2}$$

应当注意，有关手册中给出的各种电器的额定电流，均是按标准环境条件确定的。当设备实际使用环境条件不同时，应对其额定电流进行修正。

各种回路最大长期工作电流 I_{max} 的计算方法如下。

1. 发电机和变压器回路

由于发电机和变压器在电压降低5%时，出力可保持不变，故该回路的最大工作电流可取额定电流的1.05倍。若变压器有过负荷运行的可能时，还应计及其实际的过负荷电流。

2. 馈电线路

$$I_{max} = \frac{P_{max}}{\sqrt{3}U_N \cos\varphi} = \frac{\sqrt{P_{max}^2 + Q_{max}^2}}{\sqrt{3}U_N} \tag{8-3}$$

式中　P_{max}、Q_{max}——线路最大有功、无功负荷，kW、kvar；

　　　U_N——线路额定电压，kV；

　　　$\cos\varphi$——线路最大负荷时的功率因数。

3. 母线分段断路器及母联断路器回路

母线分段断路器及分段电抗器的最大工作电流，一般可取母线分段上一台最大发电机额定电流的 50%～80%；母联断路器的最大工作电流则应取母线上最大一台发电机或变压器的最大工作电流。

4. 汇流母线

汇流母线的最大长期工作电流应根据电源支路与负荷支路在母线上的实际排列顺序确定。一般远小于接于母线上的全部负荷电流的总和。

二、按短路条件校验设备的动稳定和热稳定

1. 短路动稳定校验

如果电气设备不够坚固，巨大的短路电流产生的巨大电动力可能要损坏许多昂贵的电气设备。因此，必须校验所选电气设备承受短路电动力的能力。

制造厂一般直接给出定型设备允许的动稳定峰值电流 i_{max}，动稳定条件为：

$$i_{max} \geqslant i_{sh} \tag{8-4}$$

式中　i_{sh}——所在回路的冲击短路电流，kA；

i_{max}——设备允许的动稳定电流（峰值），kA。

2. 短路热稳定校验

如果电气设备散热能力不够，巨大的短路电流产生的巨大热量可能要损坏许多昂贵的电气设备。因此，必须校验所选电气设备承受短路发热的能力。

通常制造厂直接给出设备的热稳定电流（有效值）I_t 及允许持续时间 t。热稳定条件为：

$$I_t^2 t \geqslant Q_k \tag{8-5}$$

$$Q_k = I_\infty^2 t_{eq}$$

式中　$I_t^2 t$——设备允许承受的热效应，$kA^2 \cdot s$；

Q_k——所在回路的短路电流热效应，$kA^2 \cdot s$；

t_{eq}——短路电流存在的等效时间，s。

3. 短路电流开断能力校验

断路器如果不能迅速可靠地切断短路电流，巨大的短路电流可能要烧坏许多昂贵的电气设备，甚至使断路器本身爆炸！因此，必须校验所选断路器的短路电流开断能力。详见断路器选择部分。

4. 短路电流的计算条件

为了保证设备在短路时的安全，用于校验动稳定、热稳定和开断能力的短路电流，必须是实际可能通过该设备的最大短路电流（常常小于全部电源供出短路电流的总和）。它的计算条件应考虑以下几个方面：

（1）短路类型。通常按三相短路验算。当单相短路电流比三相短路电流大 15% 以上时，才按单相短路检验。

（2）系统容量和接线。为使选定设备在系统发展时仍能继续适用，可按 5～10 年远景规划的系统容量和可能发生最大短路电流的正常接线作为计算条件。

（3）短路计算点。使被选设备通过最大短路电流的短路点称为该设备的短路计算点。

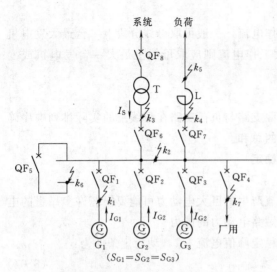

图 8-1 短路计算点的确定

下面以选择断路器为例，结合图 8-1 来说明短路计算点的确定方法。

1) QF_1 的选择。计算流过 QF_1 的短路电流时，应考虑两个可能的短路计算点，即 k_1、k_2 点。k_1 点短路时，流过 QF_1 的短路电流为 $I_{G2} + I_{G3} + I_S$；k_2 点短路时，流过 QF_1 的短路电流为 I_{G1}。因三台发电机容量相等，故有 $I_{G1} = I_{G2} = I_{G3}$。显然 k_1 点短路时流过 QF_1 的短路电流较大，故 k_1 点为选择 QF_1 的短路计算点。

QF_2、QF_3 的情况与 QF_1 完全相同。

2) QF_6 的选择。选择 QF_6 时，应考虑 k_2 和 k_3 两个可能的短路计算点。K_2 短路时，流过 QF_6 的电流为系统供给的短路电流 I_S；k_3 点短路时，流过 QF_6 的短路电流为 $I_{G1} + I_{G2} + I_{G3}$。若 $I_S > I_{G1} + I_{G2} + I_{G3}$，则 k_2 点为短路计算点，反之，k_3 为短路计算点。

选择 QF_8 时，也是在其上方和下方各取一个短路点进行比较，情况与 QF_6 相同。

3) QF_5 和 QF_4 的选择。选择 QF_5 时，应考虑用此断路器对备用母线进行充电检查时，恰好备用母线上发生短路的情况。此时所有发电机和系统供给的短路电流都通过 QF_5，情况最为严重，故 k_6 点为短路计算点。

厂用断路器 QF_4 在 k_7 点短路时也会流过全部短路电流，但需指出它的额定电流要比 QF_5 小得多。

4) QF_7 的选择。选择 QF_7 时，可考虑 k_4 和 k_5 两个短路点。显然，在 k_4 短路时，流过 QF_7 的为系统和所有发电机供给的短路电流之和，而在 k_5 点短路时，由于电抗器 L 的限流作用，流过 QF_7 的短路电流比 k_4 点短路时小。考虑到断路器与电抗器之间的连线很短，电抗器本身的运行又相当可靠，为了使选择的 QF_7 轻型化，一般将 k_5 点确定为短路计算点。

第三节　高压断路器的选择

高压断路器是电力系统中最重要的开关设备，它既可以在正常情况下接通或断开电路，又可以在系统发生短路故障时迅速地自动断开电路。断开电路时会在断口处产生电弧，为此断路器设有专门的灭弧装置。灭弧能力是断路器的核心性能。

一、断路器种类及型号

断路器的种类很多。按灭弧介质可分为油断路器（少油和多油）、压缩空气断路器、六氟化硫断路器、真空断路器等；按安装场所又可分为户内式和户外式。

表 8-1 为高压断路器分类及主要特点。

表 8－1　　　　　　　　　　高压断路器分类与其主要特点

类别	结构特点	技术性能特点	运行维护特点	常用型号举例
多油式断路器	以油作为灭弧介质和绝缘介质；触头系统及灭弧室安置在接地的油箱中；结构简单，制造方便，易于加装单匝环形电流互感器及电容分压装置；耗钢、耗油量大；体积大；属自能式灭弧结构	额定电流不易做得大；灭弧装置简单，灭弧能力差；开断小电流时，燃弧时间较长；开断电路速度较慢；油量多，有发生火灾的可能性；目前国内只生产 35kV 电压级产品，可用于屋内或屋外	运行维护简单；噪声低；需配备一套油处理装置	DW—35 系列
少油式断路器	油量少，油主要用作灭弧介质，对地绝缘主要依靠固体介质，结构简单，制造方便，可配用电磁操动机构、液压操动机构或弹簧操动机构；采用积木式结构可制成各种电压等级产品	开断电流大，对 35kV 以下可采用加并联回路以提高额定电流；35kV 以上为积木式结构；全开断时间短；增加压油活塞装置加强机械油吹后，可开断空载长线	运行经验丰富；噪声低；油量少；易劣化，常需检修或换油；需要一套油处理装置；不宜频繁操作	SN$_{10}$—10 系列、SN$_3$—10/3000、SN$_4$—10/4000、SN$_4$—20G/8000、SW$_6$—220/1000
压缩空气断路器	结构较复杂，工艺和材料要求高；以压缩空气作为灭弧介质和操动介质以及弧隙绝缘介质；操动机构与断路器合为一体；体积和重量比较小	额定电流和开断能力都可以做得较大；适于开断大容量电路，动作快，开断时间短	开断时噪声很大，维修周期长，无火灾危险，需要一套压缩空气装置作为气源；断路器价格较高	KW$_4$—110～330、KW$_6$—110～330
SF$_6$断路器	结构简单，但工艺及密封要求严格，对材料要求高；体积小、重量轻；有屋外敞开式及屋内落地罐式之别，也用于 GIS 封闭式组合电器	额定电流和开断电流都可以做得很大；开断性能好，可适于各种工况开断；SF$_6$气体灭弧、绝缘性能好，所以断口电压可做得较高；断口间距小	噪声低，维护工作量小；不检修间隔期长；运行稳定，安全可靠，寿命长；断路器价格目前较高	LN$_2$—10/600、LN$_2$—35/1250、LW—110～330、LW—500
真空断路器	体积小、重量轻；灭弧室工艺及材料要求高；以真空作为绝缘和灭弧介质；触头不易氧化	可连续多次操作，开断性能好，灭弧迅速、动作时间短，开断电流及断口电压不能做得很高，目前只生产 35kV 以下级；所谓真空，是指绝对压力低于 101.3kPa 的空间，断路器中要求的真空度为 133.3×10^{-4} Pa（即 10^{-4}mm 汞柱）以下	运行维护简单，灭弧室可更换而不需要检修，无火灾及爆炸危险；噪声低；可以频繁操作；因灭弧速度快，易发生截流过电压	ZN—10/600、ZN$_{10}$—10/2000、ZN—35/1250

　　断路器的种类可由断路器的型号予以体现。其型号的表示方式为：

$$① \quad ② \quad ③—④ \quad ⑤/⑥—⑦$$

各位数字代号的含义如下：

　　① 类型：D—多油；S—少油；K—空气；L—六氟化硫；Q—产气；Z—真空；ZH—复合式组合电器；ZC—敞开式组合电器；ZF—封闭式组合电器。

　　② 安装条件：N—户内；W—户外。

　　③ 设计序号：数字。

　　④ 额定电压：数字，kV。

　　⑤ 特征或其他标志：G 或 Ⅰ、Ⅱ、…—改进派生系列；D—直流电磁操动机构；C—

手车式，或操动机构与断路器垂直布置；T—弹簧操动机构；Z—增容型。

在特征标志后，标注特殊环境条件并加括号：TH—湿热带；TA—干热带；G—高海拔；H—高寒；W—污秽地区；Z—强震地区；F—防化学腐蚀；PB—有破冰能力。

⑥ 额定电流：数字，A。

⑦ 额定短路开断电流：数字，kA。

有时将断路器型号的第 6、7 项省略。

对于国外产品或引进产品，其原型号的含义不属此列。

举例：

SW2—110Ⅲ/2000—40　为户外少油断路器，设计序号 2，110kV，派生序列Ⅲ，额定电流 2000A，额定短路开断电流 40kA。

LW6—500　为户外六氟化硫断路器，设计序号 6，额定电压 500kV。

二、断路器的主要技术数据

断路器的主要参数有：

(1) 额定电压 U_N。国产断路器的额定电压等级有 3kV、6kV、10kV、20kV、35kV、(60) kV、110kV、220kV、330kV、500kV 等。由于在同一电压等级下输电线路的始端电压与末端电压不同，又规定了断路器的最高工作电压，其值为额定电压的 1.15 倍，断路器可在此电压下长期正常地工作。

(2) 额定电流 I_N。断路器的额定电流是指在规定环境温度下，导体不会超过长期发热允许温度的最大持续电流。常见的额定电流标准有 200A、400A、600A、1000A、1200A、1500A、2000A、3000A、5000A、6000A、8000A 等。

(3) 额定开断电流 I_{br}。断路器在额定电压下能可靠断开的最大电流（即是触头刚分瞬间通过断路器的电流有效值），该参数表明了断路器的开断（灭弧）能力，是断路器最重要的性能参数。

(4) 额定断流容量 S_k。$S_k = \sqrt{3} I_{br} U_N$，实际上是 I_{br} 的另一种表达，现在已不采用。

(5) 动稳定电流 i_{max}。又称为极限通过电流，是断路器允许通过（不会因电动力而损坏）的短路电流的最大瞬时值。是反映断路器机械强度的一项指标。

(6) 热稳定电流 I_t。在规定的时间内（一般为 1s、2s 或 4s），断路器通过此短路电流（以有效值表示）时，引起的温度升高不会超过短时发热的允许值。热稳定电流是反映断路器承受短路电流热效应能力的参数。

(7) 全分闸时间 t_{br}。断路器从接到分闸命令起到触头分开、三相电弧完全熄灭为止的时间称为全分闸时间，是反映断路器开断速度的参数。全分闸时间包含固有分闸时间和灭弧时间两段。从接到命令到触头刚分瞬间，称固有分闸时间。

三、断路器的选择

断路器的选择内容包括：①选择型式；②选择额定电压；③选择额定电流；④校验开断能力；⑤校验动稳定；⑥校验热稳定。

1. 选择型式

断路器型式的选择，应在全面了解其使用环境的基础上，结合产品的价格和已运行设备的使用情况加以确定。在我国，不同电压等级的系统中，选择断路器型式的大致情况是：

(1) 10kV、35kV 电压等级的可选用户内式少油断路器、真空断路器或 SF_6 断路器。

(2) 35kV 电压等级的也可选用户外式多油断路器、真空断路器或 SF_6 断路器。

(3) 110kV、220kV、330kV 电压等级的可选用户外式少油断路器或 SF_6 断路器。

(4) 500kV 电压等级的则一般选用户外式 SF_6 断路器。

部分 10~500kV 断路器的规格和电气参数见附录四。

2. 选择额定电压

所选断路器的额定电压应不小于安装处电网的额定电压。

3. 选择额定电流

按式（8-2）选择断路器额定电流。若实际使用地点的环境温度不同于给定标准值（+40℃）时，应注意对断路器额定电流进行修正。

4. 校核额定开断能力

为使断路器安全可靠地切断短路电流，应满足下列条件：

$$I_{br} \geqslant I_{kt} \tag{8-6}$$

式中　I_{br}——断路器的额定开断电流，由厂家给出，kA；

　　　I_{kt}——刚分电流（断路器触头刚分瞬间的回路短路全电流有效值），kA。

为了计算 I_{kt}，需首先确定短路切断计算时间，即从短路发生瞬间起到断路器触头刚分开瞬间为止的一段时间。设这段时间为 t_1，它可由下式计算，即：

$$t_1 = t_p + t_g \tag{8-7}$$

式中　t_p——继电保护（取主保护）动作时间，s；

　　　t_g——断路器固有分闸时间，s，型号初定后可从有关手册查得。

回路刚分电流 I_{kt} 可按下式算出：

$$I_{kt} = \sqrt{I_{pt}^2 + \left(\sqrt{2} I'' e^{-\frac{t_1}{T_a}}\right)^2} \tag{8-8}$$

式中　I_{pt}——触头分开瞬间实际通过断路器的短路周期电流的有效值（可由短路电流运算曲线查得），kA；

　　　T_a——非周期电流衰减时间常数，s。

当 $t_1 > 0.1s$ 时，第 2 项非周期电流实际上已衰减到可以忽略不计。此时仅用刚分瞬间的周期电流 I_{pt} 对断路器进行校核。考虑到断路器的安全，周期电流 I_{pt} 的数值可取其短路初瞬的次暂态短路电流有效值 I''，这样校核条件即变为：

$$I_{br} \geqslant I'' \tag{8-9}$$

5. 校核动稳定

按式（8-4）校验动稳定。

6. 校验热稳定

按式（8-5）校验热稳定。

第四节　隔离开关的选择

隔离开关（俗称刀闸）没有灭弧装置。它既不能断开正常负荷电流，更不能断开短路电流，否则即发生"带负荷拉刀闸"的严重事故。此时产生的电弧不能熄灭，甚至造成飞弧（相间或相对地经电弧短路），会严重损坏设备并危及人身安全。

一、隔离开关用途

隔离开关的用途有以下几方面：

（1）隔离电压。在检修电气设备时，将隔离开关打开，形成明显可见的断点，使带电部分与被检修的部分隔开，以确保检修安全。

（2）可接通或断开很小的电流。如电压互感器回路，励磁电流不超过 2A 的空载变压器回路及电容电流不超过 5A 的空载线路等。

（3）可与断路器配合或单独完成倒闸操作。

二、隔离开关技术数据

隔离开关的技术数据有额定电压、额定电流、动稳定电流和热稳定电流（及相应时间）。隔离开关没有开断电流数据，因为其没有灭弧功能。

隔离开关型号用下列方法表示：

$$① \quad ② \quad ③—④ \quad ⑤/⑥$$

① 隔离开关标志。

② 使用环境：W—户外式；N—户内式。

③ 设计序号。

④ 额定电压，kV。

⑤ 其他标志：D—带接地刀闸；G—改进型；T—统一设计。

⑥ 额定电流，A。

三、隔离开关选择

隔离开关的选择方法可参照断路器，其内容包括：①选择型式；②选择额定电压；③选择额定电流；④校验动稳定；⑤校验热稳定。

第五节　电流互感器的选择

互感器分为电流互感器 TA 和电压互感器 TV，它们既是电力系统中一次系统与二次系统间的联络元件，同时也是一次系统与二次系统的隔离元件。它们将一次系统的高电压、大电流，转变为二次系统的低电压、小电流，供测量、监视、控制及继电保护使用。

互感器的具体作用是：

（1）将一次系统各级电压均变成 100V（或对地 $100V/\sqrt{3}$）以下的低电压，将一次系统各回路电流均变成 5A（或 1A、0.5A）以下的小电流，以便于测量仪表及继电器的小型化、系列化、标准化。

（2）将一次系统与二次系统在电气方面隔离，同时互感器二次侧必须有一点可靠接地，从而保证了二次设备及人员的安全。

一、电流互感器介绍

电流互感器 TA（又称 CT）是将一次系统大电流转变为二次系统小电流的设备。

（一）电流互感器的特点

（1）一次绕组线径较粗而匝数很少；二次绕组线径较细而匝数较多。

（2）一次绕组串联接入一次电路，通过一次绕组的电流，只取决于一次回路负载的多少与性质，而与二次侧负载无关；而其二次电流在理想情况下仅取决于一次电流。

（3）电流互感器的额定电流比（一、二次额定电流之比）近似等于二次与一次匝数之比，即：

$$K_L = \frac{I_{1N}}{I_{2N}} \approx \frac{N_2}{N_1} \qquad (8-10)$$

为便于生产，电流互感器的一次额定电流已标准化，二次侧额定电流也规定为 5A（1A 或 0.5A），所以电流互感器的额定电流比也已标准化。

（4）电流互感器二次绕组所接仪表和继电器的电流线圈阻抗都很小，均为串联关系，正常工作时，电流互感器二次侧接近于短路状态。

（二）电流互感器的准确级和额定容量

1. 电流互感器的准确级

电流互感器的误差与其结构、铁芯材料及尺寸、二次绕组匝数、二次回路负载大小及性质、一次电流大小等有关。电流互感器的准确级就是其最大允许电流误差的百分值。电流互感器的准确级分为 0.2、0.5、1.0、3、10 及保护级（B 级）。

GB 1208—1975《电流互感器准确级和误差限值标准》示于表 8-2。

表 8-2　　　　　　　　　　　　电流互感器准确级和误差限值

准确级次	一次电流为额定电流的百分数（%）	误差限值		二次负荷变化范围
		电流误差（±%）	相差位（′）	
0.2	10	±0.5	±20	
	20	±0.35	±15	
	100～120	±0.2	±10	
0.5	10	±1	±60	
	20	±0.75	±45	(0.25～1) S_{2N}
	100～120	±0.5	±30	
1.0	10	±2	±120	
	20	±1.5	±90	
	100～120	±1	±60	
3	50～120	±3	不规定	(0.5～1) S_{2N}

2. 电流互感器的额定容量

电流互感器的额定容量为 $S_{2N} = I_{2N}^2 Z_{2N}$，如果二次额定电流已规定为 5A，也可写成：

$$S_{2N} = 25 Z_{2N} \qquad (8-11)$$

即电流互感器的额定容量与二次侧额定阻抗 Z_{2N} 成比例，所以有时就用二次侧额定阻抗的欧姆值来表示电流互感器的额定容量。

（三）电流互感器的分类

电流互感器的种类很多，型号中的字母符号代表了其类型，其表示方式如下：

① ② ③ ④ ⑤—⑥/⑦

① 互感器代号：L—电流互感器。

② 结构特点：A—穿墙式；B—支持式；C—瓷箱式；D—单匝贯穿式；J—接地保护；Z—支柱式；F—复匝贯穿式；M—母线式；Q—线圈式；R—装入式。

③ 绝缘方式：C—瓷绝缘；Z—环氧树脂浇注绝缘；L—电缆型；G—改进型；W—户外式；S—速饱和的。

④ 使用特点：D 或 C—差动保护用；B—过流保护用；J—加大容量；Q—加强型；X—适用于配电箱；W—户外用。

⑤ 设计序号。

⑥ 额定电压，kV。

⑦ 额定电流，A。

举例：

LFCD—10/400，400/5，D/3 表示多匝、瓷绝缘、户内式可用于差动保护的电流互感器，10kV 电压级，额定电流比为 400/5，带有两个二次绕组，一个用作差动保护（D 级），另一个用作一般测量（3 级）。

不同的二次负荷对电流互感器有不同的精度要求，为了节省空间和成本，往往几个铁芯（各自绕着相应的二次绕组）共享一个一次线圈，构成一台电流互感器。一般 3～35kV 电流互感器均有两个二次绕组；110kV 电流互感器有 3～4 个二次绕组；而 220kV 则有 4～5 个二次绕组。

另外，为了适应不同一次负荷电流的要求，110kV 及以上的电流互感器常将一次绕组分成几组，通过改变一次绕组的串、并联关系，即可很方便地获得 2～3 个不同的额定电流比。

二、电流互感器选择

选择电流互感器时，首先要根据装设地点、用途等具体条件确定互感器的结构类型、准确等级、额定电流比 K_L；其次要根据互感器的额定容量和二次负荷，计算二次回路连接导线的截面积；最后校验其动稳定和热稳定。

（一）结构类型和准确度的确定

根据配电装置的类型，相应选择户内或户外式电流互感器。一般情况下，35kV 以下为户内式，而 35kV 及以上为户外式或装入式（装入变压器或断路器内部）。

电流互感器准确级的确定，取决于二次负荷的性质。0.2 级用于实验室的精密测量、重要的发电机和变压器回路及 500kV 重要回路；二次负荷如果属一般电能计量，则电流互感器采用 0.5 级；功率表和电流表可配用 1.0 级的电流互感器；一般测量则可用 3.0 级。如果几个性质不同的测量仪表需要共用一台电流互感器时，则互感器的准确级应按就高不就低的原则确定。

一般用于继电保护装置的电流互感器，可选 5P 或 10P 级（在旧型号中，则为 B、C、D 级）。此外还应按 10% 误差曲线进行校验，保证在短路时误差也不会超过 -10%。

（二）额定电压的选择

电流互感器的额定电压，应满足下列条件：

$$U_N \geqslant U_{NS} \qquad\qquad (8-12)$$

式中　U_N——电流互感器的额定电压，kV；

　　　U_{NS}——电流互感器安装处的电网电压，kV。

（三）额定电流的选择及额定电流比的确定

电流互感器一次绕组的额定电流 I_{1N} 已标准化，应选择比一次回路最大长期电流 I_{max} 略大一点的标准值。当 I_{1N} 确定之后，电流互感器的额定电流比也随之确定，即为 $K_L = I_{1N}/5(1)$。

（四）二次回路连接导线截面积的计算

电流互感器准确级确定以后，能够查出保证其准确级的二次负荷 Z_{2N}，应使：

$$Z_{2N} \approx r_z + r_w + r_j \qquad\qquad (8-13)$$

式中　r_z——二次负载（测量仪表或继电器的电流线圈）的电阻；

　　　r_w——连接导线的电阻；

　　　r_j——连接处的接触电阻（一般取 0.1Ω）。

上式中除 r_w 外均可查得，于是可求出允许的 r_w 值。由于导线电阻与导线截面、长度及电阻率均有关，所以连接导线的最小截面应为：

$$S = \frac{\rho L}{r_w} \ (\text{mm}^2) \qquad\qquad (8-14)$$

式中　ρ——连接导线的电阻率，$\Omega \cdot \text{mm}^2/\text{m}$，控制电缆一般采用铜导线，$\rho = 0.0175$；

　　　L——连接导线的计算长度，m，计算长度 L 与电流互感器接线有关。

如果电流互感器至测量仪表的距离为 L_1，当电流互感器采用单相接线时，$L = 2L_1$；当电流互感器采用不完全星形接线时，则 $L = \sqrt{3}L_1$；当电流互感器采用星形接线时，中性线的电流很小，故可取 $L \approx L_1$。

为了保证连接导线的机械强度，要求导线的最小截面不应小于 1.5mm^2（铜）。

（五）热稳定校验

电流互感器的热稳定校验，应满足下列条件：

$$(I_{1N}K_t)^2 \geqslant Q_k \qquad\qquad (8-15)$$

式中　Q_k——短路电流在短路作用时间内的热效应，$\text{kA}^2 \cdot \text{s}$；

　　　K_t——电流互感器热稳定倍数，即电流互感器 1s 热稳定电流与一次线圈额定电流的比值，可从表 8-3、表 8-4 或手册中查到。

（六）动稳定校验

电流互感器的动稳定校验包括两个方面的内容，即内部电动力稳定性校验和外部电动力稳定性校验。

1. 电流互感器内部动稳定校验

对于复匝式电流互感器，应满足：

$$\sqrt{2}I_{1N}K_d \geqslant i_{sh} \qquad\qquad (8-16)$$

式中　K_d——电流互感器动稳定倍数，可由表 8-3、表 8-4 查得。

表 8-3　　　　　　　　　　　部分电流互感器技术数据（一）

型　号	额定电流比(A)	级次组合	准确级次	0.2 (V·A)	0.5 (Ω)	1 (Ω)	3 (Ω)	5p (V·A)	10p (V·A)	10%倍数 二次负荷(Ω)	10%倍数 倍数	1s热稳定 电流(kA)	1s热稳定 倍数	动稳定 电流(kA)	动稳定 倍数
LA—10	300~1000/5	0.5/3 及 1/3	0.5		0.4						<10		75		135
			1			0.4					<10				
			3				0.6				≥10		50		90
LFZJ1—3、LFZJ1—6、LFZJ1—10	20~200/5	0.5/3 及 1/3	0.5		0.8	1.2							120		210
	300/5		1			0.8							80		140
	400/5		3				1						75		130
LMC—10	2000,3000/5	0.5/0.5	0.5			1.2						75			
	4000,5000/5	0.5/3	3				2								
LMZ1—10	2000,3000/5	0.5/D	0.5		1.6	2.4				2	15				
	4000,5000/5		D		2	3				2.4					
LCW—35	15~1000/5	0.5/3	0.5		2	4		4 (Ω)		2	28	65		100	
			3				2			2	5				
LCWB—35	20~1200/5	0.5/P			2							1.3~16.5		3.4~42	
LCWD—110	(2×50)~(2×600)/5	D₁	D₁							1.2	20	75		130	
		D₂	D₂							1.2	15				
		0.5	0.5			1.2									
LCWB6—110B	(2×75)~(2×600)/5	0.2/0.2	0.2	50							15	2×11~2×30		2×2.8~2×76	
		P/P	P						50						
LCW—220	4×300/5	D/D	D							1.2	30	60		60	
		D/0.5	0.5			2	4								
LCWB2—220W	(2×200)~(2×600)/5	0.2/0.5	0.2	50								31.5		80	
		P/P	0.5			2									
		P/P	P						60		20				

表 8-4　　　　　　　　　　　部分电流互感器技术数据（二）

型号	额定电流比(A)	级次组合	准确级次	0.5级	1级	3级	D级	10%倍数	1s热稳定倍数	动稳定倍数
LAJ—10、LBJ—10	20, 30, 40, 50/5	0.5/D 及 1/D、D/D	0.5	1				<10	120	215
	75, 100, 150/5		1		1			<10		
	200/5		D				2.4	≥15		
	300/5	0.5/D 及 1/D、D/D	0.5	1				<10	100	180
			1		1			<10		
			D				2.4	≥15		

续表

型号	额定电流比（A）	级次组合	准确级次	二次负荷（Ω）				10%倍数	1s热稳定倍数	动稳定倍数
				0.5级	1级	3级	D级			
LAJ—10、LBJ—10	400/5	0.5/D及1/D、D/D	0.5	1				<10	75	135
			1		1			<10		
			D				2.4	≥15		
	500/5	0.5/D							60	110
	600~800/5	0.5/D及1/D、D/D	0.5	1				<10	50	90
			1		1			<10		
			D				2.4	≥15		
	1000~1500/5	0.5/D及1/D、D/D	0.5	1.6				<10	50	90
			1		1.6			<10		
			D				3.2	≥15		
	2000~6000/5	0.5/D及1/D、D/D	0.5	2.4				<10	50	90
			1		2.4			<10		
			D				4.0	≥15		
LRD—35	100~300/5	3/D				0.8		3.0		
LRD—35	200~600/5	3/D				1.2		4.0		
LCWD—35	15~1500/5	0.5/D	0.5	1.2	3				65	150
			D		0.8	3		35		
LCWD₂—110	(2×75)~(2×600)/5	0.5/D	0.5	2					75	130
			D				2	15		
LCLWD₂—220	(4×300)/5	0.5/D	0.5	4					21	38
			D				4	40		

2. 电流互感器外部动稳定校验

（1）相间相互作用的电动力有可能使瓷绝缘的电流互感器损坏。电流互感器外部动稳定应满足：

$$F_\mathrm{p} \geqslant \frac{1}{2} \times 0.173 i_\mathrm{sh}^2 \frac{L}{a}(\mathrm{N}) \tag{8-17}$$

式中 F_p——作用于电流互感器端部的允许电动力，由制造厂家提供，N；

L——电流互感器瓷帽端部至最近一个母线支持绝缘子之间的距离，m；

a——相间距离，m；

i_sh——短路冲击电流，kA。

（2）若电流互感器为母线瓷套绝缘（如LMC型），其动稳定校验应满足：

$$\left. \begin{array}{l} F_\mathrm{p} \geqslant 0.173 i_\mathrm{sh}^2 \dfrac{L}{a}(N) \\ L = \dfrac{1}{2}(L_1 + L_2)(m) \end{array} \right\} \tag{8-18}$$

式中　F_p——作用于瓷套端部的允许电动力，N；

　　　L——计算长度，m；

　　　L_1——电流互感器瓷套帽端至最近一个母线支持绝缘子的距离，m；

　　　L_2——电流互感器自身两瓷套帽端的距离，m。

第六节　电压互感器的选择

电压互感器 TV（又称 PT）是将高电压变成低电压的设备，分为电磁式电压互感器和电容分压式电压互感器两种。

一、电压互感器介绍

1. 电压互感器特点

电容分压式电压互感器由分压电容器和一个小型电磁式电压互感器组合而成。

电磁式电压互感器原理与变压器相同，其特点如下：

（1）电磁式电压互感器就是一台小容量的降压变压器。一次绕组匝数很多，而二次绕组匝数较少。

（2）电压互感器一次绕组并接于一次系统，二次侧各仪表相互亦为并联关系。

（3）电压互感器二次绕组所接负荷均为高阻抗的电压表及电压继电器电压线圈，故正常运行时电压互感器二次绕组接近于空载状态（开路）。

2. 电压互感器的准确级和额定容量

电压互感器一、二次额定电压之比，称为额定电压比，即：

$$K_u = \frac{U_{1N}}{U_{2N}} \tag{8-19}$$

在理想情况下，$K_u U_2 = U_1$。而实际上两者并不相等，既有数值上的误差，也有相位上的误差。

二次侧电压 U_2 折算至一次侧的值 $K_u U_2$ 与 U_1 存在着数值差，称为电压误差。电压误差通常用百分数表示：

$$f_u = \frac{K_u U_2 - U_1}{U_1} \times 100 (\%) \tag{8-20}$$

此外，电压 $\dot{U}_1$ 与旋转 $180°$ 的二次折算电压 $K_u \dot{U}_2$ 之间有一个小夹角，为其角误差，并且规定 $-K_u \dot{U}_2$ 超前 $\dot{U}_1$ 时角误差为正，反之为负。

电压互感器的结构和运行工况（如二次负荷、功率因数和一次电压的大小）对误差有直接影响。减小电压互感器的激磁电流和内阻抗，可使互感器的误差减小。为了减小励磁电流，可采用高导磁率的冷轧硅钢片做铁芯；在一次电压和负荷功率因数不变的情况下，电压误差随二次负荷电流的增大而增加，因此必须将二次负荷限制在额定二次容量范围内。

如果二次负荷超过该准确级的额定容量，则电压互感器的误差就会增大，准确等级就要降低。此外，电压互感器按长期发热的允许条件，规定了它的最大（极限）容量。只有当二次负荷对误差无严格要求时，才允许电压互感器按最大容量使用。

电压互感器的准确等级及各准确等级下的允许误差见表8-5。

表 8-5　　　　　　　　　　电压互感器的准确级及允许误差

准确级	误 差 限 值		一次电压变化范围	功率因数及二次负荷变化范围
	电压误差（%）	相角差（′）		
0.2	±0.2	±10		
0.5	±0.5	±20		
1	±1.0	±40	$(0.8\sim1.2)\,U_{1N}$	$\cos\varphi_2=0.8$
3	±3.0	不规定		$(0.25\sim1)\,S_{2N}$
3P	±3.0	±120	$(0.05\sim1)\,U_{1N}$	
6P	±6.0	±240		

3. 电压互感器分类

电磁式电压互感器可以从不同角度分类。

（1）单相式和三相式。35kV 及以上电压等级均为单相式，不制造三相式。

（2）户内式和户外式。35kV 以下多制成户内式；110kV 及以上电压等级则制成户外式；35kV 电压互感器既有户内式也有户外式。

（3）双绕组和三绕组。三绕组电压互感器一般带有两个二次绕组，一个是基本二次绕组，用于测量仪表和继电器；另一个称为附加二次绕组或开口三角绕组，用来反映系统单相接地。

（4）按绝缘分为干式、浇注式、油浸式和瓷绝缘。油浸式又分为普通结构和串级结构两种。3～35kV 电压等级都制成普通结构，110kV 及以上电压等级的电压互感器才制成串级结构。

电压互感器的型号可反映其类型，其表示方法如下：

①　②　③　④　⑤—⑥　⑦

① 互感器代号：J—电压互感器（旧型号用 Y 表示）。

② 结构特点：C—串级结构；D—单相；S—三相。

③ 绝缘方式：C—瓷绝缘；G—干式；J—油浸绝缘；R—电容分压式；Z—环氧树脂浇注绝缘。

④ 使用特点：J—有接地保护用辅助线圈；W—五柱式；B—有补偿线圈（提高准确度）。

⑤ 设计序号。

⑥ 额定电压（kV）。

⑦ 使用环境：GY—高原型；TH—湿热带用。

举例：

JSJW—10，10/0.1/（0.1/3）kV，0.5：表示油浸三相五柱三绕组电压互感器，一次额定电压为 10kV，两个二次绕组的额定电压分别为 0.1kV 和 0.1kV/3。准确级为0.5 级。

二、电压互感器的选择

电压互感器的选择内容包括：根据安装地点和用途，确定电压互感器的结构类型、接线方式和准确级；确定额定电压比；计算电压互感器的二次负荷，使其不超过相应准确度的额定容量。

1. 选择结构类型、接线方式和准确等级

根据配电装置类型，相应的电压互感器可选户内式或户外式。35kV 及以下可选用油浸式结构或浇注式结构；110kV 及以上可选用串级式结构或电容分压式结构。

3～20kV 当只需要测量线电压时，可采用两只单相电压互感器的 V—V 接线。35kV 以下，当需要测量线电压，同时又需要测量相电压和监视电网绝缘时，可采用三相五柱式电压互感器，或由三只单相三绕组电压互感器构成 $Y_0/Y_0/\triangle$ 接线。110kV 及以上的电网，则根据需要选择一台单相电压互感器或由三个单相三绕组电压互感器构成 $Y0/Y0/\triangle$ 接线。

选择电压互感器准确级要根据二次负荷的需要。如果二次负荷为电能计量，应采用 0.5 级电压互感器；发电厂中功率表和电压继电器可配用 1.0 级；一般的测量表计（如电压表）可配用 3.0 级。若几种准确级要求不同的二次负荷同接一只电压互感器，则应按负荷要求的最高等级考虑。

2. 选择额定电压

电压互感器一次绕组的额定电压应与安装处电网额定电压相同。特别要注意开口三角绕组额定电压的选择：用于大接地电流系统的（110kV 及以上的），应选择 100V，而用于小接地电流系统的（35kV 及以下的），应选择 (100/3) V。

如选择 10kV 电压互感器，可选择一台 JDZ—10 型单相电压互感器，其额定电压比为 10/0.1kV；也可选择一台 JSJW—10 型三相五柱电压互感器，其额定电压为 $10/0.1/\dfrac{0.1}{3}$ kV；或者选择三只单相三绕组 JDZJ—10 型电压互感器构成 $Y_0/Y_0/\triangle$ 接线，其额定电压比为 $10/0.1/\dfrac{0.1}{3}$kV。

3. 选择容量

电压互感器的型号和准确级确定以后，与此准确级对应的额定容量即已确定（可从表 8-6 或有关手册中查得），为了保证互感器的准确度，电压互感器二次侧所带负荷的实际容量不能超过此额定容量。计算互感器的二次负荷容量时，必须注意互感器的接线方式和二次负荷的连接方法，可查阅有关手册。

表 8-6　　　　　　　　　　部分电压互感器技术数据

型　号	额定电压（V）			二次额定容量（VA）			最大容量（VA）	重量（kg）
	一次绕组	二次绕组	辅助绕组	0.5 级	1 级	3 级		
JDG6—0.38	0.38	0.1		15	25	60	100	
JDZ—3	3 (3/√3)	0.1 (0.1/√3)		30	50	120	200	
JDZ—6	6 (6/√3)	0.1 (0.1/√3)		50	80	200	400	
JDZ—10	10 (10/√3)	0.1 (0.1/√3)		50	80	200	400	
JDZ—35	35	0.1		150	250	500	1000	
JDZJ—3	3/√3	0.1/√3	0.1/3	25	40	100	200	

续表

型 号	额定电压（V）			二次额定容量（VA）			最大容量（VA）	重 量（kg）
	一次绕组	二次绕组	辅助绕组	0.5级	1级	3级		
JDZJ—6	$6/\sqrt{3}$	$0.1/\sqrt{3}$	0.1/3	50	80	200	400	
JDZJ—10	$10/\sqrt{3}$	$0.1/\sqrt{3}$	0.1/3	50	80	200	400	
JDZJ—35	$35/\sqrt{3}$	$0.1/\sqrt{3}$	0.1/3	150	250	500	1000	
JDJ—3	3	0.1		30	50	120	240	23
JDJ—6	6	0.1		50	80	200	400	23
JDJ—10	10	0.1		80	150	320	640	36.2
JDJ—13.8	13.8	0.1		80	150	320	640	95
JDJ—15	15	0.1		80	150	320	640	95
JDJ—35	35	0.1		150	250	600	1200	248
JSJB—3	3	0.1		50	80	200	400	48
JSJB—6	6	0.1		80	150	320	640	48
JSJB—10	10	0.1		120	200	480	960	105
JSJW—3	$3/\sqrt{3}$	$0.1/\sqrt{3}$	0.1/3	50	80	200	400	115
JSJW—6	$6/\sqrt{3}$	$0.1/\sqrt{3}$	0.1/3	80	150	320	640	115
JSJW—10	$10/\sqrt{3}$	$0.1/\sqrt{3}$	0.1/3	120	200	480	960	190
JSJW—13.8	$13.8/\sqrt{3}$	$0.1/\sqrt{3}$	0.1/3	120	200	480	960	250
JSJW—15	$15/\sqrt{3}$	$0.1/\sqrt{3}$	0.1/3	120	200	480	960	250
JDJJ—35	$35/\sqrt{3}$	$0.1/\sqrt{3}$	0.1/3	150	250	600	1000	120
JCC—60	$60/\sqrt{3}$	$0.1/\sqrt{3}$	0.1/3		500	1000	2000	350
JCC—110	$110/\sqrt{3}$	$0.1/\sqrt{3}$	0.1		500	1000	2000	530
JCC1—110GY	$110/\sqrt{3}$	$0.1/\sqrt{3}$	0.1/3		500	1000	2000	600
JCC2—110	$110/\sqrt{3}$	$0.1/\sqrt{3}$	0.1		500	1000	2000	350
JCC2—220	$220/\sqrt{3}$	$0.1/\sqrt{3}$	0.1		500	1000	2000	250
JCC2—220TH	$220/\sqrt{3}$	$0.1/\sqrt{3}$	0.1		500	1000	2000	1120
YDR—110	$110/\sqrt{3}$	$0.1/\sqrt{3}$	0.1	150	220	440	1200	
YDR—220	$220/\sqrt{3}$	$0.1/\sqrt{3}$	0.1	150	220	400	1200	

注 J—电压互感器（第一字母），油浸式（第三字母），接地保护用（第四字母）；Y—电压互感器；D—单相；S—三相；G—干式；C—串级式（第二字母），瓷绝缘（第三字母）；Z—环氧浇注绝缘；W—五柱三绕组（第四字母），防污型（在额定电压后）；B—防爆型（在额定电压后）IR—电容式；F—测量和保护二次绕组分开。型号后加 GY 为用于高原地区；型号后加 TH 为用于湿热地区。

第七节　互感器在主接线中的配置原则

为使电力系统正常运行并保证电能质量，且在短路后迅速将故障元件切除不致使故障范围扩大，必须通过二次设备以实现测量、控制、监察及保护。二次设备的输入信号由互感器取得。互感器在主接线中的配置，总是与一次设备运行要求及主接线形式有关。

一、电压互感器的配置

应根据测量、同期、保护等的需要，分别装设相应的电压互感器。配置如下：

（1）发电机。一般在发电机出口装设 2～3 组电压互感器。其中一组为三只单相双绕组电压互感器，供励磁调节装置用，准确级为 0.5 级。另外一组为三绕组构成 $Y_0/Y_0/\triangle$ 接线（可采用单相三绕组或三相五柱式），供测量、同期、继电保护及绝缘监视用。当二次负荷过大时，可增设一组电压互感器。当发电机出口与主变低压侧经断路器相接，且厂

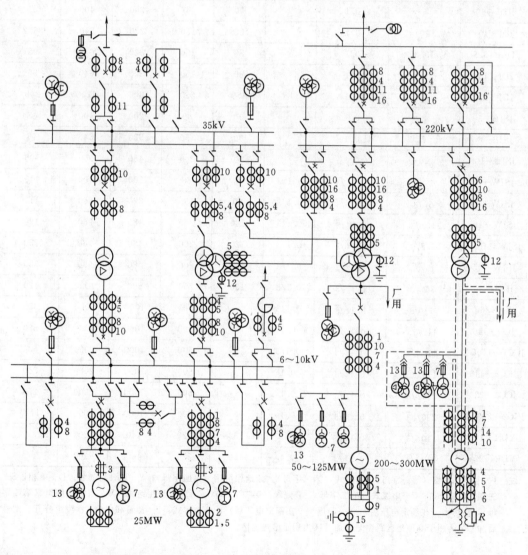

图 8-2　发电厂中互感器配置图（图中数字标明用途）

1—发电机差动保护；2—测量仪表（机房）；3—接地保护；4—测量仪表；5—过流保护；

6—发电机—变压器差动保护；7—自动调节励磁；8—母线保护；9—横差保护；

10—变压器差动保护；11—线路保护；12—零序保护；13—仪表和保护用 TV；

14—失步保护；15—定子 100% 接地保护；16—断路器失灵保护

用电支路由主变低压侧引出时，还应在厂用电支路的连接点上设一组三绕组电压互感器。

（2）母线。工作母线和备用母线都应装一组三绕组电压互感器，而旁路母线可不装。母线如分段应在各分段上各装一组三绕组电压互感器。

另外，若升高电压等级的接线为无母线的形式，例如内桥式接线，则应在桥支路两端连接点上各设置一组三绕组电压互感器。

（3）35kV 及以上线路按对方是否有电源考虑。对方无电源时不装。有电源时，可装一台单相双绕组或单相三绕组电压互感器。110kV 及以上线路，为了节约投资和占地，载波通信和电压测量可共用耦合电容，故一般选择电容分压式电压互感器。

二、电流互感器的配置

在所有支路均应按测量及继电保护要求，装设相应的电流互感器。

在发电机、主变压器、大型厂用变压器和 110kV 及以上大接地电流系统各回路中，一般应三相均装设电流互感器；而对于非主要回路则一般仅在 A、C 两相上装设。

一般采用双铁芯或多铁芯的电流互感器，可分别供给测量和保护使用。有些 35kV 及以上等级断路器两侧套管内装有电流互感器，就不必另外装设了。

图 8-2 中画出了发电厂中各种互感器的安装位置。

第八节 限流电抗器的选择

用来限制短路电流的限流电抗器一般选用 NKL 系列铝线水泥电抗器或 FFI 系列铝线分裂电抗器。这种电抗器没有铁芯，仅将绝缘铝线绕在水泥骨架上。

一、按额定电压选择

一般选择电抗器额定电压与安装处电网额定电压相同。

二、按额定电流选择

选择电抗器的额定电流必须大于可能流过电抗器的最大长期工作电流。电抗器基本没有过载能力，选择时应有适当裕度。

母线分段回路的电抗器，应根据母线上事故切除最大一台发电机时，可能通过电抗器的电流选择，一般取该发电机额定电流的 50%～80%。分裂电抗器，一般中间抽头接电源，两支臂接负荷，其额定电流应大于每一臂最大负荷电流。当无负荷资料时，一般按中间抽头所接发电机或变压器额定电流的 70% 选择。

三、电抗百分比的选择及校验

（一）普通电抗器电抗百分值选择和校验

电抗器电抗百分值的选择，实质上就是选择决定电抗器的电抗值。电抗过小不能将短路电流限制到轻型断路器所能开断的数值；而电抗过大又会使正常运行时电压损失太大。

（1）加装 10kV 出线电抗器，将短路电流限制到轻型 10kV 开关能可靠开断的范围内，在经济上是合理的。否则，一般的 10kV 出线开关，都可能必须选用昂贵的重型 10kV 开关。

（2）10kV 出线电抗器电抗百分值不要大（一般为 3%～6%）。因其额定电流小，实际的有名电抗值仍较大。正常运行时,出线电抗器上的电压损失应不大于 5%。

(3)10kV 母线分段电抗器也限制了短路电流,使流经分段开关和汇流母线的短路电流减少了,对它们的动稳定和热稳定更为有利。母线分段电抗器额定电流较大,电抗百分值可选大一些,一般为 8%～12%。

(4)10kV 出线电抗器之后短路时,10kV 母线上残压仍较高;母线分段电抗器也使 I 段母线短路时,II 段母线仍有一定残压。这都对发电厂厂用电动机的自起动十分有利。一般要求残压应大于 60%～70%。

(二)分裂电抗器的电抗百分值确定与电压波动校验

分裂电抗器两臂间有磁的联系,两臂自感 L 相同,自感抗为 $X_L = \omega L$;两臂间互感为 M,$M = fL$,f 为互感系数。$X_M = \omega M = \omega fL = fX_L$($f$ 一般为 $0.4 \sim 0.6$)。

分裂电抗器的等值电路图如图 8-3 所示。

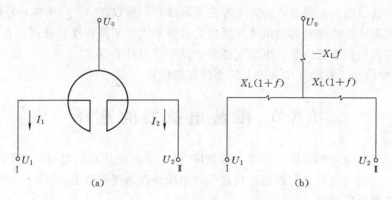

图 8-3 分裂电抗器的等值电路
(a)接线图;(b)等值电路图

1. 分裂电抗器电抗百分值确定

每一臂电抗百分值可参照普通电抗器的电抗百分值选取。

短路电流计算时,应根据分裂电抗器与电源连接方式和所选择的短路点,按等值电路用星网变换等通常做法进行计算。

2. 校验电压波动

分裂电抗器在运行中两臂的负荷应尽量相近,否则将引起很大的电压偏差和电压波动。

(1)正常运行时,分裂电抗器两臂母线电压波动不应大于母线额定电压的 5%,可按下列公式校验:

$$U_1\% = \frac{U_0}{U_N} \times 100\% - X_L\% \left(\frac{I_1 \sin\varphi_1}{I_N} - f\frac{I_2 \sin\varphi_2}{I_N} \right) \tag{8-21}$$

$$U_2\% = \frac{U_0}{U_N} \times 100\% - X_L\% \left(\frac{I_2 \sin\varphi_2}{I_N} - f\frac{I_1 \sin\varphi_1}{I_N} \right) \tag{8-22}$$

式中　I_1、I_2——两臂中的负荷电流,当无负荷波动资料时,可取 $I_1 = 0.7I_N$,$I_2 = 0.3I_N$;

U_1、U_2——两臂端的电压;

U_0——电源侧的电压；

U_N、I_N——电抗器的额定电压和额定电流。

（2）当一臂母线 II 发生短路时，另一臂母线 I 电压会因互感影响而升高。升高值可按下式计算：

$$\frac{U_1}{U_N} = X_L \% (1+f)\left(\frac{I''}{I_N} - \frac{I_1 \sin\varphi_1}{I_N}\right) \tag{8-23}$$

例如在 $X_L\% = 10\%$、$f = 0.5$、$\cos\varphi = 0.8$、$\dfrac{I''}{I_N} = 9$ 的情况下，母线 I 电压可升高达 $1.35U_N$。它会使电动机的无功电流增大，甚至使继电保护装置误动作。因此，当使用分裂电抗器时，感应电动机的继电保护整定应避开此电流增值。

第九节　高压熔断器的选择

高压熔断器应根据额定电压、额定电流、型式种类、开断电流、保护的选择性等进行选择。

一、熔断器工作原理

熔断器是用于保护短路和过负荷的最简单的电器。但其容量小，保护特性较差，一般仅适用于 35kV 及以下电压等级，主要用于电压互感器短路保护。

熔断器的核心部件是装于外壳中的熔体。在 500V 以下低压熔断器中，熔体由铅、锌等低熔点金属制成。在高压熔断器中，则由铜、银等金属制成熔丝，表面还焊上一些小锡（铅）球，电流大时会先从这些点熔断。

有些熔断器内装有石英砂，短路时熔丝熔化后渗入石英砂狭缝中迅速冷却，使电弧熄灭非常迅速，在短路电流尚未达到其最大值之前就能熔断并灭弧，这种熔断器称为限流式熔断器。用这种限流式熔断器保护的电压互感器，可不校验动稳定和热稳定。

二、高压熔断器选择

1. 保护电压互感器的高压熔断器

保护电压互感器的高压熔断器，一般选 RN_2 型，其额定电压应高于或等于所在电网的额定电压（但限流式则只能等于电网电压），额定电流通常均为 0.5A。

其开断电流 I_{br} 应满足：

$$I_{br} \geqslant I'' \tag{8-24}$$

2. 保护一般回路的熔断器

除同样选择额定电压和开断能力外，还要选择熔体的额定电流和熔断器（壳）的额定电流：

（1）熔体的额定电流应为回路负荷电流的 1.5～2.5 倍。

（2）熔断器（壳）的额定电流应大于熔体的额定电流。

（3）上、下级熔断器（熔体）的安—秒特性要互相配合。上级（靠近电源侧）的安—秒特性必须高于下级的安—秒特性，即当流过相同的短路电流时，下级先熔断（上级就不熔断了）。

第九章　课程设计和毕业设计示例

第一节　毕业设计示例：某地区电网规划
及发电厂电气部分设计

现在许多工科学生不会写设计说明书和设计计算书。本节选用的是一份学生的毕业设计，尽管还不是很完善，但其基本框架可供不知如何下笔的学生参考。

第一部分　设　计　任　务　书

设计题目：某地区电网规划及××发电厂电气部分设计

设计工程项目情况如下（下面填空处各学生数据均不相同）。

1. 电源情况

某市拟建一座××火电厂，容量为 $2×50+125MW$，T_{max} 取 6500h 。该厂部分容量的 30% 供给本市负荷：10kV 负荷 16MW；35kV 负荷 26MW，其余容量都汇入地区电网，供给地区负荷。同时，地区电网又与大系统相连。

地区原有水电厂一座，容量为 $2×60MW$，T_{max} 取 4000h；没有本地负荷，全部供出汇入地区电网。

2. 负荷情况

地区电网有两个大型变电所：

清泉变电所负荷为 $50+j30$ MVA，T_{max} 取 5000 h。

石岗变电所负荷为 $60+j40$ MVA，T_{max} 取 5800 h。

（均有一、二类负荷，约占 66%，最小负荷可取 60%）

3. 气象数据

本地区年平均气温 15℃，最热月平均最高气温 28℃。

4. 地理位置数据

见图 9-1（图中 1cm 代表 30 km）。1 号学生数据如下：

① 石岗变；② 水电厂；③ 新建火电厂；④ 清泉变；⑤ 大系统。

5. 设计内容

（1）根据所提供的数据，选定火电厂的发电机型号、参数，确定火电厂的电气主接线和升压变压器台数、型号、容量、参数。

（2）制定无功平衡方案，决定各节点补偿容量。

（3）拟定地区电网接线方案。可初定出两个比较合理的方案参加经济比较。

（4）通过潮流计算选出各输电线的截面，计算导线的网损和电压降落。

（5）经过经济比较，选定一个最优方案。

（6）对火电厂内高、中、低三个电压等级母线进行短路电流计算。

（7）选择火电厂电气主接线中的主要设备，并进行校验。

（8）按通常情况配置继电保护。

6. 设计成果

（1）设计计算说明书一份，要求条目清楚、计算正确、文本整洁。

（2）地区电网最大负荷潮流分布图一张，新建火电厂电气主接线图一张。

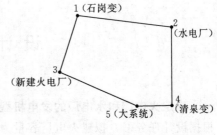

图 9-1　地区电网地理位置图

第二部分　设计计算说明书

目　录

设 计 说 明 书

设 计 计 算 书

设 计 说 明 书

一、确定火电厂和水电厂的发电机型号、参数

根据设计任务书，拟建火电厂容量为汽轮发电机 50MW 2 台、125MW 1 台；
水电厂容量为水轮发电机 60MW 2 台。

确定汽轮发电机型号、参数见表 9-1，水轮发电机型号、参数见表 9-2。

表 9-1　　　　　　　　　　　汽轮发电机型号、参数

型　号	额定容量 （MW）	额定电压 （kV）	额定电流 （A）	功率因数 $\cos\phi$	次暂态电抗 X_d''	台　数
QF—50—2	50	10.5	3440	0.85	0.124	2
QFS—125—2	125	13.8	6150	0.8	0.18	1

表 9-2　　　　　　　　　　　水轮发电机型号、参数

型　　号	额定容量 （MW）	额定电压 （kV）	额定电流 （A）	功率因数 $\cos\phi$	次暂态电抗 X_d''	台　数
SF60—96/9000	60	13.8	2950	0.85	0.270	2

二、通过技术经济比较确定地区电网接线方案

根据地理位置，可拟出多个地区电网接线方案。根据就近送电、安全可靠、电源不要
窝电等原则，初步选出两个比较合理的方案，进行详细的技术经济比较。

方案 1：如图 9-2 所示，火电厂以双回线分别送电给石岗变和大系统；水电厂以双
回线送电给清泉变，以单回线送电给大系统。所有线路均选用 110kV。

方案 2：如图 9-3 所示，火电厂仍以双回线分别送电给石岗变和大系统；水电厂则
以单回线分别送电给清泉变和大系统，同时再以单回线连接大系统和清泉变，形成 3 点单
环网。所有线路均选用 110kV。

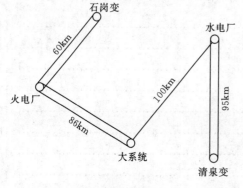

图 9-2　方案 1

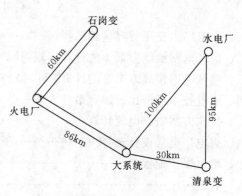

图 9-3　方案 2

经过输电线选择计算和潮流计算，两个设计方案在技术上都可行，再对两个方案进行详细的技术、经济比较。

在对设计方案进行经济性能比较时，有时要用抵偿年限来判断。

抵偿年限的含义是：若方案1的工程投资小于方案2的工程投资，而方案1的年运行费用却大于方案2的年运行费用，则由于方案2年运行费用的减少，在若干年后方案2能够抵偿所增加的投资。

一般，标准抵偿年限 T 为6～8年（负荷密度大的地区取较小值；负荷密度小的地区取较大值）。当 T 大于标准抵偿年限时，应选择投资小而年费用较多的方案；反之，则选择投资多而年费用少的方案。

在本设计中，方案1的工程投资小于方案2的工程投资：

$$Z_2 - Z_1 = 13392 - 12207 = 1185（万元）$$

而方案1的年运行费用也小于方案2的年运行费用：

$$u_2 - u_1 = 3553 - 3454.5 = 98.5（万元）$$

本设计中方案1总投资和年运行费用都少方案2。方案1不仅技术可行，经济上也比方案2合理，因此，不需要采用抵偿年限来判断。

最终选取方案1作为本地区电网最佳接线方案。经济指标比较见表9-3。

表 9 - 3　　　　　　　　　　　方案的经济比较

方　案	线路总长度 （km）	线路总投资 （万元）	线路年电能损耗 （万元）	年运行费用 （万元）
1	582	12207	2600	3454.5
2	517	13392	2615.6	3553

三、确定发电厂的电气主接线

1. 火电厂电气主接线的确定

（1）50MW 汽轮发电机2台，发电机出口电压为 10.5kV。10kV 机压母线采用双母线分段接线方式，具有较高的可靠性和灵活性。

（2）125MW 汽轮发电机1台，发电机出口电压为 13.8kV，直接用单元接线方式升压到 110kV，110kV 侧采用双母线接线，运行可靠性高，调度灵活方便。

（3）10kV 机压母线接出2台三绕组升压变压器，其高压侧接入 110kV 母线；其中压侧为 35kV，选用单母线接线方式。

图 9-4 为火电厂电气主接线简图。

2. 水电厂电气主接线的确定

水电厂有 60MW 水轮发电机2台，发电机出口电压为 13.8kV。直接用单元接线方式升压到 110kV，110kV 侧选用内桥接线方式，经济性好且运行很方便。

四、确定发电厂的主变压器

1. 确定火电厂的主变压器

1台 125MW 发电机采用 150MVA 双绕组变压器直接升压至 110kV；2台 50MW 发电机采用2台 63MVA 三绕组变压器升压至 35kV 和 110kV。两台变压器可以互为备用。

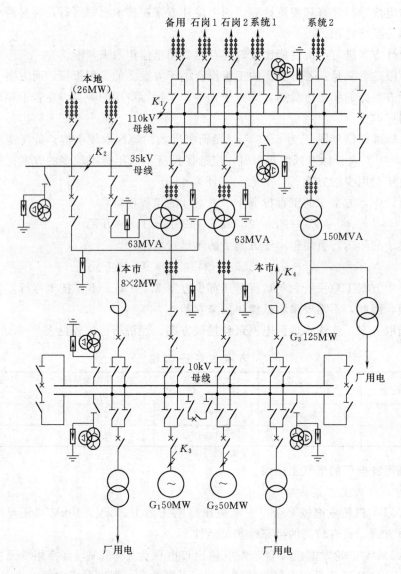

图 9-4　火电厂电气主接线简图

火电厂主变压器型号、参数见表 9-4。

表 9-4　　　　　　　　　　　　**火电厂主变压器型号、参数**

名称	型　号	额定容量 (kVA)	额定电压（kV）			阻抗电压（%）			台数
			高压	中压	低压	高—中	高—低	中—低	
三绕组 变压器	SFPSL$_7$— 63000/110	63000	121	38.5	10.5	17	10.5	6.5	2
双绕组 变压器	SSPL— 150000/110	150000	121		13.8		12.68		1

2. 确定水电厂主变压器

水电厂水轮发电机为 2 台 60MW，全部以 110kV 供本地系统。考虑到供电可靠性的要求，采用两台双绕组变压器。

水电厂主变压器型号、参数见表 9-5。

表 9-5　　　　　　　　　　　水电厂主变压器型号、参数

名　称	型　号	额定容量 (kVA)	额定电压 (kV)		阻抗电压 (%)	台　数
			高压	低压		
双绕组变压器	SSPL—90000/110	90000	121	13.8	10.5	2

五、短路电流水平

对优选方案 1 的火电厂内 110kV（K_1 点）、35kV（K_2 点）、10kV（K_3 点）三级电压母线进行了短路电流的计算，计算出系统在最大运行方式下的三相短路电流，为电气设备的选择和校验提供依据。

为了使一般 10kV 出线断路器能选为轻型断路器，例如 SN10—10I/630 型，需要安装 10kV 出线电抗器。当电抗器后 K_4 点短路，其短路电流被大大限制了。

短路电流计算结果汇总见表 9-6。

表 9-6　　　　　　　　系统最大运行方式下三相短路电流汇总表　　　　　　单位：kA

短路点	0s 短路电流周期分量 I''	4s 短路电流 I_4	短路冲击电流 i_{sh}
110kV（K_1 点）	8.9	6.6	23.1
35kV（K_2 点）	12.8	9.4	33.7
10kV（K_3 点）	91	51	243
10kV（K_4 点）	5.14	5.2	13

六、主要电气设备的选择和校验

1. 110kV 断路器及隔离开关的选择

以 110kV 双母线的母联断路器及其两侧隔离开关为例，列表校验如表 9-7 所示。

表 9-7　　　　　　　　　110kV 断路器及隔离开关的校验

项　目	计算数据	断路器（FA1）	隔离开关（GW4—110）	合格与否
额定电压	U_N　110kV	U_N　110kV	U_N　110kV	√
额定电流	$I_{g \cdot max}$　787A	I_N　2500A	I_N　2000A	√
开断电流	I''　8.9kA	I_{br}　40kA		√
动稳定	i_{sh}　23.1kA	i_{max}　100kA	i_{max}　80kA	√
热稳定	$i_\infty^2 t_{cq}$　$6.6^2 \times 4$	$i_{th}^2 t$　$40^2 \times 4$	$i_{th}^2 t$　$31.5^2 \times 4$	√

2. 35kV 断路器及隔离开关的选择

以 35kV 单母线的进线断路器及其两侧隔离开关为例，列表校验如表 9-8 所示。

表 9-8 　　　　　　　　　　**35kV 断路器及隔离开关的校验**

项　目	计算数据	断路器 ZW8—40.5	隔离开关 GW4—35	合格与否
额定电压	U_N　35kV	U_N　35kV	U_N　35kV	√
额定电流	$I_{g \cdot max}$　286A	I_N　1600A	I_N　1250A	√
开断电流	I''　12.8kA	I_{br}　20kA		√
动稳定	i_{sh}　33.7kA	i_{max}　50kA	i_{max}　50kA	√
热稳定	$I_\infty^2 t_{cq}$　$9.4^2 \times 4$	$I_{th}^2 t$　$20^2 \times 4$	$I_{th}^2 t$　$20^2 \times 4$	√

3. 10kV 断路器及隔离开关的选择

安装于不同地点的 10kV 断路器所承受的短路电流差别很大，故应仔细区分。

（1）G_1 发电机出口断路器及其隔离开关。列表校验如表 9-9 所示。

表 9-9 　　　　　　　　　　**10kV 断路器及隔离开关的校验**

项　目	计算数据	断路器 SN4—10G/6000	隔离开关 GN10—10T	合格与否
额定电压	U_N　10kV	U_N　10kV	U_N　10kV	√
额定电流	$I_{g \cdot max}$　3464A	I_N　6000A	I_N　5000A	√
开断电流	I''　62kA	I_{br}　105kA		√
动稳定	i_{sh}　165kA	i_{max}　300kA	i_{max}　200kA	√
热稳定	$I_\infty^2 t_{cq}$　$43^2 \times 4$	$I_{th}^2 t$　$120^2 \times 5$	$I_{th}^2 t$　$100^2 \times 5$	√

（2）10kV 出线断路器及其限流电抗器。K_4 点短路时，全部短路电流都会流过出线断路器及其电抗器：

轻型断路器 SN10—10I/630 的开断能力为 16kA＞5.14kA（合格）

断路器 SN10—10I/630 的动稳定电流为 40kA＞13kA（合格）

断路器 SN10—10I/630 的热稳定数据为 $16^2 \times 2＞5.2^2 \times 2$（合格）

电抗器 NKL—10—300—4 的动稳定电流为 19.1kA＞13kA（合格）

电抗器 NKL—10—300—4 的热稳定数据为 $17.45^2＞5.2^2 \times 1$（合格）

七、继电保护配置

因时间所限，本次设计主要内容是电气一次系统，对继电保护仅按常规配置，不进行整定计算。

1. 发电机的继电保护配置

发电机是十分重要和贵重的电气设备，它的安全运行对电力系统的正常工作、用户的不间断供电、保证电能的质量等方面，都起着及其重要的作用。

由于发电机是长期连续运转的设备，它既要承受机械振动，又要承受电流、电压的冲击，因而常常导致定子绕组和转子绕组绝缘的损坏。因此，发电机在运行中，定子绕组和转子激磁回路都有可能产生危险的故障和不正常的运行情况。

必须根据发电机的故障情况，迅速地有选择性地发出信号，或将故障发电机从系统中切除，以保证发电机免受更为严重的损坏。针对各种故障和不正常工作情况，装设各种专门的保护装置是十分必要的。

一般来说，发电机应装设下列保护装置：

（1）为了保护发电机定子绕组的相间短路，当中性点是分相引出时，应装设瞬时动作的纵联差动保护。

（2）对定子绕组为双星形连接的发电机，当每相有两条引出的并联支路时，为了保护定子绕组的匝间短路，应设置纵联差动保护，或匝间短路保护。

（3）当发电机电压网络的接地电流（自然电容电流或补偿后的残余电流）不小于5A时，应装设作用于跳闸的零序电流保护，在不装设单相接地保护的情况下，应利用绝缘监视装置发出接地故障信号。

（4）为保护由于外部短路而引起定子绕组的过电流，应装设延时过电流保护。

（5）为保护由于过负荷而引起的过电流，应装设作用于信号的过负荷保护。

（6）转子绕组（励磁回路）出现一点接地后，应投入转子绕组两点接地保护。

（7）为防止由于发电机失磁而从系统吸收大量无功电流，在50MW以上的发电机上，应装设失磁保护。

（8）对水轮发电机，应装设防止定子绕组过电压的过电压保护。

选用NSP—711系列发电机保护。

2. 电力变压器的继电保护配置

电力变压器也是十分重要和贵重的电力设备，若发生故障必将带来严重后果。因此，在变压器上装设灵敏、快速、可靠和选择性好的保护装置是十分必要的。

变压器的常见故障有：单相线圈的匝间短路，线圈的多相短路，线圈和铁芯间绝缘破坏而引起的接地短路，高压和低压线圈之间的击穿短路，变压器油箱、套管的漏油和线圈引出线可能出现的故障等。

变压器的不正常运行状态有：过负荷，由外部故障引起的过电流，油箱漏油引起的油位降低，外部接地故障引起的中性点过电压，变压器油温升高和冷却系统故障等。

为了保证电力系统安全可靠的运行，根据变压器容量、重要程度和可能发生的故障和不正常运行状态可装设下列继电保护：

（1）瓦斯保护。

（2）电流速断保护或者纵联差动保护。

（3）相间短路的后备保护。

（4）接地保护。

（5）过负荷保护。

选用PST—1260系列变压器保护。

3. 110kV线路的继电保护配置

应配置线路距离保护，线路零序保护及三相一次自动重合闸。

选用ISA—311系列线路保护。

设 计 计 算 书

一、发电厂主变压器容量的选择

1. 火电厂主变压器容量的选择

火电厂共有汽轮发电机 3 台，其中 50MW 2 台，125MW 1 台。

(1) 125MW 发电机采用双绕组变压器直接升压至 110kV。按发电机容量选择配套的升压变压器：

$$S_B = \frac{P}{\cos\phi} = \frac{125}{0.85} = 147(\text{MVA})$$

故 125MW 发电机输出采用容量为 150000kVA 的双绕组变压器，变比为 13.8/121，型号为 SSPL—150000/110，具体参数详见表 9-4。

(2) 10kV 母线上有 16MW 供本市负荷，同时厂用电取为 5%，则通过两台升压变压器的总功率为：

$$P_Z = 50 \times 2 \times (1 - 5\%) - 16 = 79(\text{MW})$$

两台 50MW 发电机剩余容量采用两台三绕组变压器输出，两台变压器应互为备用，当一台故障或检修时，另一台可承担 70% 的负荷，故每台变压器容量计算如下：

$$S_B = \frac{P_Z}{\cos\phi} \times 0.7 = \frac{79}{0.85} \times 0.7 = 65(\text{MVA})$$

选用两台容量相近的 63000kVA 三绕组变压器，变比为 10.5/38.5/121，型号为 SFPSL_7—63000/110，具体参数详见表 9-5。

2. 水电厂主变压器容量的选择

水电厂每台水轮发电机为 60MW，拟采用发电机—双绕组变压器单元式接线，直接升压至 110kV 输出。水电厂厂用电很少，仅占总容量的 1% 左右。

$$P_Z = 60 \times (1 - 1\%) = 59.4(\text{MVA})$$

按发电机容量选择变压器：$S_B = \frac{P}{\cos\phi} = \frac{59.4}{0.85} = 69.9(\text{MVA})$

选用两台容量为 90000kVA 的双绕组变压器输出，变比为 13.8/121，型号为 SFP_7—90000/110，具体参数详见表 9-5。

二、地区电网接线方案 1 的计算（辐射网）

（一）地区电网接线方案 1 的功率平衡计算

1. 石岗变

石岗变负荷功率为：

$$S = 60 + j40(\text{MVA})$$

则功率因数 $\cos\phi = \frac{P}{\sqrt{P^2 + Q^2}} = \frac{60}{\sqrt{60^2 + 40^2}} = 0.83$

按要求应当采用电容器将功率因数补偿到 0.9 以上：

$$0.9 = \frac{60}{\sqrt{60^2 + Q_B^2}}$$

解得

$$Q_B = 29(\text{Mvar})$$

即经电容 Q_C 补偿后，石岗变所需功率变为：

$$S = 60 + j29(\text{MVA})$$

石岗变补偿电容容量至少为：

$$Q_C = 40 - 29 = 11(\text{Mvar})$$

火电厂拟采用双回线供电给石岗变，线路末端每一回线的功率为：

$$S = \frac{1}{2}(60 + j29) = 30 + j14.5(\text{MVA})$$

火电厂供石岗变线路首端，每一回线的功率初步估算为：

$$S = 32 + j16(\text{MVA})$$

2. 清泉变

清泉变负荷功率为：

$$S = 50 + j30(\text{MVA})$$

则功率因数

$$\cos\phi = \frac{50}{\sqrt{50^2 + 30^2}} = 0.86$$

按要求应当采用电容器将功率因数补偿到 0.9 以上。

设用电容将功率因数补偿到 0.93：

$$0.93 = \frac{50}{\sqrt{50^2 + Q_B^2}}$$

解得

$$Q_B = 20(\text{Mvar})$$

经电容补偿后，清泉变实际负荷为：$S = 50 + j20(\text{MVA})$

清泉变补偿电容容量为：

$$Q_C = 30 - 20 = 10(\text{Mvar})$$

水电厂拟以双回线供电给清泉变，每回线路末端的功率为：

$$S = \frac{1}{2}(50 + j20) = 25 + j10(\text{MVA})$$

线路首端每一回线的功率初步估算为：

$$S = 26.5 + j12(\text{MVA})$$

3. 水电厂

水电厂输出有功功率：$P = 2 \times 60 \times (1 - 1\%) = 118.8(\text{MW})$

水电厂一般无附近电荷，因此可设其运行功率因数为较高值，以避免远距离输送无功。

令水电厂 110kV 出口处：

$$\cos\phi = 0.95$$

则输出视在功率为：

$$S = \frac{P}{\cos\phi} = \frac{118.8}{0.95} = 125(\text{MVA})$$

输出无功功率为：

$$Q = \sqrt{S^2 - P^2} = \sqrt{125^2 - 118.8^2} = 39(\text{Mvar})$$

水电厂输出功率为：

$$S = 118.8 + j39(\text{MVA})$$

水电厂分别向大系统和清泉变两个方向供电。

（1）水电厂拟以双回线向清泉变供电，线路首端每一回线的功率初步估算为：

$$S = 26.5 + j12(\text{MVA})$$

（2）水电厂多余功率拟以单回线送往大系统。则送大系统功率为：

$$S = (118.8 + j39) - 2 \times (26.5 + j12) = 65.8 + j15(\text{MVA})$$

$$\cos\phi = 0.97$$

4. 火电厂

火电厂需分别向石岗变和大系统两个方向供电。

（1）火电厂外送总功率。

火电厂厂用电取为总容量的 5% 以 10kV 供出 16MW，以 35kV 供出 26MW，其余容量汇入 110kV 系统。

火电厂以 110kV 外送总有功功率为：

$$P = 2 \times 50 \times (1 - 5\%) - 16 - 26 + 125 \times (1 - 5\%) = 172(\text{MW})$$

令其运行功率因数为：

$$\cos\phi = 0.95$$

则外送总视在功率为：

$$S = \frac{P}{\cos\phi} = \frac{172}{0.95} = 181(\text{MVA})$$

外送总无功功率为：

$$Q = \sqrt{181^2 - 172^2} = 56.4(\text{Mvar})$$

火电厂以 110kV 外送总功率为：

$$S = 172 + j56.4(\text{MVA})$$

（2）火电厂供石岗变总功率。火电厂供石岗变线路首端双回线总功率估算为：

$$S = 2 \times (32 + j16) = 64 + j32(\text{MVA})$$

（3）火电厂送大系统总功率。火电厂送大系统总功率为：

$$S = (172 + j56.4) - (64 + j32) = 108 + j24.4(\text{MVA})$$

火电厂拟以双回线送往大系统，线路首端每一回线的功率为：

$$S = \frac{1}{2} \times (108 + j24.4) = 54 + j12.2(\text{MVA})$$

$$\cos\phi = 0.975$$

5. 大系统

火电厂送出给大系统总功率为：

$$S = 108 + j24.4(\text{MVA})$$

水电厂送出给大系统总功率为：

$$S = 65.8 + j15(\text{MVA})$$

火电厂、水电厂送至大系统的功率合计为：

$$S = (108 + j24.4) + (65.8 + j15) = 173 + j39.4(\text{MVA})$$

（二）地区电网接线方案 1 的架空线路导线型号初选

1. 火电厂→石岗变

由于火电厂至石岗变采用双回路，因此每条线路上总功率和电流为：

$$S_{30} = \sqrt{32^2 + 16^2} = 35.78(\text{MVA})$$

$$I_g = \frac{S_{30}}{\sqrt{3}U_N} = \frac{35.78}{\sqrt{3} \times 110} = 188(\text{A})$$

$T_{max} = 5800\text{h}$，查软导线经济电流密度图，得 $J = 0.96\text{A}/\text{mm}^2$；则导线经济截面：

$$S_J = \frac{I_g}{J} = \frac{188}{0.96} = 196(\text{mm}^2)$$

试取最接近的导线截面为 185mm^2，选取 LGJ—185/30 钢芯铝绞线。

2. 火电厂→大系统

火电厂至大系统采用双回路，每条线路上的总功率和电流为：

$$S_{30} = \sqrt{54^2 + 12.2^2} = 55.4(\text{MVA})$$

$$I_g = \frac{S_{30}}{\sqrt{3}U_N} = \frac{55.4}{\sqrt{3} \times 110} = 290(\text{A})$$

$T_{max} = 6500\text{h}$，查图 5-1 导线经济电流密度图，得 $J = 0.9\text{A}/\text{mm}^2$，则其经济截面为：

$$S_J = \frac{I_g}{J} = \frac{290}{0.9} = 322(\text{mm}^2)$$

试取导线截面为 300mm^2，选取 LGJ—300/50 钢芯铝绞线。

3. 水电厂→清泉变

水电厂至清泉变采用双回路，每条线路上的总功率和电流为：

$$S_{30} = \sqrt{26.5^2 + 12^2} = 29.1(\text{MVA})$$

$$I_g = \frac{S_{30}}{\sqrt{3}U_N} = \frac{29.1}{\sqrt{3} \times 110} = 153(\text{A})$$

$T_{max} = 5000\text{h}$，查表 5-4 导线经济电流密度，得 $J = 1.1\text{A}/\text{mm}^2$，则其经济截面为：

$$S_J = \frac{I_g}{J} = \frac{153}{1.1} = 139(\text{mm}^2)$$

试取导线截面为 150mm^2，选取 LGJ—150/25 钢芯铝绞线。

4. 水电厂→大系统

水电厂经单回路送往大系统：

$S = 65.8 + j15(\text{MVA})$

$$S_{30} = \sqrt{65.8^2 + 15^2} = 67.5(\text{MVA})$$

$$I_g = \frac{S_{30}}{\sqrt{3}U_N} = \frac{67.5}{\sqrt{3} \times 110} = 354(\text{A})$$

$T_{max} = 4000\text{h}$，查表 5-4 导线经济电流密度，得 $J = 1.28\text{A}/\text{mm}^2$，则其经济截面为：

$$S_J = \frac{I_g}{J} = \frac{354}{1.28} = 276(\text{mm}^2)$$

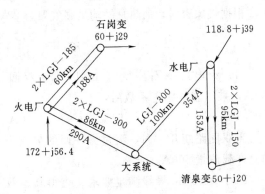

图 9-5 方案一系统示意图

试取导线截面为 300mm^2，选取 LGJ—300/50 钢芯铝绞线。

图 9-5 为方案一系统示意图。

（三）地区电网接线方案 1 的导线截面积校验

1. 按机械强度校验导线截面积

为保证架空线路具有必要的机械强度，对于 110kV 等级的线路，一般认为不得小于 35mm^2。因此所选的全部导线均满足机械强度的要求。

2. 按电晕校验导线截面积

根据表 9-10 可见，所选的全部导线均满足电晕的要求。

表 9-10　　　　　　　　　不必验算电晕临界电压的导线最小直径和相应型号

额定电压（kV）	110	220	330		500（四分裂）	750（四分列）
			单导线	双分裂		
导线外径（mm²）	9.6	21.4	33.1			
相应型号	LGJ—50	LGJ—240	LGJ—600	2LGJ—240	4×LGJQ—300	4×LGJQ—400

3. 按允许载流量校验导线截面积

允许载流量是根据热平衡条件确定的导线长期允许通过的电流。所有线路都必须根据可能出现的长期运行情况作允许载流量校验。进行这种校验时，钢芯铝绞线的允许温度一般取 70℃，并取导线周围环境温度为 25℃。各种导线的长期允许通过电流如表 9-11 所示。

表 9-11　　　　　　　　　　导线长期允许通过电流　　　　　　　　　单位：A

截面积（mm²）标号	35	50	70	95	120	150	185	240	300	400
LJ	170	215	265	325	375	440	500	610	680	830
LGJ	170	220	275	335	380	445	515	610	700	800

按经济电流密度选择的导线截面积，一般都会比按正常运行情况下的允许载流量计算的截面积大许多。

而在故障情况下，例如双回线中有一回断开时，则有可能使导线过热。

根据气象资料，最热月平均最高气温为 28℃，查得的允许载流量应乘以温度修正系数：

$$K_\theta = \sqrt{\frac{70 - 28}{70 - 25}} = 0.97$$

（1）火电厂→石岗变（LGJ—185 双回线）：LGJ—185 钢芯铝绞线允许载流量为 515A，乘以温度修正系数后：

$$515 \times 0.97 = 500\text{A} > 188\text{A} \qquad 合格$$

当双回路断开一回，流过另一回的最大电流为：$2 \times 188 = 376\text{A}$，仍小于温度修正后的允许载流量 500A，合格。

LGJ—185/30 导线满足要求，查得其参数（电阻，电抗，充电功率）如下：

$$r_1 = 0.17\Omega/\text{km}, \quad x_1 = 0.395\Omega/\text{km}, \quad Q_{C.L} = 3.35\text{Mvar}/100\text{km}$$

（2）火电厂→大系统（LGJ—300 双回线）：LGJ—300 钢芯铝绞线允许载流量为 700A，乘以温度修正系数后：

$$700 \times 0.97 = 679A > 290A \qquad 合格$$

当双回路断开一回，流过另一回的最大电流为：

$$2 \times 290 = 580A，仍小于允许载流量 679A，合格$$

LGJ—400/50 导线满足要求，查得其参数如下：

$$r_1 = 0.107\Omega/km, \quad x_1 = 0.382\Omega/km, \quad Q_{C.L} = 3.48Mvar/100km$$

（3）水电厂→清泉变（LGJ—150 双回线）：LGJ—150 钢芯铝绞线允许载流量为 445A，乘以温度修正系数后：

$$445 \times 0.97 = 431.65A > 153A \qquad 合格$$

当双回路断开一回，流过另一回的最大电流为：

$$2 \times 153 = 306A，仍小于允许载流量 431.65A，合格$$

LGJ—150/25 导线满足要求，查得其参数如下：

$$r_1 = 0.21\Omega/km, \quad x_1 = 0.403\Omega/km, \quad Q_{C.L} = 3.3Mvar/100km$$

（4）水电厂→大系统（LGJ—300 单回线）：LGJ—300 钢芯铝绞线允许载流量为 700A，乘以温度修正系数后为：

$$700 \times 0.97 = 679A > 354A \qquad 合格$$

LGJ—300/50 导线满足要求，查得其参数如下：

$$r_1 = 0.107\Omega/km, \quad x_1 = 0.382\Omega/km, \quad Q_{C.L} = 3.48Mvar/100km$$

（四）地区电网接线方案 1 的潮流计算

仅进行最大负荷时的潮流计算，最小负荷时的潮流计算从略。

1. 火电厂→石岗变（LGJ—185 双回线）

潮流计算图见图 9-6 所示。

对于每一回线：

$$R = 0.17 \times 60 = 10.2(\Omega), \quad X = 0.395 \times 60 = 23.7(\Omega)$$

每一回线的功率损耗：

$$\Delta P = 3I^2 R = 3 \times 188^2 \times 10.2 = 1.08(MW)$$

$$\Delta Q = 3I^2 X = 3 \times 188^2 \times 23.7 = 2.5(Mvar)$$

每一回线路上产生的充电功率为：

$$Q_C = Q_{C.L} \times L = 3.35 \times 60/100 = 2.0(Mvar)$$

分算到线路两端：

$$Q_C' = \frac{1}{2}Q_C = \frac{1}{2} \times 2.0 = 1.0(Mvar)$$

火→石线末端每回线上功率为：

$$S_6 = 30 + j14.5(MVA)$$

$$S_3 = 30 + j14.5 - j1.0 + 1.08 + j2.5 = 31.08 + j16(MVA)$$

$$S_1 = 31.08 + j16 - j1.0 = 31.08 + j15(MVA)$$

火电厂的出口电压暂设为 118kV，此线路上的电压降落为：

$$\Delta U = \frac{PR + QX}{U_1} = \frac{31.08 \times 10.2 + 16 \times 23.7}{118} = 5.9(kV)$$

石岗变 110kV 母线的电压为：$U_石 = 118 - 5.9 = 112.1(kV)$　　　合格

2. 火电厂→大系统（LGJ—300 双回线）

潮流计算图见图 9-7 所示。

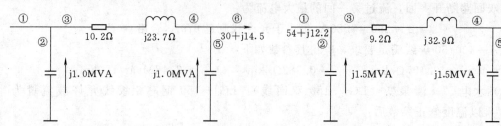

图 9-6　火电厂→石岗变线路潮流计算图　　　图 9-7　火电厂→大系统线路潮流计算图

对于每一回线：

$$R = 0.107 \times 86 = 9.2(\Omega), \quad X = 0.382 \times 86 = 32.9(\Omega)$$

每一回线的功率损耗：

$$\Delta P = 3I^2R = 3 \times 290^2 \times 9.2 = 2.32(MW)$$

$$\Delta Q = 3I^2X = 3 \times 290^2 \times 32.9 = 8.3(Mvar)$$

每一回线路上产生的充电功率为：

$$Q_C = Q_{C.L} \times L = 3.48 \times 0.86 = 3.0(Mvar)$$

分算到线路两端　　　$Q'_C = \frac{1}{2}Q_C = \frac{1}{2} \times 3.0 = 1.5(Mvar)$

火电厂送大系统线路首端每一回线的功率为：

$$S_{火 \to 大} = \frac{1}{2}(108 + j24.4) = 54 + j12.2(MVA)$$

$$S_3 = 54 + j12.2 + j1.5 = 54 + j13.7(MVA)$$

已设火电厂的出口电压为 118kV。

线路上的电压降落：

$$\Delta U = \frac{PR + QX}{U_1} = \frac{54 \times 9.2 + 13.7 \times 32.9}{118} = 8(kV)$$

大系统 110kV 母线的电压为：

$$U_大 = 118 - 8 = 110(kV) \qquad 合格$$

3. 水电厂→大系统（LGJ—300）

潮流计算图见图 9-8 所示。

由水电厂至大系统采用单回线：

$$R = 0.107 \times 100 = 10.7(\Omega), \quad X = 0.382 \times 100 = 38.2(\Omega)$$

线路上的功率损耗：

$$\Delta P = 3I^2R = 3 \times 354^2 \times 10.7 = 4(MW)$$

$$\Delta Q = 3I^2X = 3 \times 354^2 \times 38.2 = 14.4(Mvar)$$

线路上产生的充电功率为：

$$Q_C = Q_{C.L} \times L = 3.48 \times 1.0 = 3.48(Mvar)$$

分算到线路两端：

$$Q'_C = \frac{1}{2}Q_C = \frac{1}{2} \times 3.48 = 1.74(\text{Mvar})$$

由水电厂送往大系统的功率为：

$$S_{水\to大} = S_1 = 65.8 + j15(\text{MVA})$$

$$S_4 = 65.8 + j15 + j1.74 - (4 + j14.4) = 61.8 + j2.34(\text{MVA})$$

已算出大系统110kV母线处电压即U_4为110kV，线路上的电压降落：

$$\Delta U = \frac{PR + QX}{U_4} = \frac{61.8 \times 10.7 + 2.34 \times 38.2}{110} = 6.82(\text{kV})$$

水电厂出口110kV母线电压为：

$$U_水 = 110 + 6.82 = 116.82(\text{kV}) \qquad 合格$$

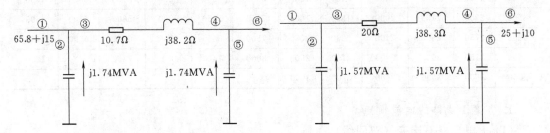

图9-8　水电厂→大系统线路潮流计算图　　　图9-9　水电厂→清泉变线路潮流计算图

4. 水电厂→清泉变（LGJ—150双回线）

潮流计算图见图9-9所示。

对于每一回线：

$$R = 0.21 \times 95 = 20(\Omega), \quad X = 0.403 \times 95 = 38.3(\Omega)$$

每一回线的功率损耗：

$$\Delta P = 3I^2R = 3 \times 153^2 \times 20 = 1.4(\text{MW})$$

$$\Delta Q = 3I^2X = 3 \times 153^2 \times 38.3 = 2.69(\text{Mvar})$$

每一回线路上产生的充电功率为：

$$Q_C = Q_{C.L} \times L = 3.3 \times 0.95 = 3.14(\text{Mvar})$$

分算到线路两端：

$$Q'_C = \frac{1}{2}Q_C = \frac{1}{2} \times 3.14 = 1.57(\text{Mvar})$$

清泉变处每回线功率为：

$$S_6 = \frac{1}{2} \times (50 + j20) = 25 + j10(\text{MVA})$$

$$S_3 = 25 + j10 - j1.57 + 1.4 + j2.69 = 26.4 + j11.1(\text{MVA})$$

已算出水电厂出口110kV母线电压为116.82kV，线路上的电压降落：

$$\Delta U = \frac{PR + QX}{U_1} = \frac{26.4 \times 20 + 11.1 \times 38.3}{116.82} = 8.16(\text{kV})$$

清泉变110kV母线的电压为：

$$U = 116.82 - 8.16 = 108.66(\text{kV}) \qquad 合格$$

各节点电压均在 110/11kV 降压变压器分接头的调节范围之内，因此完全可满足 10kV 母线对调压的要求。

（五）地区电网接线方案 1 的总投资和年运行费

可通过最大负荷损耗时间计算电网全年电能损耗，进而计算年费用和抵偿年限。

最大损耗时间 τ_{max} 可由表 9 - 12 查得。

表 9 - 12　　　　　　　　　最大损耗时间 τ_{max} 的值　　　　　　　　　单位：h

T_{max}	$\cos\varphi$					T_{max}	$\cos\varphi$				
	0.80	0.85	0.90	0.95	1.00		0.80	0.85	0.90	0.95	1.00
2000	1500	1200	1000	800	700	5500	4100	4000	3950	3750	3600
2500	1700	1500	1250	1100	950	6000	4650	4600	4500	4350	4200
3000	2000	1800	1600	1400	1250	6500	5250	5200	5100	5000	4850
3500	2350	2150	2000	1800	1600	7000	5950	5900	5800	5700	5600
4000	2750	2600	2400	2200	2000	7500	6650	6600	6550	6500	6400
4500	3150	3000	2900	2700	2500	8000	7400		7350		7250
5000	3600	3500	3400	3200	3000						

1. 方案 1 线路的电能损耗

（1）火电厂→石岗变（双回线）：

$$\Delta P = 1.08 \times 2 = 2.16(MW)$$

$$\cos\varphi = \frac{30}{\sqrt{30^2 + 14.5^2}} = 0.9, \quad T_{max} = 5800(h)$$

查表得：

$$\tau_{max} = 4280(h)$$

则全年电能损耗：

$$\Delta A = 2160 \times 4280 = 9.24 \times 10^6 (kW \cdot h)$$

（2）火电厂→大系统（双回线）：

$$\Delta P = 2.32 \times 2 = 4.64(MW)$$

$$\cos\varphi = \frac{54}{\sqrt{54^2 + 12.2^2}} = 0.975, \quad T_{max} = 6500(h)$$

查表得：

$$\tau_{max} = 4925(h)$$

则全年电能损耗：

$$\Delta A = 4640 \times 4925 = 23 \times 10^6 (kW \cdot h)$$

（3）水电厂→清泉变（双回线）：

$$\Delta P = 1.4 \times 2 = 2.8(MW)$$

$$\cos\varphi = \frac{26.4}{\sqrt{26.4^2 + 11.1^2}} = 0.92, \quad T_{max} = 5000(h)$$

查表得：

$$\tau_{max} = 3320(h)$$

则全年电能损耗：

$$\Delta A = 2800 \times 3320 = 9.3 \times 10^6 (kW \cdot h)$$

（4）水电厂→大系统（单回线）：

$$\Delta P = 4MW$$

$$\cos\varphi = \frac{65.8}{\sqrt{65.8^2 + 15^2}} = 0.97, \quad T_{max} = 4000(h)$$

查表得：
$$\tau_{max} = 2120(h)$$

则全年电能损耗：
$$\Delta A = 4000 \times 2120 = 8.48 \times 10^6 (\text{kW} \cdot \text{h})$$

（5）方案 1 的全年总电能损耗（仅限于线路损耗）：
$$\Delta A_{总} = (9.24 + 23 + 9.3 + 8.48) \times 10^6 = 50 \times 10^6 (\text{kW} \cdot \text{h})$$

2. 方案 1 线路投资

火电厂→石岗变：LGJ—185/30 双回 110kV 线路 60km。

火电厂→大系统：LGJ—300/50 双回 110kV 线路 86km。

水电厂→清泉变：LGJ—150/25 双回 110kV 线路 95km。

水电厂→大系统：LGJ—300/50 单回 110kV 线路 100km。

方案 1 线路总投资：

线路造价为虚拟的，与导线截面成正比，同杆架设双回线系数取 0.9。

$$2 \times (18.5 \times 60 + 30 \times 86 + 15 \times 95) \times 0.9 + 30 \times 100 = 12207(万元)$$

3. 方案 1 变电所和发电厂投资

方案 1 与方案 2 的变电所投资和发电厂的投资均相同，设为 Z_B。

4. 方案 1 工程总投资

方案 1 的工程总投资即为：

$$Z_1 = 12207 + Z_B(万元)$$

5. 方案 1 年运行费

维持电力网正常运行每年所支出的费用，称为电力网的年运行费。年运行费包括电能损耗费、小修费、维护管理费。

电力网的年运行费可以按下式计算：

$$u = \alpha\Delta A + \frac{P_z}{100}Z + \frac{P_x}{100}Z + \frac{P_w}{100}Z = \alpha\Delta A + \left(\frac{P_z}{100} + \frac{P_x}{100} + \frac{P_w}{100}\right)Z$$

式中　α——计算电价，元/（kW·h）（此设计中电价取 0.52 元/kWh）

　　　ΔA——每年电能损耗，kW·h；

　　　Z——电力网工程投资，元；

　　　P_z——折旧费百分数；

　　　P_x——小修费百分数；

　　　P_w——维修管理费百分数。

电力网的折旧、小修和维护管理费占总投资的百分数，一般由主管部门制定。设计时可查表 9-13 取适当的值。

表 9-13　　　　电力网的折旧、小修和维护费占总投资的百分数　　　　单位：%

设备名称	折旧费	小修费	维护管理费	总　计
木杆架空线	8	1	4	13
铁塔架空线	4.5	0.5	2	7
钢筋混凝土杆架空线	4.5	0.5	2	7
电缆线路	3.5	0.5	2	6

本设计采用钢筋混凝土杆架空线，三项费用总计取总投资的 7%。

则方案 1 的年运行费用为：

$$u_1 = 0.52 \times 50 \times 10^6 + 7\% \times (12207 + Z_B) \times 10^4$$
$$= 2600 + 854.5 + 700Z_B = 3454.5 + 700Z_B(万元)$$

三、地区电网接线方案 2 的计算（环网）

（一）地区电网接线方案 2 的功率平衡计算

1. 石岗变

石岗变负荷及线路情况与方案 1 相同，火电厂以双回线供石岗变，线路首端每一回线的视在功率初步估算为：

$$S = 32 + j16(MVA)$$

2. 清泉变

清泉变负荷情况与方案 1 相同，线路首端的功率初步估算为：

$$S = 2 \times (26.5 + j12) = 53 + j24(MVA)$$

3. 水电厂

水电厂输出功率仍为： $\qquad S = 118.8 + j39(MVA)$

水电厂分别向大系统和清泉变两个方向供电。

（1）水电厂拟以单回线向清泉变供电，线路首端功率初步估算为：

$$S = 53 + j24(MVA)$$

（2）水电厂多余功率拟以单回线送往大系统。则送大系统功率为：

$$S = (118.8 + j39) - (53 + j24) = 65.8 + j15(MVA)$$
$$\cos\phi = 0.97$$

4. 火电厂

火电厂分别向石岗变和大系统两个方向供电，负荷及线路情况与方案 1 相同。

火电厂以双回线送往石岗变，线路首端每一回线的功率为：

$$S = 32 + j16(MVA)$$

火电厂以双回线送往大系统，线路首端每一回线的功率为：

$$S = 54 + j12.2(MVA)$$
$$\cos\phi = 0.975$$

5. 大系统

火电厂送出给大系统总功率为：

$$S = 108 + j24.4(MVA)$$

水电厂送出给大系统总功率为：

$$S = 65.8 + j15(MVA)$$

火电厂、水电厂送至大系统的功率合计为：

$$S = (108 + j24.4) + (65.8 + j15) = 173.8 + j39.4(MVA)$$

（二）地区电网接线方案 2 的架空线路导线型号初选

1. 火电厂→石岗变

由于火电厂至石岗变负荷及线路情况与方案 1 相同，因此仍选取 LGJ—185/30 钢芯铝绞线。

2. 火电厂→大系统

由于火电厂至大系统负荷及线路情况与方案 1 相同，因此仍选取 LGJ—300/50 钢芯铝绞线。

3. 水电厂→清泉变

水电厂至清泉变采用单回路，线路上的功率：

$$S_{30} = \sqrt{53^2 + 24^2} = 58(\text{MVA})$$

$$I_g = \frac{S_{30}}{\sqrt{3}U_N} = \frac{58}{\sqrt{3} \times 110} = 305(\text{A})$$

$T_{\max} = 5000\text{h}$，查表 5-4 导线经济电流密度，得 $J = 1.1\text{A/mm}^2$，则其经济截面为：

$$S_J = \frac{I_g}{J} = \frac{305}{1.1} = 277(\text{mm}^2)$$

试取导线截面为 300mm^2，选取 LGJ—300/30 钢芯铝绞线。

4. 水电厂→大系统

水电厂经单回路送往大系统：

$$S = 65.8 + j15(\text{MVA})$$

$$S_{30} = \sqrt{65.8^2 + 15^2} = 67.5(\text{MVA})$$

$$I_g = \frac{S_{30}}{\sqrt{3}U_N} = \frac{67.5}{\sqrt{3} \times 110} = 354(\text{A})$$

$T_{\max} = 4000\text{h}$，查软导线经济电流密度图，得 $J = 1.24\text{A/mm}^2$，则其经济截面为：

$$S_J = \frac{I_g}{J} = \frac{354}{1.28} = 276(\text{mm}^2)$$

试取导线截面为 300mm^2，选取 LGJ—300/50 钢芯铝绞线。

5. 大系统→清泉变

大系统→清泉变正常运行时功率很小，但考虑到当环网其他某一回路断开时，流过本线路的电流大，因此仍选为 LGJ—300 导线。

图 9-10 为方案二系统示意图。

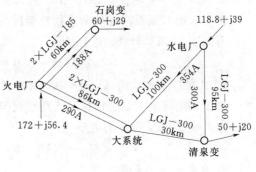

图 9-10　方案二系统示意图

（三）地区电网接线方案 2 的导线截面积校验

1. 火电厂→石岗变（LGJ—185 双回线）

情况与方案 1 相同，因此 LGJ—185/30 导线满足要求，其参数如下：

$$r_1 = 0.17\Omega/\text{km}, \quad x_1 = 0.395\Omega/\text{km}, \quad Q_{C.L} = 3.35\text{Mvar/100km}$$

2. 火电厂→大系统（LGJ—300 双回线）

情况与方案 1 相同，因此 LGJ—300/50 导线满足要求，其参数如下：

$$r_1 = 0.107\Omega/\text{km}, \quad x_1 = 0.382\Omega/\text{km}, \quad Q_{C.L} = 3.48\text{Mvar/100km}$$

3. 水电厂→清泉变（LGJ—300 单回线）

LGJ—300 钢芯铝绞线允许载流量为 700A，乘以温度修正系数后：

$$700 \times 0.97 = 679\text{A} > 305\text{A} \qquad 合格$$

当环网中水电厂→大系统回路断开时，流过本线路的最大电流为：

$$305 + 354 = 659\text{A}，仍小于允许载流量 679\text{A}，合格$$

LGJ—300/50 导线满足要求，查得其参数如下：

$$r_1 = 0.107\Omega/\text{km}, \quad x_1 = 0.382\Omega/\text{km}, \quad Q_{\text{C.L}} = 3.48\text{Mvar}/100\text{km}$$

4. 水电厂→大系统（LGJ—300 单回线）

LGJ—300 钢芯铝绞线允许载流量为 700A，乘以温度修正系数后为：

$$700 \times 0.97 = 679\text{A} > 354\text{A} \qquad 合格$$

当环网中水电厂→清泉变回路断开时，流过本线路的最大电流为：

$$305 + 354 = 659\text{A}，仍小于允许载流量 679\text{A}，合格$$

LGJ—300/50 导线满足要求，查得其参数如下：

$$r_1 = 0.107\Omega/\text{km}, \quad x_1 = 0.382\Omega/\text{km}, \quad Q_{\text{C.L}} = 3.48\text{Mvar}/100\text{km}$$

5. 大系统→清泉变（LGJ—300 单回线）

大系统→清泉变正常运行时功率很小，但考虑到当环网其他某一回路断开时，流过本线路的电流大，因此仍选为 LGJ—300 导线。

$$r_1 = 0.107\Omega/\text{km}, \quad x_1 = 0.382\Omega/\text{km}, \quad Q_{\text{C.L}} = 3.48\text{Mvar}/100\text{km}$$

（四）地区电网接线方案 2 的潮流计算

仅进行最大负荷时的潮流计算，最小负荷时的潮流计算从略。

1. 火电厂→石岗变（LGJ—185 双回线）

由于火电厂至石岗变负荷及线路情况与方案 1 相同，因此计算从略。

石岗变 110kV 母线的电压为：

$$U_石 = 118 - 5.9 = 112.1(\text{kV}) \qquad 合格$$

2. 火电厂→大系统（LGJ—400 双回线）

由于火电厂至大系统负荷及线路情况与方案 1 相同，因此计算从略。

大系统 110kV 母线的电压为：

$$U_大 = 118 - 8 = 110(\text{kV}) \qquad 合格$$

3. 水电厂→大系统

初步选择时环网的 3 边均选了 LGJ—300 钢芯铝绞线，现按均一环形电网来计算环网的潮流分布，校验初选的 LGJ—300 钢芯铝绞线是否合适，均一电网潮流计算图见图 9-11，水电厂至大系统潮流计算图见图 9-12。

$$S_a = \frac{-(118.8 + \text{j}39) \times 125 + (50 + \text{j}20) \times 30}{100 + 95 + 30} = -60 - \text{j}19(\text{MVA})$$

即水电厂→大系统单回路线路功率为：

$$S_1 = -S_a = 60 + \text{j}19(\text{MVA})$$

$$S_{30} = \sqrt{60^2 + 19^2} = 63(\text{MVA})$$

$$I_g = \frac{S_{30}}{\sqrt{3}U_N} = \frac{63}{\sqrt{3} \times 110} = 330(\text{A})$$

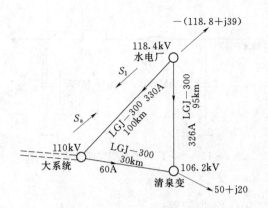

图 9-11 均一环网潮流计算图

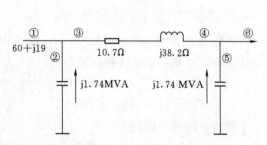

图 9-12 水电厂→大系统线路潮流计算图

$T_{\max}=4000\text{h}$，查软导线经济电流密度图，得 $J=1.28\text{A/mm}^2$，则其经济截面为：

$$S_J = \frac{I_g}{J} = \frac{330}{1.28} = 258(\text{mm}^2)$$

可仍选截面为 300mm^2 的导线，即选取 LGJ—300/50 钢芯铝绞线是合适的。

$$R = 0.107 \times 100 = 10.7\Omega, \quad X = 0.382 \times 100 = 38.2\Omega$$

线路上的功率损耗：

$$\Delta P = 3I^2R = 3 \times 330^2 \times 10.7 = 3.5(\text{MW})$$

$$\Delta Q = 3I^2X = 3 \times 330^2 \times 38.2 = 12.5(\text{Mvar})$$

线路上产生的充电功率为：

$$Q_C = Q_{C.L} \times L = 3.48 \times 1.0 = 3.48(\text{Mvar})$$

折算到线路两端：

$$Q'_C = \frac{1}{2}Q_C = \frac{1}{2} \times 3.48 = 1.74(\text{Mvar})$$

由水电厂送往大系统的功率为：

$$S_{水\to大} = S_1 = 60 + j19(\text{MVA})$$

$$S_4 = 60 + j19 + j1.74 - (3.5 + j12.5) = 56.5 + j8.24(\text{MVA})$$

已算出大系统 110kV 母线处电压为 110kV，线路上的电压降落：

$$\Delta U = \frac{PR + QX}{U_4} = \frac{56.5 \times 10.7 + 8.24 \times 38.2}{110} = 8.4(\text{kV})$$

则可计算出水电厂出口 110kV 母线电压为：

$$U_水 = 110 + 8.4 = 118.4(\text{kV}) \qquad 合格$$

4. 水电厂→清泉变 （LGJ—300）

潮流计算图见图 9-13 所示。

由水电厂至清泉变采用单回线：

$$S_1 = 118.8 + j39 - (60 + j19) = 58.8 + j20(\text{MVA})$$

$$S_{30} = \sqrt{58.8^2 + 20^2} = 62(\text{MVA})$$

$$I_g = \frac{S_{30}}{\sqrt{3}U_N} = \frac{62}{\sqrt{3} \times 110} = 326(\text{A})$$

$T_{\max} = 5000\text{h}$，查软导线经济电流密度图，得 $J = 1.1\text{A/mm}^2$，则其经济截面为：

$$S_{\text{J}} = \frac{I_{\text{g}}}{J} = \frac{326}{1.1} = 296(\text{mm}^2)$$

可仍选截面为 300mm^2 的导线，即选取 LGJ—300/50 钢芯铝绞线是合适的。

$$R = 0.107 \times 95 = 10\Omega$$

$$X = 0.382 \times 95 = 36.3\Omega$$

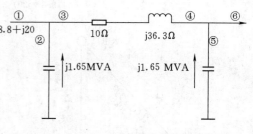

图 9 – 13　水电厂→清泉变线路潮流计算图

线路上的功率损耗：

$$\Delta P = 3I^2 R = 3 \times 326^2 \times 10 = 3.2(\text{MW})$$

$$\Delta Q = 3I^2 X = 3 \times 326^2 \times 36.3 = 11.5(\text{Mvar})$$

线路上产生的充电功率为：

$$Q_{\text{C}} = Q_{\text{C.L}}L = 3.48 \times 0.95 = 3.3(\text{Mvar})$$

折算到线路两端：　　$Q'_{\text{C}} = \dfrac{1}{2}Q_{\text{C}} = \dfrac{1}{2} \times 3.3 = 1.65(\text{Mvar})$

水电厂→清泉变线首端：　　$S_1 = 58.8 + \text{j}20(\text{MVA})$

$$S_3 = 58.8 + \text{j}20 + \text{j}1.65 = 58.8 + \text{j}21.6(\text{MVA})$$

已算出水电厂出口电压为 118.4kV，线路上的电压降落：

$$\Delta U = \frac{PR + QX}{U_1} = \frac{58.8 \times 10 + 21.6 \times 36.3}{118.4} = 11.6(\text{kV})$$

清泉变 110kV 母线的电压为：

$$U = 118.4 - 11.6 = 106.8(\text{kV})$$

稍低，但仍在变压器分接头范围之内。因为开始时暂设火电厂的出口电压为 118kV，导致清泉变 110kV 母线电压稍低。只要开始时暂设火电厂的出口电压为 121kV（发电厂高压母线电压可以方便地调高到 121kV），各节点电压均可在 110/11kV 降压变压器分接头的调节范围之内，就完全可满足 10kV 母线的调压要求。因此本方案可行，不再重新计算。

5. 大系统→清泉变

水电厂→清泉变线路末端：

$$S_6 = 58.8 + \text{j}20 + \text{j}1.65 - (3.2 + \text{j}11.5) = 55.6 + \text{j}10(\text{MVA})$$

大系统→清泉变线路末端：

$$S = (50 + \text{j}20) - (55.6 + \text{j}10) = -5.6 + \text{j}10(\text{MVA})$$

$$S_{30} = \sqrt{5.6^2 + 10^2} = 11.5(\text{MVA})$$

$$I_{\text{g}} = \frac{S_{30}}{\sqrt{3}U_{\text{N}}} = \frac{11.5}{\sqrt{3} \times 110} = 60(\text{A})$$

已选取 LGJ—300/50 钢芯铝绞线：

$$R = 0.107 \times 30 = 3.2\Omega, \quad X = 0.382 \times 30 = 11.5\Omega$$

线路上的功率损耗：

$$\Delta P = 3I^2 R = 3 \times 60^2 \times 3.2 = 0.03(\text{MW})$$

$$\Delta Q = 3I^2 X = 3 \times 60^2 \times 11.5 = 0.1 (\text{Mvar})$$

（五）地区电网接线方案 2 的总投资和年运行费

1. 方案 2 线路的电能损耗

（1）火电厂→石岗变。与方案 1 相同，全年电能损耗：

$$\Delta A = 2160 \times 4280 = 9.24 \times 10^6 (\text{kW} \cdot \text{h})$$

（2）火电厂→大系统。与方案 1 相同，全年电能损耗：

$$\Delta A = 4640 \times 4925 = 23 \times 10^6 (\text{kW} \cdot \text{h})$$

（3）水电厂→清泉变：

$$\Delta P = 3.2 \text{MW}$$

$$\cos\varphi = \frac{58.8}{\sqrt{58.8^2 + 20^2}} = 0.95, \quad T_{\max} = 5000 \text{h}$$

查表得：

$$\tau_{\max} = 3200h$$

则全年电能损耗：

$$\Delta A = 3200 (\text{kW}) \times 3200 (\text{h}) = 10.2 \times 10^6 (\text{kW} \cdot \text{h})$$

（4）水电厂→大系统：

$$\Delta P = 3.5 \text{MW}$$

$$\cos\varphi = \frac{60}{\sqrt{60^2 + 19^2}} = 0.95, \quad T_{\max} = 4000 \text{h}$$

查表得：

$$\tau_{\max} = 2200 \text{h}$$

则全年电能损耗：

$$\Delta A = 3500 \times 2200 = 7.7 \times 10^6 (\text{kW} \cdot \text{h})$$

（5）大系统→清泉变：

线路上的功率损耗：

$$\Delta P = 0.03 (\text{MW})$$

$$\cos\varphi = \frac{5.6}{\sqrt{5.6^2 + 10^2}} = 0.5, \quad T_{\max} = 5000 \text{h}$$

查表得：

$$\tau_{\max} = 5000 \text{h}$$

则全年电能损耗：

$$\Delta A = 30 \times 5000 = 0.15 \times 10^6 (\text{kW} \cdot \text{h})$$

（6）方案 2 的全年总电能损耗（仅限于线路损耗）：

$$\Delta A_{总} = (9.24 + 23 + 10.2 + 7.7 + 0.15) \times 10^6 = 50.3 \times 10^6 (\text{kW} \cdot \text{h})$$

2. 方案 2 线路投资

火电厂→石岗变：LGJ—185/30 双回 110kV 线路 60km。

火电厂→大系统：LGJ—300/50 双回 110kV 线路 86km。

水电厂→清泉变：LGJ—300/50 单回 110kV 线路 95km。

水电厂→大系统：LGJ—300/50 单回 110kV 线路 100km。

大系统→清泉变：LGJ—300/50 单回 110kV 线路 30km。

方案 2 线路总投资：

$$2(18.5 \times 60 + 30 \times 86) \times 0.9 + 30(100 + 95 + 30) = 13392(万元)$$

3. 方案 2 变电所投资

认为方案 2 与方案 1 的变电所投资和发电厂投资均相同，设为 Z_B。

4. 方案 2 工程总投资

方案 2 的工程总投资即为：$\quad Z_2 = 13392 + Z_B(万元)$

5. 方案 2 年运行费用

方案 2 的年运行费用为：

$$u_2 = 0.52 \times 50.3 \times 10^6 + 7\% \times (13392 + Z_B) \times 10^4 = 3553 + 700Z_B(万元)$$

四、通过技术经济比较确定最佳方案

两个设计方案在技术上都可行，通过经济性能比较，最终确定最佳方案。

在本设计中，方案 1 的工程投资小于方案 2 的工程投资：

$$Z_2 - Z_1 = 13392 - 12207 = 1185(万元)$$

而方案 1 的年运行费用也小于方案 2 的年运行费用：

$$u_2 - u_1 = 3553 - 3454.5 = 98.5(万元)$$

因此，最终选取总投资和年运行费用都少的方案 1。

五、优选方案短路电流计算

最终选定优选方案 1 以后，分别对火电厂内高（110kV）、中（35kV）、低（10kV）三个电压母线进行三相短路电流计算。短路电流计算时，忽略线路、变压器电阻以及负荷的影响。电力系统短路计算示意图见图 9-14。

（一）各元件电抗标幺值的计算

发电机：

$$X^{*\prime\prime}{}_G = X^{\prime\prime}_d \frac{S_d}{S_{GN}}$$

变压器：

$$X^*_T = \frac{U_k\%}{100} \frac{S_d}{S_{TN}}$$

线路：

$$X^*_L = X_L \frac{S_d}{U^2_d}$$

取基准容量：

$$S_d = 100MW$$

取基准电压：

$$U_d = U_{av} = 115kV$$

图 9-15 是短路计算等值电路图 1。火电厂发电机 G_1、G_2 的电抗标幺值：

$$X^*_1 = X^*_2 = 0.124 \times \frac{100}{50/0.85} = 0.211$$

火电厂发电机 G_3 的电抗标幺值：

$$X^*_3 = 0.18 \times \frac{100}{125/0.8} = 0.115$$

火电厂变压器 T_1、T_2 各绕组阻抗电压百分数分别为：

$$U_{k1}\% = \frac{1}{2}[U_{k(I-II)}\% + U_{k(I-III)}\% - U_{k(II-III)}\%] = \frac{1}{2} \times [17 + 10.5 - 6.5] = 10.5(高压侧)$$

$$U_{k2}\% = \frac{1}{2}[U_{k(I-II)}\% + U_{k(II-III)}\% - U_{k(I-III)}\%] = \frac{1}{2} \times [17 + 6.5 - 10.5] = 6.5 \text{（中压侧）}$$

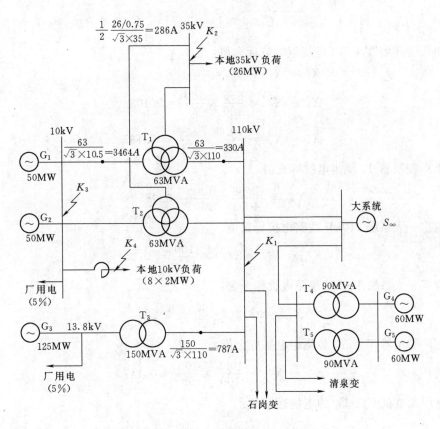

图 9-14　电力系统短路计算示意图

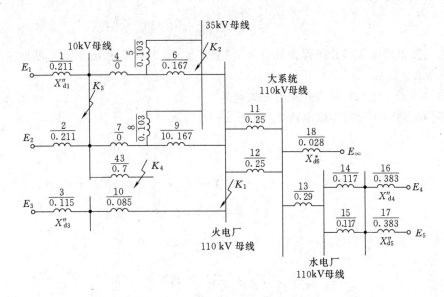

图 9-15　短路计算等值电路图 1

$$U_{k3}\% = \frac{1}{2}[U_{k(\text{I}-\text{III})}\% + U_{k(\text{II}-\text{III})}\% - U_{k(\text{I}-\text{II})}\%] = \frac{1}{2} \times [10.5 + 6.5 - 17] = 0 \quad （低压侧）$$

火电厂变压器 T_1、T_2 各绕组电抗标幺值：

$$X_4^* = X_7^* = 0$$

$$X_5^* = X_8^* = \frac{6.5}{100} \times \frac{100}{63} = 0.103$$

$$X_6^* = X_9^* = \frac{10.5}{100} \times \frac{100}{63} = 0.167$$

火电厂变压器 T_3 绕组电抗标幺值：

$$X_{10}^* = \frac{12.68}{100} \times \frac{100}{150} = 0.085$$

火电厂—大系统 110kV 线路电抗标幺值：

$$X_{11}^* = X_{12}^* = 32.9 \times \frac{100}{115^2} = 0.25$$

水电厂—大系统 110kV 线路电抗标幺值：

$$X_{13}^* = 38.2 \times \frac{100}{115^2} = 0.29$$

水电厂变压器 T_4、T_5 各绕组电抗标幺值：

$$X_{14}^* = X_{15}^* = \frac{10.5}{100} \times \frac{100}{90} = 0.117$$

水电厂发电机 G_4、G_5 的电抗标幺值：

$$X_{16}^* = X_{17}^* = 0.270 \times \frac{100}{60/0.85} = 0.383$$

大系统电抗标幺值：

$$X_{18}^* = \frac{S_d}{S_{OC}} = \frac{100}{3500} = 0.028$$

参考《发电厂电气部分课程设计参考资料》，S_{OC} 取为大系统处 110kV 断路器开断容量 3500MVA。

（二）K_1 点（110kV 母线）短路电流计算

由等值电路图 1 化简等值电路 2，见图 9-16 所示。

$$X_{19}^* = X_1^* \ /\!/ \ X_2^* = \frac{1}{2} \times 0.211 = 0.106$$

$$X_{20}^* = (X_4^* + X_6^*) \ /\!/ \ (X_7^* + X_9^*) = \frac{1}{2} \times (0 + 0.167) = 0.084$$

$$X_{21}^* = X_3^* + X_{10}^* = 0.115 + 0.085 = 0.2$$

$$X_{22}^* = X_{11}^* \ /\!/ \ X_{12}^* = \frac{1}{2} \times 0.25 = 0.125$$

$$X_{23}^* = X_{14}^* \ /\!/ \ X_{15}^* = \frac{1}{2} \times 0.117 = 0.059$$

$$X_{24}^* = X_{16}^* \ /\!/ \ X_{17}^* = \frac{1}{2} \times 0.383 = 0.192$$

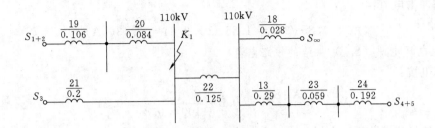

图 9-16 短路计算等值电路图 2

由等值电路图 2 化简等值电路 3，见图 9-17 所示。

$$X_{25}^* = X_{19}^* + X_{20}^* = 0.106 + 0.084 = 0.19$$

$$X_{26}^* = X_{13}^* + X_{23}^* + X_{24}^* = 0.54$$

由等值电路图 3 化简等值电路 4，即得到各电源到短路点 K_1 的转移电抗，如图 9-18 所示。

$$X_{27}^* = X_{26}^* X_{22}^* \left(\frac{1}{X_{18}^*} + \frac{1}{X_{26}^*} + \frac{1}{X_{22}^*} \right) = 0.54 \times 0.125 \times \left(\frac{1}{0.028} + \frac{1}{0.54} + \frac{1}{0.125} \right) = 3$$

$$X_{28}^* = X_{18}^* X_{22}^* \left(\frac{1}{X_{18}^*} + \frac{1}{X_{26}^*} + \frac{1}{X_{22}^*} \right) = 0.028 \times 0.125 \times \left(\frac{1}{0.028} + \frac{1}{0.54} + \frac{1}{0.125} \right) = 0.16$$

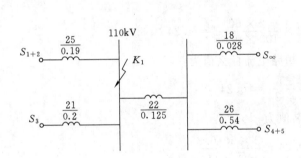

图 9-17 短路计算等值电路图 3

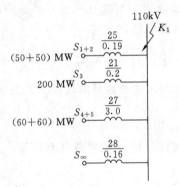

图 9-18 短路计算等值电路图 4

1. 火电厂电源（$S_{(1)}$、$S_{(2)}$）供给的短路电流

计算电抗：

$$X_{js(1,2)} = \frac{X_{25}^* S_{(1,2)}}{S_d} = 0.19 \times \frac{2 \times 50}{100 \times 0.85} = 0.224$$

查汽轮机运算曲线，次暂态（0s）短路电流标幺值为：$I^{*''} = 4.8$；4s 短路电流标幺值为：$I_4^* = 2.43$。

次暂态短路电流有名值：

$$I'' = I^{*''} \frac{S_N}{\sqrt{3} U_{av}} = 4.8 \times \frac{2 \times 50}{0.85 \times \sqrt{3} \times 115} = 2.84(kA)$$

4s 短路电流有名值：

$$I_4 = I_4^* \frac{S_N}{\sqrt{3} U_{av}} = 2.43 \times \frac{2 \times 50}{0.85 \times \sqrt{3} \times 115} = 1.44(kA)$$

短路冲击电流：

$$i_{sh} = 1.85\sqrt{2}I'' = 1.85\sqrt{2} \times 2.84 = 7.43(kA)$$

2. 火电厂电源（$S_{(3)}$）供给的短路电流

计算电抗：

$$X_{js(3)} = \frac{X_{21}^* S_{(3)}}{S_d} = 0.2 \times \frac{125}{100 \times 0.8} = 0.31$$

查汽轮机运算曲线，次暂态（0s）短路电流标幺值为：$I''^* = 3.5$；4s 短路电流标幺值为：$I_4^* = 2.33$。

次暂态短路电流有名值：

$$I'' = I''^* \frac{S_N}{\sqrt{3}U_{av}} = 3.5 \times \frac{125}{0.8 \times \sqrt{3} \times 115} = 2.75(kA)$$

4s 短路电流有名值：

$$I_4 = I_4^* \frac{S_N}{\sqrt{3}U_{av}} = 2.33 \times \frac{125}{0.8 \times \sqrt{3} \times 115} = 1.83(kA)$$

短路冲击电流：

$$i_{sh} = 1.85\sqrt{2}I'' = 1.85\sqrt{2} \times 2.75 = 7.2(kA)$$

3. 水电厂电源（$S_{(4,5)}$）供给的短路电流

计算电抗：

$$X_{js(4,5)} = \frac{X_{27}^* S_{(4,5)}}{S_d} = 3 \times \frac{2 \times 60}{100 \times 0.85} = 4.24 > 3.45$$

此时不能查运算曲线，次暂态（0s）短路电流标幺值为：

$$I^{*''} = \frac{1}{4.24} = 0.24$$

次暂态和 4s 的短路电流相等，其有名值为：

$$I'' = I_4 = I^{*''} \frac{S_N}{\sqrt{3}U_{av}} = 0.24 \times \frac{2 \times 60/0.85}{\sqrt{3} \times 115} = 0.17(kA)$$

短路冲击电流：

$$i_{sh} = 1.8\sqrt{2}I'' = 1.8\sqrt{2} \times 0.17 = 0.43(kA)$$

4. 大系统（S_∞）供给的短路电流

大系统按无穷大电源考虑，不必求计算电抗。

次暂态（0s）短路电流标幺值为：

$$I^{*''} = \frac{1}{X_{28}^*} = \frac{1}{0.16} = 6.25$$

次暂态和 4s 的短路电流相等，其有名值为：

$$I'' = I_4 = I^{*''} \frac{S_d}{\sqrt{3}U_{av}} = 6.25 \times \frac{100}{\sqrt{3} \times 115} = 3.14(kA)$$

短路冲击电流：

$$i_{sh} = 1.8\sqrt{2}I'' = 1.8\sqrt{2} \times 3.14 = 8(kA)$$

5. 各电源供给的短路电流汇总表

各电源供给的短路电流汇总表见表9-14。

表 9-14 **110kV 母线（K_1 点）短路电流计算结果汇总表**

电 源	0s 短路电流 I'' (kA)	4s 短路电流 I_4 (kA)	短路冲击电流 i_{sh} (kA)
火电厂 $S_{(1,2)}$（2×50MW）	2.84	1.44	7.43
火电厂 $S_{(3)}$（125MW）	2.75	1.83	7.2
水电厂 $S_{(4,5)}$（2×60MW）	0.17	0.17	0.43
大系统 S_∞	3.14	3.14	8.0
总 和	8.9	6.6	23.1

（三）K_2（35kV 母线）短路电流计算

由等值电路图1、2、4化简得到等值电路5，如图9-19所示。短路计算等值电路图6如图9-20所示。

$$X_{29}^* = X_5^* \ // \ X_8^* = \frac{1}{2} \times 0.103 = 0.052$$

$$X_{30}^* = 0.2 \times 0.084 \times \left(\frac{1}{0.2} + \frac{1}{0.16} + \frac{1}{3.0} + \frac{1}{0.084} \right) = 0.4$$

$$X_{31}^* = 0.16 \times 0.084 \times \left(\frac{1}{0.2} + \frac{1}{0.16} + \frac{1}{3.0} + \frac{1}{0.084} \right) = 0.3$$

$$X_{32}^* = 3 \times 0.084 \times \left(\frac{1}{0.2} + \frac{1}{0.16} + \frac{1}{3.0} + \frac{1}{0.084} \right) = 5.9$$

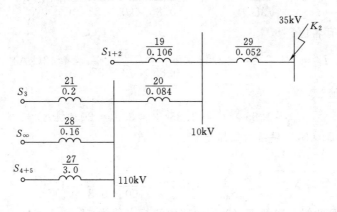

图 9-19 短路计算等值电路图 5

短路计算等值电路图7如图9-21所示。各电源到短路点的转移电抗为：

$$X_{33}^* = 0.106 \times 0.052 \times \left(\frac{1}{0.106} + \frac{1}{0.4} + \frac{1}{0.052} + \frac{1}{0.3} + \frac{1}{5.9} \right) = 0.21$$

$$X_{34}^* = 0.4 \times 0.052 \times \left(\frac{1}{0.106} + \frac{1}{0.4} + \frac{1}{0.052} + \frac{1}{0.3} + \frac{1}{5.9} \right) = 0.79$$

$$X_{35}^* = 0.3 \times 0.052 \times \left(\frac{1}{0.106} + \frac{1}{0.4} + \frac{1}{0.052} + \frac{1}{0.3} + \frac{1}{5.9} \right) = 0.59$$

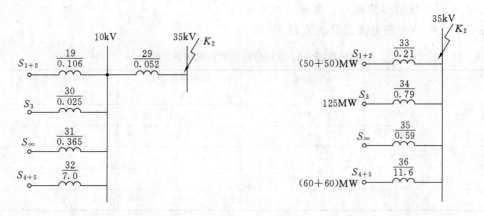

图 9-20　短路计算等值电路图 6 　　　　　　　图 9-21　短路计算等值电路图 7

$$X_{36}^* = 5.9 \times 0.052 \times \left(\frac{1}{0.106} + \frac{1}{0.4} + \frac{1}{0.052} + \frac{1}{0.3} + \frac{1}{5.9} \right) = 11.6$$

1. 火电厂电源（S_1、S_2）供给的短路电流

计算电抗：

$$X_{js(1,2)} = \frac{X_{33}^* S_{(1,2)}}{S_d} = 0.21 \times \frac{2 \times 50}{100 \times 0.85} = 0.25$$

查汽轮机运算曲线，次暂态（0s）短路电流标幺值为：$I^{*''} = 4.35$；4s 短路电流标幺值为：$I_4^* = 2.41$。

次暂态短路电流有名值：

$$I'' = I^{*''} \frac{S_N}{\sqrt{3} U_{av}} = 4.35 \times \frac{2 \times 50}{0.85 \times \sqrt{3} \times 37} = 8.0 \text{(kA)}$$

4s 短路电流有名值：

$$I_4 = I_4^* \frac{S_N}{\sqrt{3} U_{av}} = 2.41 \times \frac{2 \times 50}{0.85 \times \sqrt{3} \times 37} = 4.42 \text{(kA)}$$

短路冲击电流：

$$i_{sh} = 1.85 \sqrt{2} I'' = 1.85 \sqrt{2} \times 8.0 = 20.9 \text{(kA)}$$

2. 火电厂电源（S_3）供给的短路电流

计算电抗：

$$X_{js(3)} = \frac{X_{34}^* S_{(3)}}{S_d} = 0.79 \times \frac{125}{100 \times 0.8} = 1.23$$

查汽轮机运算曲线，次暂态（0s）短路电流标幺值为：$I^*_* = 0.84$；4s 短路电流标幺值为：$I_{4*} = 0.89$。

次暂态短路电流有名值：

$$I'' = I^{*''} \frac{S_N}{\sqrt{3} U_{av}} = 0.84 \times \frac{125}{0.8 \times \sqrt{3} \times 37} = 2 \text{(kA)}$$

4s 短路电流有名值：

$$I_4 = I_4^* \frac{S_N}{\sqrt{3} U_{av}} = 0.89 \times \frac{125}{0.8 \times \sqrt{3} \times 37} = 2.17 \text{(kA)}$$

短路冲击电流：

$$i_{sh} = 1.85\sqrt{2}I'' = 1.85\sqrt{2} \times 2.17 = 5.7(kA)$$

3. 水电厂电源（$S_{(4,5)}$）供给的短路电流

计算电抗：

$$X_{js(4,5)} = \frac{X_{36}^{*}S_{(4,5)}}{S_d} = 11.6 \times \frac{2 \times 60}{100 \times 0.85} = 16.4 > 3.45$$

此时不能查运算曲线，次暂态（0s）短路电流标幺值为：

$$I^{*''} = \frac{1}{X_{js(4,5)}} = \frac{1}{16.4} = 0.06$$

次暂态和 4s 的短路电流相等，其有名值为：

$$I'' = I_4 = I^{*''}\frac{S_N}{\sqrt{3}U_{av}} = 0.06 \times \frac{2 \times 60/0.85}{\sqrt{3} \times 37} = 0.13(kA)$$

短路冲击电流：

$$i_{sh} = 1.8\sqrt{2}I'' = 1.8\sqrt{2} \times 0.13 = 0.3(kA)$$

4. 大系统（S_{∞}）供给的短路电流

大系统按无穷大电源考虑，不必求计算电抗，直接用其转移电抗计算。

次暂态（0s）短路电流标幺值为：

$$I''_{*} = \frac{1}{X_{35}^{*}} = \frac{1}{0.59} = 1.7$$

次暂态和 4s 的短路电流相等，其有名值为：

$$I'' = I_4 = I^{*''}\frac{S_d}{\sqrt{3}U_{av}} = 1.7 \times \frac{100}{\sqrt{3} \times 37} = 2.65(kA)$$

短路冲击电流：

$$i_{sh} = 1.8\sqrt{2}I'' = 1.8\sqrt{2} \times 2.65 = 6.75(kA)$$

5. 各电源供给的短路电流汇总表

各电源供给的短路电流汇总表见表 9-15。

表 9-15　　　　　35kV 母线（K_2 点）短路电流计算结果汇总表

电　　源	0s 短路电流 I'' (kA)	4s 短路电流 I_4 (kA)	短路冲击电流 i_{sh} (kA)
火电厂 $S_{(1,2)}$（2×50MW）	8.0	4.42	20.9
火电厂 $S_{(3)}$（125MW）	2.0	2.17	5.7
水电厂 $S_{(4,5)}$（2×60MW）	0.13	0.13	0.3
大系统 S_{∞}	2.65	2.65	6.75
总　　和	12.8	9.4	33.7

（四）K_3 点（10kV 母线）短路电流计算

由等值电路图 6 化简得到等值电路 8，见图 9-22 所示。

1. 火电厂电源（S_1、S_2）供给的短路电流

计算电抗：

10kV　K_3

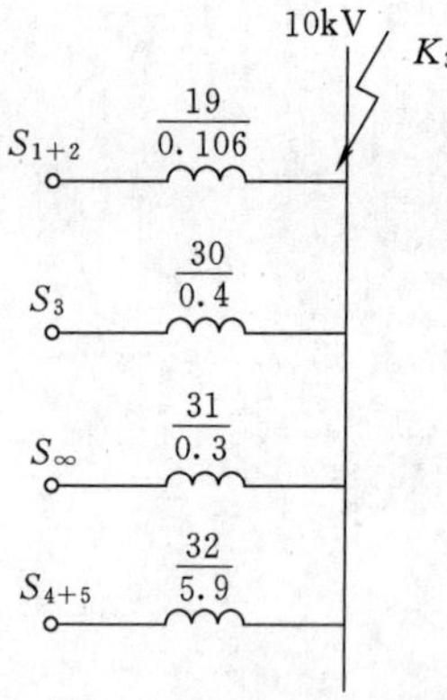

S_{1+2}　$\dfrac{19}{0.106}$

S_3　$\dfrac{30}{0.4}$

S_∞　$\dfrac{31}{0.3}$

S_{4+5}　$\dfrac{32}{5.9}$

图 9-22　短路计算等
　　　值电路图 8

$$X_{js(1,2)} = \frac{X_{19}^* S_{(1,2)}}{S_B} = 0.106 \times \frac{2 \times 50}{100 \times 0.85} = 0.12$$

查汽轮机运算曲线，次暂态（0s）短路电流标幺值为：
$I^{*''} = 8.96$；4s 短路电流标幺值为：$I_4^* = 2.51$。

次暂态短路电流有名值：

$$I'' = I^{*''} \frac{S_N}{\sqrt{3} U_{av}} = 8.96 \times \frac{2 \times 50}{0.85 \times \sqrt{3} \times 10.5} = 58(kA)$$

4s 短路电流有名值：

$$I_4 = I_4^* \frac{S_N}{\sqrt{3} U_{av}} = 2.51 \times \frac{2 \times 50}{0.85 \times \sqrt{3} \times 10.5} = 16(kA)$$

短路冲击电流：

$$i_{sh} = 1.9\sqrt{2} I'' = 1.9\sqrt{2} \times 58 = 155.8(kA)$$

2. 火电厂电源（S_3）供给的短路电流

计算电抗：

$$X_{js(3)} = \frac{X_{30}^* S_{(3)}}{S_d} = 0.4 \times \frac{125}{100 \times 0.8} = 0.625$$

查汽轮机运算曲线，次暂态（0s）短路电流标幺值为：$I^{*''} = 1.68$；4s 短路电流标幺值为：$I_4^* = 1.85$。

次暂态短路电流有名值：

$$I'' = I^{*''} \frac{S_N}{\sqrt{3} U_{av}} = 1.68 \times \frac{125}{0.8 \times \sqrt{3} \times 10.5} = 14.4(kA)$$

4s 短路电流有名值：

$$I_4 = I_4^* \frac{S_N}{\sqrt{3} U_{av}} = 1.85 \times \frac{125}{0.8 \times \sqrt{3} \times 10.5} = 15.9(kA)$$

短路冲击电流：

$$i_{sh} = 1.85\sqrt{2} I'' = 1.85\sqrt{2} \times 14.4 = 38(kA)$$

3. 水电厂电源（$S_{(4,5)}$）供给的短路电流

计算电抗：

$$X_{js(4,5)} = \frac{X_{32}^* S_{(4,5)}}{S_d} = 5.9 \times \frac{2 \times 60}{100 \times 0.85} = 8.33 > 3.45$$

此时不能查运算曲线，次暂态（0s）短路电流标幺值为：

$$I_*'' = \frac{1}{X_{js(4,5)}} = \frac{1}{8.33} = 0.12$$

次暂态和 4s 的短路电流相等，其有名值为：

$$I'' = I_4 = I^{*''} \frac{S_N}{\sqrt{3} U_{av}} = 0.12 \times \frac{2 \times 60/0.85}{\sqrt{3} \times 10.5} = 0.93(kA)$$

短路冲击电流：

$$i_{sh} = 1.8\sqrt{2} I'' = 1.8\sqrt{2} \times 0.93 = 2.37(kA)$$

4. 大系统（S_∞）供给的短路电流

大系统按无穷大电源考虑，不必求计算电抗。

次暂态（0s）短路电流标幺值为：

$$I^{*''} = \frac{1}{X_{31}^*} = \frac{1}{0.3} = 3.33$$

次暂态和4s短路电流有名值：

$$I'' = I_4 = I^{*''} \frac{S_d}{\sqrt{3}U_{av}} = 3.33 \times \frac{100}{\sqrt{3} \times 10.5} = 18(kA)$$

短路冲击电流：

$$i_{sh} = 1.8\sqrt{2}I'' = 1.8\sqrt{2} \times 18 = 46.6(kA)$$

5. 各电源供给的短路电流汇总表

各电源供给的短路电流汇总表见表9-16。

表 9-16　　　　10kV 母线（K_3 点）短路电流计算结果汇总表

电源	0s 短路电流 I'' (kA)	4s 短路电流 I_4 (kA)	短路冲击电流 i_{sh} (kA)
火电厂 $S_{(1,2)}$（2×50MW）	58	16	155.8
火电厂 $S_{(3)}$（125MW）	14.4	15.9	38
水电厂 $S_{(4,5)}$（2×60MW）	0.93	0.93	2.37
大系统 S_∞	18	18	46.6
总　和	91	51	243

六、火电厂电气设备选择

为节省时间和篇幅，每一电压等级电气设备仅举一例，足以说明其选择的方法。

（一）断路器与隔离开关的选择

1. 110kV 断路器及隔离开关的选择

以 110kV 双母线的母联断路器及其两侧隔离开关为例。断路器试选择 110kV FA1（六氟化硫断路器），隔离开关选择 110kV GW4—110。

列表校验如表9-17所示。

表 9-17　　　　110kV 断路器及隔离开关校验表

项　目	计算数据	断路器（FA1）	隔离开关（GW4—110）	合格与否
额定电压	U_N　110kV	U_N　110kV	U_N　110kV	√
额定电流	$I_{g \cdot max}$　787A	I_N　2500A	I_N　2000A	√
开断电流	I''　8.9kA	I_{br}　40kA		√
动稳定	i_{sh}　23.1kA	i_{max}　100kA	i_{max}　80kA	√
热稳定	$I_\infty^2 t_{cq}$　$6.6^2 \times 4$	$I_{th}^2 t$　$40^2 \times 4$	$I_{th}^2 t$　$31.5^2 \times 4$	√

注　1. 当110kV双母线的备用母线充电检查时，如果恰好在此时备用母线发生短路，则母联断路器及其两侧刀闸就承受表9-14中全部短路电流的总和。

　　2. 母联断路器及其两侧刀闸的额定电流，可以取负荷最重的一个回路的电流——125MW发电机高压侧电流值：

$$I = \frac{150}{\sqrt{3} \times 110} = 787(A)$$

　　3. 隔离开关不需要开断电流。

2. 35kV 断路器及隔离开关的选择

以 35kV 单母线的进线断路器及其两侧隔离开关为例（见附图 1）。

断路器试选择 35kV ZW8—40.5，隔离开关试选择 35kV GW4—35。

校验如表 9-18 所示。

表 9-18   **35kV 断路器及隔离开关校验表**

项　目	计算数据	断路器 ZW8—40.5	隔离开关 GW4—35	合格与否
额定电压	U_N 　35kV	U_N 　35kV	U_N 　35kV	√
额定电流	$I_{g \cdot max}$ 　286A	I_N 　1600A	I_N 　1250A	√
开断电流	I'' 　12.8kA	I_{br} 　20kA		√
动稳定	i_{sh} 　33.7kA	i_{max} 　50kA	i_{max} 　50kA	√
热稳定	$I_\infty^2 t_{cq}$ 　$9.4^2 \times 4$	$I_{th}^2 t$ 　$20^2 \times 4$	$I_{th}^2 t$ 　$20^2 \times 4$	√

注　35kV 单母线接线，任一回路断路器承受的短路电流，都应小于全部短路电流的总和。但因其数值较小，没必要仔细区分了，就用总和校验即可。

3. 10kV 断路器及隔离开关的选择

安装于不同地点的 10kV 断路器，其所承受的短路电流差别很大，故应仔细区分。现仅以 G_1 发电机出口断路器为例，断路器试选择 10kV SN4—10G/6000，隔离开关试选择 10kV GN10—10T。

校验如 9-19 所示。

表 9-19   **10kV 断路器及隔离开关校验表**

项　目	计算数据	断路器 SN4—10G/6000	隔离开关（GN10—10T）	合格与否
额定电压	U_N 　10kV	U_N 　10kV	U_N 　10kV	√
额定电流	$I_{g \cdot max}$ 　3464A	I_N 　6000A	I_N 　5000A	√
开断电流	I'' 　62kA	I_{br} 　105kA		√
动稳定	i_{sh} 　165kA	i_{max} 　300kA	i_{max} 　200kA	√
热稳定	$I_\infty^2 t_{cq}$ 　$43^2 \times 4$	$I_{th}^2 t$ 　$120^2 \times 5$	$I_{th}^2 t$ 　$100^2 \times 5$	√

注　1. 由 10kV 母线短路电流汇总表（表 9-16）中看出，当 K_3 点短路时，流过 10kV 发电机 G_1 出口断路器的实际次暂态短路电流（I''）应为：

$$14.4 + 0.93 + 18 + \frac{58}{2} = 62(kA) \quad \text{或者} : 91 - \frac{58}{2} = 62(kA)$$

即：短路计算点取在发电机 G_1 与其出口断路器之间。流过该断路器的最大短路电流，就是除发电机 G_1 本身提供的短路电流（58kA 的一半）以外的其他电源提供的短路电流之和，而不是全部的短路电流 91kA。

2. 同理，动稳定和热稳定项目也不应用全部的短路电流：

动稳定项目的计算数据应为 $243 - \dfrac{155.8}{2} = 165(kA)$

热稳定项目的计算数据应为 $51 - \dfrac{16}{2} = 43(kA)$

（二）电压互感器的选择

110kV 电压互感器选用 JCC—110。

35kV 电压互感器选用 JDJ—35。

10kV 电压互感器选用 JDJ—10。

（三）电流互感器的选择

1. 110kV 电流互感器

以变压器 T_3 高压侧电流互感器为例，回路工作电流 $I_g = 787A$，试选用 $LCWD_2$—110，电流比为 800/5。

查表可知：$\qquad I_{1N} = 800A, \quad K_t = 75, \quad K_d = 130$

动稳定校验：

$$\sqrt{2} I_{1N} K_d = \sqrt{2} \times 800 \times 130 = 147kA > i_{ch} = 23.1(kA)$$

热稳定校验：

$$(I_{1N} K_t)^2 = (800 \times 75)^2 = 3600kA^2 \cdot s > I_\infty^2 t_{cq} = 6.6^2 \times 4 = 174(kA^2 \cdot s)$$

经校验，可以选用 $LCWD_2$—110。

2. 35kV 电流互感器

以变压器 T_2 35kV 侧电流互感器为例，回路工作电流 $I_g = 286A$，试选用 LCWD—35，电流比为 300/5。

查表可知：$\qquad I_{1N} = 300A, \quad K_t = 65, \quad K_d = 150$

动稳定校验：

$$\sqrt{2} I_{1N} K_d = \sqrt{2} \times 300 \times 150 = 64kA > i_{ch} = 33.7(kA)$$

热稳定校验：

$$(I_{1N} K_t)^2 = (300 \times 65)^2 = 380kA^2 \cdot s > I_\infty^2 t_{cq} = 9.4^2 \times 4 = 353(kA^2 \cdot s)$$

经校验，可以选用 LCWD—35。

3. 10kV 电流互感器

以变压器 T_1 低压侧电流互感器为例，回路工作电流 $I_g = 3464A$，试选用 LBJ—10，电流比为 4000/5。

查表可知：$\qquad I_{1N} = 4000A, \quad K_t = 50, \quad K_d = 90$

动稳定校验：

$$\sqrt{2} I_{1N} K_d = \sqrt{2} \times 4000 \times 90 = 509kA > i_{ch} = 243(kA)$$

热稳定校验：

$$(I_{1N} K_t)^2 = (4000 \times 50)^2 = 40000kA^2 \cdot s > I_\infty^2 t_{cq} = 51^2 \times 4 = 10404(kA^2 \cdot s)$$

经校验，可以选用 LBJ—10。

（四）10kV 出线电抗器的选择

为了使一般的 10kV 出线断路器能选为轻型断路器，例如 SN10—10I/630 型，需要安装出线电抗器。

10kV 出线电抗器初步选为 NKL—10—300—4 型水泥柱式铝线电抗器。

相关参数如下：额定电压为 10kV；额定电流为 300A；额定电抗为 4%；

动稳定电流为 19.1kA；1s 热稳定电流为 17.45kA。

需要校验当电抗器后 k_4 点短路时，限制短路电流的能力和动稳定、热稳定性能。

1. K_4 点短路时的短路电流计算

由等值电路图 8 化简得到等值电路 9、10，见图 9-23 和图 9-24 所示。

$$X_{37}^* = \frac{4}{100} \frac{10}{\sqrt{3} \times 0.3} \frac{100}{10.5^2} = 0.7$$

$$X_{38}^* = 0.106 \times 0.7\left(\frac{1}{0.7} + \frac{1}{0.106} + \frac{1}{0.4} + \frac{1}{0.3} + \frac{1}{5.9}\right) = 0.106 \times 16.86 = 1.79$$

$$X_{39} = 0.4 \times 16.86 = 6.75$$

$$X_{40} = 0.3 \times 16.86 = 5.06$$

$$X_{41} = 5.9 \times 16.86 = 99.5$$

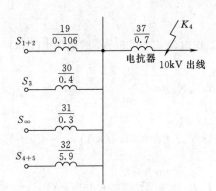

图 9-23 短路计算等值电路图 9

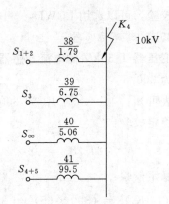

图 9-24 短路计算等值电路图 10

（1）S_{1+2} 提供的短路电流

计算电抗：
$$X_{js} = 1.79 \times \frac{2 \times 50}{0.85 \times 100} = 2.1$$

查运算曲线：
$$I^* = 0.488, \quad I_4^* = 0.494$$

$$I'' = 0.488 \times \frac{2 \times 50/0.85}{\sqrt{3} \times 10.5} = 3.16(\text{kA}), \quad I_\infty = 0.494 \times \frac{2 \times 50/0.85}{\sqrt{3} \times 10.5} = 3.2(\text{kA})$$

$$i_{sh} = 2.55 \times 3.16 = 8\text{kA}$$

（2）S_3 提供的短路电流

计算电抗：
$$X_{js} = 6.75 \times \frac{125}{0.8 \times 100} = 10.5 > 3.45$$

不能查曲线了：
$$I'' = I_\infty = \frac{1}{10.5} \times \frac{125/0.8}{\sqrt{3} \times 10.5} = 0.82(\text{kA})$$

$$i_{sh} = 2.55 \times 0.82 = 2.1(\text{kA})$$

（3）S_∞ 提供的短路电流

$$I'' = I_\infty = \frac{1}{5.06} \times \frac{100}{\sqrt{3} \times 10.5} = 1.1(\text{kA})$$

$$i_{\text{sh}} = 2.55 \times 1.1 = 2.8(\text{kA})$$

（4）水电厂 S_{4+5} 提供的短路电流

$$X_{\text{js}} = 99.5 \times \frac{2 \times 60}{0.85 \times 100} = 140 > 3.45$$

$$I'' = I_\infty = \frac{1}{140} \times \frac{2 \times 60/0.85}{\sqrt{3} \times 10.5} = 0.06(\text{kA})$$

$$i_{\text{sh}} = 2.55 \times 0.06 = 0.16(\text{kA})$$

2. 校验断路器开断能力

K_4 点短路时，全部短路电流都会流过出线断路器及其电抗器，校验如下：

$$I''_\Sigma = 3.16 + 0.82 + 1.1 + 0.06 = 5.14(\text{kA})$$

而未经电抗器限制时的电流为57kA。

轻型断路器 SN10—10I/630 的开断能力为 16kA>5.14kA（合格）

3. 校验动稳定性能

$$i_{\text{sh}} = 8 + 2.1 + 2.8 + 0.16 = 13\text{kA}$$

断路器 SN10—10I/630 的动稳定电流为 40kA>13kA（合格）

电抗器 NKL—10—300—4 的动稳定电流为 19.1kA>13kA（合格）

4. 校验热稳定性能

$$I_{\infty\Sigma} = 3.2 + 0.82 + 1.1 + 0.06 = 5.2\text{kA}$$

断路器 SN10—10I/630 的热稳定数据为 $16^2 \times 2 > 5.2^2 \times 2$（合格）

电抗器 NKL—10—300—4 的动稳定数据为 $17.45^2 \times 1 > 5.2^2 \times 1$（合格）

七、继电保护配置

1. 发电机保护（型号：NSP—711）

（1）差动速断保护和比率差动保护，采用二次谐波制动，复合电压闭锁过流。

（2）定子接地保护：①电流型；②采用三次谐波零序电压的 100% 定子接地保护。

（3）转子一点接地、转子两点接地，采用乒乓式开关切换原理。

（4）失磁保护，过激磁保护，负序电流保护。

（5）匝间短路保护（横差纵向电压负序功率方向）。

（6）过压、欠压保护，过频、欠频保护。

（7）过负荷保护，过功率保护，逆功率保护，阻抗保护，失步保护。

2. 变压器组保护（型号：PST—1260 系列）

（1）PST—1260A 变压器差动保护装置。二次谐波原理的差动保护，主要包括二次谐波制动元件、比率制动元件、差动速断过流元件、差动元件和 TA 断线判别元件等；同时还包括变压器各侧过负荷元件、变压器过负荷启动风冷元件、变压器过负荷闭锁调压元件等。

（2）PST—1261A 变压器后备保护装置。变压器各侧后备保护，保护主要配置如下：

1）复合电压闭锁（方向）过流保护（一段三时限）。

2）复合电压闭锁过流保护（一段三时限）。

3）零序（方向）过流保护（一段三时限）。

4）零序过流保护（一段两时限）。

5）间隙零序保护（一段两时限）。

（3）PST—1260C 变压器非电量保护装置。主要包括重瓦斯、轻瓦斯、冷却器故障、油温高、油位异常、绕组温度高等。

3.110kV 线路保护（型号：ISA—311 系列）

（1）距离保护：接地距离Ⅰ、Ⅱ、Ⅲ段；相间距离Ⅰ、Ⅱ、Ⅲ段；

（2）零序保护：零序Ⅰ、Ⅱ、Ⅲ段；

（3）自动重合闸。

八、致谢（略）

九、参考书目

[1]　黄纯华编 . 发电厂电气部分课程设计参考资料 . 北京：水利电力出版社，1987.

[2]　戈东方编 . 电力工程电气设计手册第一册：电气一次部分 . 北京：中国电力出版社，2005.

[3]　尹克宁编著 . 电力工程 . 北京：中国电力出版社，2005.

[4]　王士政，冯金光合编 . 发电厂电气部分 . 北京：中国水利水电出版社，2002.

[5]　陈跃主编 . 电气工程专业毕业设计指南——电力系统分册 . 北京：中国水利水电出版社，2003.

[6]　曹绳敏 . 电力系统课程设计及毕业设计参考资料 . 北京：中国电力出版社，1995.

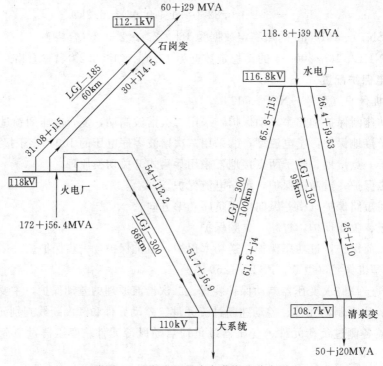

附图 1　地区电网最大负荷潮流分布图

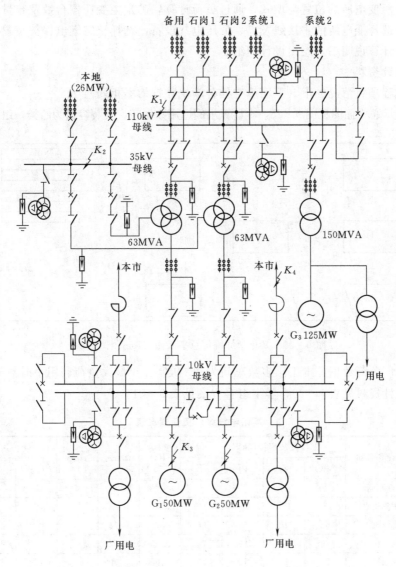

附图 2　×××火电厂电气主接线图

第二节　课程设计示例：某化纤厂降压变电所电气设计

第一部分　设 计 任 务 书

一、设计题目

某化纤厂降压变电所电气设计。

二、设计要求

根据本厂用电负荷，并适当考虑生产的发展，按安全可靠，技术先进，经济合理的要求，确定工厂变电所的位置与型式，通过负荷计算，确定主变压器台数及容量，进行短路电流计算，选择变电所的主接线及高、低压电气设备，选择整定继电保护装置，最后按要求写出设计计算说明书，绘出设计图纸。

三、设计资料

设计工程项目情况如下（下面填空处各学生数据均不相同）：

（1）工厂总平面图见图 9-25，本计算示例选用数据是：安装容量为乙类，组合方案为 7。

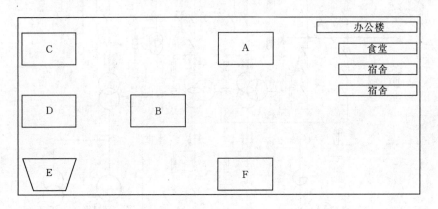

图 9-25　某化学纤维厂总平面图（1cm = 200m）

（2）工厂负荷数据：本工厂多数车间为 3 班制，年最大负荷利用小时数 6400 小时。本厂负荷统计资料见表 9-20，学生组合方案见表 9-21。

表 9-20　　　　　　　　　　某化学纤维厂负荷情况表

| 序号 | 车间设备名称 | 安装容量（kW） | | | | K_d | $\tan\varphi$ | $\cos\varphi$ | 计 算 负 荷 | | |
		甲	乙	丙	丁				P(kW)	Q(kvar)	S(kVA)
1	纺炼车间										
	纺丝机	180	150	200	220	0.80	0.78				
	筒绞机	62	40	30	56	0.75	0.75				
	烘干机	78	80	85	70	0.75	1.02				
	脱水机	20	15	12	18	0.60	0.80				
	通风机	200	220	180	240	0.70	0.75				
	淋洗机	14	5	6	22	0.75	0.78				
	变频机	900	800	840	950	0.80	0.70				
	传送机	42	38	40	30	0.80	0.70				
	小计										
2	原液车间照明	1012	1040	1200	1160	0.75	0.70				
	小计										
3	酸站照明	304	260	200	310	0.65	0.70				
	小计										
4	锅炉房照明	280	320	290	270	0.75	0.75				
	小计										

续表

序号	车间设备名称	安装容量（kW）				K_d	$\tan\varphi$	$\cos\varphi$	计 算 负 荷		
		甲	乙	丙	丁				P(kW)	Q(kvar)	S(kVA)
5	排毒车间照明	186	160	180	140	0.70	0.60				
	小计										
6	其他车间照明	380	240	300	240	0.70	0.75				
	小计										
7											
8											
9											
10	全厂计算负荷总计										
11											
12											

表 9-21　　　　　　　　学 生 组 合 方 案

序号	纺炼车间	原液车间	酸站	锅炉房	排毒机房	其他附属车间
1	A	B	C	D	E	F
2	A	B	D	E	F	C
3	A	B	E	F	C	D
4	A	B	F	C	D	E
5	B	A	C	D	E	F
6	B	A	D	E	F	C
7	B	A	E	F	C	D
8	B	A	F	C	D	E

（3）供电电源情况：按与供电局协议，本厂可由东南方 19 公里处的城北变电所 110/38.5/11kV， 50 MVA 变压器供电，供电电压可任选。另外，与本厂相距 5 公里处的其他工厂可以引入 10kV 线路做备用电源，但容量只能满足本厂负荷的 30% 重要负荷，平时不准投入，只在本厂主要电源故障或检修时投入。

（4）电源的短路容量（城北变电所）：35kV 母线的出线断路器断流容量为 1500MVA；10kV 母线的出线断路器断流容量为 350MVA。

（5）供电局要求的功率因数：当 35kV 供电时，要求工厂变电所高压侧 $\cos\varphi \geq 0.9$；当以 10kV 供电时，要求工厂变电所高压侧 $\cos\varphi \geq 0.95$。

（6）电费制度：按两部制电费计算。变压器安装容量每 1kVA 为 15 元/月，动力电费为 0.3 元/kWh，照明电费为 0.55 元/（kW·h）。

（7）气象资料：本厂地区最高温度为 38℃，最热月平均最高气温 29℃，最热月地下 0.8m 处平均温度为 22℃，年主导风向为东风，年雷暴雨日数为 20 天。

（8）地质水文资料：本厂地区海拔60m，地层以砂黏土为主，地下水位为2m。

四、设计任务

（一）设计计算说明书

设计计算的内容，可按下列建议的标题及其顺序，逐项计算并加以说明。在各一级标题之下，根据内容层次再拟定小标题，组成一个合理的文本框架，例如：

一、各车间计算负荷和无功补偿
二、各车间变电所的设计选择
三、工厂总降压变电所及接入系统设计
四、短路电流计算
五、变电所高低压电气设备的选择
六、继电保护的配置
七、收获和体会
八、参考文献

（二）设计图纸

1. 工厂变电所设计计算用电气主接线简图

2. 变电所供电平面布置图

第二部分 设 计 计 算 书

一、各车间计算负荷和无功补偿（需要系数法）

（一）纺练车间（数据为乙组）

1. 单台机械负荷计算

（1）纺丝机。

已知：$P_e = 150\text{kW}$，$K_d = 0.80$，$\tan\varphi = 0.78$。

故：
$$P_{30} = P_e K_d = 150 \times 0.80 = 120(\text{kW})$$
$$Q_{30} = P_{30}\tan\varphi = 120 \times 0.78 = 93.6(\text{kvar})$$

（2）筒绞机。

已知：$P_e = 40\text{kW}$，$K_d = 0.75$，$\tan\varphi = 0.75$。

故：
$$P_{30} = P_e K_d = 40 \times 0.75 = 30(\text{kW})$$
$$Q_{30} = P_{30}\tan\varphi = 30 \times 0.75 = 22.5(\text{kvar})$$

（3）烘干机。

已知：$P_e = 80\text{kW}$，$K_d = 0.75$，$\tan\varphi = 1.02$。

故：
$$P_{30} = P_e K_d = 80 \times 0.75 = 60(\text{kW})$$
$$Q_{30} = P_{30}\tan\varphi = 60 \times 1.02 = 61.2(\text{kvar})$$

（4）脱水机。

已知：$P_e = 15\text{kW}$，$K_d = 0.60$，$\tan\varphi = 0.80$。

故：
$$P_{30} = P_e K_d = 15 \times 0.60 = 9(\text{kW})$$
$$Q_{30} = P_{30}\tan\varphi = 9 \times 0.80 = 7.2(\text{kvar})$$

(5) 通风机。

已知：$P_e = 220\text{kW}$，$K_d = 0.70$，$\tan\varphi = 0.75$。

故：
$$P_{30} = P_e K_d = 220 \times 0.70 = 154(\text{kW})$$
$$Q_{30} = P_{30}\tan\varphi = 154 \times 0.75 = 115.5(\text{kvar})$$

(6) 淋洗机。

已知：$P_e = 5\text{kW}$，$K_d = 0.75$，$\tan\varphi = 0.78$。

故：
$$P_{30} = P_e K_d = 5 \times 0.75 = 3.75(\text{kW})$$
$$Q_{30} = P_{30}\tan\varphi = 3.75 \times 0.78 = 2.925(\text{kvar})$$

(7) 变频机。

已知：$P_e = 800\text{kW}$，$K_d = 0.80$，$\tan\varphi = 0.70$。

故：
$$P_{30} = P_e K_d = 800 \times 0.80 = 640(\text{kW})$$
$$Q_{30} = P_{30}\tan\varphi = 640 \times 0.70 = 448(\text{kvar})$$

(8) 传送机。

已知：$P_e = 38\text{kW}$，$K_d = 0.80$，$\tan\varphi = 0.70$。

故：
$$P_{30} = P_e K_d = 38 \times 0.80 = 30.4(\text{kW})$$
$$Q_{30} = P_{30}\tan\varphi = 30.4 \times 0.70 = 21.28(\text{kvar})$$

纺练车间单台机械负荷计算统计见表 9-22。

表 9-22　　　　　　　纺练车间（乙）负荷统计列表

序 号	车间设备名称	安装容量乙 (kW)	K_d	$\tan\varphi$	计 算 负 荷	
					P_{30} (kW)	Q_{30} (kvar)
1	纺丝机	150	0.8	0.78	120	93.6
2	筒绞机	40	0.75	0.75	30	22.5
3	烘干机	80	0.75	1.02	60	61.2
4	脱水机	15	0.60	0.8	9	7.2
5	通风机	220	0.70	0.75	154	115.5
6	淋洗机	5	0.75	0.78	3.75	2.925
7	变频机	800	0.80	0.70	640	448
8	传送机	38	0.80	0.70	30.4	21.28
小计		1348			1047.15	772.205

2. 车间计算负荷统计（计及同时系数）

取同时系数：　　　　$K_{\Sigma P} = 0.9$，　$K_{\Sigma Q} = 0.95$

$$P_{30} = K_{\Sigma P}\sum P_{30} = 0.9 \times 1047.15 = 942.44(\text{kW})$$

$$Q_{30} = K_{\Sigma Q}\sum P_{30} = 0.95 \times 772.205 = 733.59(\text{kvar})$$

$$S_{30} = \sqrt{P_{30}^2 + Q_{30}^2} = \sqrt{942.44^2 + 733.59^2} = 1194.3(\text{kVA})$$

（二）其余车间负荷计算

1. 原液车间

已知：$P_e = 1040kW$，$K_d = 0.75$，$\tan\varphi = 0.70$。

故：
$$P_{30} = P_e K_d = 1040 \times 0.75 = 780(kW)$$
$$Q_{30} = P_{30}\tan\varphi = 780 \times 0.70 = 546(kvar)$$
$$S_{30} = \sqrt{P_{30}^2 + Q_{30}^2} = \sqrt{780^2 + 546^2} = 952(kVA)$$

2. 酸站照明

已知：$P_e = 260kW$，$K_d = 0.65$，$\tan\varphi = 0.70$。

故：
$$P_{30} = P_e K_d = 260 \times 0.65 = 169(kW)$$
$$Q_{30} = P_{30}\tan\varphi = 19 \times 0.70 = 118.3(kvar)$$
$$S_{30} = \sqrt{P_{30}^2 + Q_{30}^2} = \sqrt{169^2 + 118.3^2} = 206.3(kVA)$$

3. 锅炉房照明

已知：$P_e = 320kW$，$K_d = 0.75$，$\tan\varphi = 0.75$。

故：
$$P_{30} = P_e K_d = 320 \times 0.75 = 240(kW)$$
$$Q_{30} = P_{30}\tan\varphi = 240 \times 0.75 = 180(kvar)$$
$$S_{30} = \sqrt{P_{30}^2 + Q_{30}^2} = \sqrt{240^2 + 180^2} = 300(kVA)$$

4. 排毒车间

已知：$P_e = 160kW$，$K_d = 0.70$，$\tan\varphi = 0.60$。

故：
$$P_{30} = P_e K_d = 160 \times 0.70 = 112(kW)$$
$$Q_{30} = P_{30}\tan\varphi = 112 \times 0.60 = 67.2(kvar)$$
$$S_{30} = \sqrt{P_{30}^2 + Q_{30}^2} = \sqrt{112^2 + 67.2^2} = 130.6(kVA)$$

5. 其他车间

已知：$P_e = 240kW$，$K_d = 0.70$，$\tan\varphi = 0.75$。

故：
$$P_{30} = P_e K_d = 240 \times 0.70 = 168(kW)$$
$$Q_{30} = P_{30}\tan\varphi = 168 \times 0.75 = 126(kvar)$$
$$S_{30} = \sqrt{P_{30}^2 + Q_{30}^2} = \sqrt{168^2 + 126^2} = 210(kVA)$$

各车间计算负荷统计见表 9-23。

表 9-23 　　　　　　　　　　　各车间计算负荷统计列表

序　号	车间设备名称	安装容量乙 (kW)	P_{30} (kW)	Q_{30} (kvar)	S_{30} (kVA)
1	纺炼车间	1348	942.44	733.59	1194.3
2	原液车间	1040	780	546	952
3	酸站	260	169	118.3	206.3
4	锅炉房	320	240	180	300
5	排毒车间	160	112	67.2	130.6
6	其他车间	240	168	126	210

二、各车间变电所的设计选择

因时间有限，未设计选择车间变电所低压侧的导线和设备。

（一）各车间变电所位置及全厂供电平面草图

根据地理位置及各车间计算负荷大小，决定设立 3 个车间变电所，各自供电范围如下：

变压所Ⅰ：纺炼车间、锅炉房。

变压所Ⅱ：原液车间；办公及生活区。

变压所Ⅲ：排毒车间、其他车间、酸站。

全厂供电平面图见图 9-26。

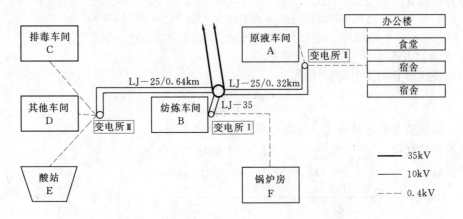

图 9-26 全厂供电平面图 （1cm=0.1km）

（二）各车间变压器台数及容量选择

1. 变压所Ⅰ变压器台数及容量选择

（1）变压所Ⅰ的供电负荷统计。同时系数取：$K_{\Sigma P} = 0.9, K_{\Sigma Q} = 0.95$

$$\sum P_{30} = K_{\Sigma P}(P_{30纺} + P_{30锅}) = 0.9 \times (942.44 + 240) = 1064.20(kW)$$

$$\sum Q_{30} = K_{\Sigma Q}(Q_{30纺} + Q_{30锅}) = 0.95 \times (733.59 + 180) = 867.91(kvar)$$

（2）变压所Ⅰ的无功补偿（提高功率因数到 0.9 以上）。

无功补偿试取： $\qquad Q_C = 400kvar$

补偿以后： $\qquad Q_{30} = 867.91 - 400 = 467.91$ （kvar）

$$\cos\varphi = \frac{\sum P_{30}}{\sqrt{\sum P_{30}^2 + (\sum Q_{30} - Q_C)^2}} = \frac{1064.2}{\sqrt{1064.2^2 + (867.91 - 400)^2}} = 0.92 > 0.90$$

$$S_{\mathrm{I}} = \sqrt{\sum P_{30}^2 + (\sum Q_{30} - Q_C)^2} = 1162.52(kVA)$$

（3）变压所Ⅰ的变压器选择。为保证供电的可靠性，选用两台变压器（每台可供车间总负荷的 70%）：

$$S_{\mathrm{NTI}} = 0.7 S_{\mathrm{I}} = 0.7 \times 1162.52 = 813.764(kVA)$$

选择变压器型号为 SL7 系列，额定容量为 1000kVA，两台。

查表得出变压器的各项参数：

空载损耗 $\Delta P_0 = 1.8kW$；

负载损耗 $\Delta P_k = 11.6kW$；

阻抗电压 $U_k\% = 4.5$；

空载电流 $I_0\% = 1.1$。

(4) 计算每台变压器的功率损耗（$n=1$）。

$$S_{30} = \frac{1}{2}S_1 = \frac{1}{2} \times 1162.52 = 581.26(\text{kVA})$$

$$\Delta P_T = n\Delta P_0 + \frac{1}{n}\Delta P_k \left(\frac{S_{30}}{S_N}\right)^2 = 1.8 + 11.6 \times \left(\frac{581.26}{1000}\right)^2 = 5.70(\text{kW})$$

$$\Delta Q_T = n\frac{I_0\%}{100}S_N + \frac{1}{n}\frac{U_k\%}{100}S_N \left(\frac{S_{30}}{S_N}\right)^2 = 11 + 45 \times \left(\frac{581.26}{1000}\right)^2 = 26.14(\text{kvar})$$

也可用简化经验公式：

$$\Delta P_T \approx 0.015S_{30} = 0.015 \times 581.26 = 8.7(\text{kW})$$

$$\Delta Q_T \approx 0.06S_{30} = 0.06 \times 581.26 = 34.9(\text{kvar})$$

2. 变压所 Ⅱ 变压器台数及容量选择

(1) 变压所 Ⅱ 的供电负荷统计。

$$P_{30} = 780\text{kW}$$

$$Q_{30} = 546\text{kvar}$$

(2) 变压所 Ⅱ 的无功补偿（提高功率因数到 0.9 以上）。

无功补偿试取：$Q_C = 200\text{kvar}$

补偿以后：$Q_{30} = 546 - 200 = 346$（kvar）

$$\cos\varphi = \frac{P_{30}}{\sqrt{P_{30}^2 + (Q_{30} - Q_C)^2}} = \frac{780}{\sqrt{780^2 + (546 - 200)^2}} = 0.91 > 0.90$$

$$S_{\text{Ⅱ}} = \sqrt{P_{30}^2 + (Q_{30} - Q_C)^2} = 853.30(\text{kVA})$$

(3) 变压所 Ⅱ 的变压器选择。为保证供电的可靠性，选用两台变压器（每台可供车间总负荷的 70%）：

$$S_{\text{Ng Ⅱ}} = 0.7S_{\text{Ⅱ}} = 0.7 \times 853.30 = 597.31(\text{kVA})$$

选择两台变压器，型号为 SL7 系列，630kVA（附带供电给办公及生活区）。

查表得出变压器的各项参数：

空载损耗 $\Delta P_0 = 1.3\text{kW}$；

负载损耗 $\Delta P_k = 8.1\text{kW}$；

阻抗电压 $U_k\% = 4.5$；

空载电流 $I_0\% = 2.0$。

(4) 计算每台变压器的功率损耗。

$$S_{30} = \frac{1}{2}S_{\text{Ⅱ}} = \frac{1}{2} \times 853.30 = 426.65(\text{kVA})$$

$$\Delta P_T = n\Delta P_0 + \frac{1}{n}\Delta P_k \left(\frac{S_{30}}{S_N}\right)^2 = 1.3 + 8.1 \times \left(\frac{426.65}{630}\right)^2 = 5.05(\text{kW})$$

$$\Delta Q_T = n\frac{I_0\%}{100}S_N + \frac{1}{n}\frac{U_k\%}{100}S_N \left(\frac{S_{30}}{S_N}\right)^2 = 12.6 + 28.35 \times \left(\frac{426.65}{630}\right)^2 = 25.71(\text{kvar})$$

或者用经验公式：

$$\Delta P_T = 0.015S_{30} = 0.015 \times 426.65 = 6.4(\text{kW})$$

$$\Delta Q_T = 0.06S_{30} = 0.06 \times 426.65 = 25.6(\text{kvar})$$

3. 变压所Ⅲ变压器台数及容量选择

(1) 变压所Ⅲ的供电负荷统计：

$$\sum P_{30} = P_{30酸} + P_{30排} + P_{30其} = 169 + 112 + 168 = 449(\text{kW})$$

$$\sum Q_{30} = Q_{30酸} + Q_{30排} + Q_{30其} = 118.3 + 67.2 + 126 = 311.5(\text{kvar})$$

同时系数取：$K_{\Sigma P} = 0.9, K_{\Sigma Q} = 0.95$

$$P_{Ⅲ} = K_{\Sigma P} \sum P_{30} = 0.9 \times 449 = 404.1(\text{kW})$$

$$Q_{Ⅲ} = K_{\Sigma Q} \sum Q_{30} = 0.95 \times 311.5 = 295.93(\text{kvar})$$

(2) 变压所Ⅲ的无功补偿（提高功率因数到 0.9 以上）。

无功补偿试取： $\qquad\qquad Q_C = 150\text{kvar}$

补偿以后： $\qquad Q_{30} = 295.93 - 150 = 145.93 \text{ (kvar)}$

$$\cos\varphi = \frac{P_{Ⅲ}}{\sqrt{P_{Ⅲ}^2 + (Q_{Ⅲ} - Q_C)^2}} = \frac{404.1}{\sqrt{404.1^2 + (295.93 - 150)^2}} = 0.94 > 0.90$$

$$S_{Ⅲ} = \sqrt{P_{Ⅲ}^2 + (Q_{Ⅲ} - Q_C)^2} = 429.64(\text{kVA})$$

(3) 变压所Ⅲ的变压器选择。为保证供电的可靠性，选用两台变压器（每台可供车间总负荷的 70%）：

$$S_{NTⅢ} = 0.7 S_{Ⅲ} = 0.7 \times 429.64 = 300.748(\text{kVA})$$

所以应选择变压器型号为 SL7 系列，额定容量为 315kVA，两台。

查表得出变压器的各项参数：

空载损耗 $\Delta P_0 = 0.76\text{kW}$；

负载损耗 $\Delta P_k = 4.8\text{kW}$；

阻抗电压 $U_k\% = 4$；

空载电流 $I_0\% = 2.3$。

(4) 计算每台变压器的功率损耗。

$$S_{30} = \frac{1}{2} S_{Ⅲ} = \frac{1}{2} \times 429.64 = 214.82(\text{kVA})$$

$$\Delta P_T = n\Delta P_0 + \frac{1}{n}\Delta P_k \left(\frac{S_{30}}{S_N}\right)^2 = 0.76 + 4.8 \times \left(\frac{214.82}{315}\right)^2 = 2.99(\text{kW})$$

$$\Delta Q_T = n\frac{I_0\%}{100}S_N + \frac{1}{n}\frac{U_k\%}{100}S_N\left(\frac{S_{30}}{S_N}\right)^2 = 7.245 + 12.6 \times \left(\frac{214.82}{315}\right)^2 = 13.11(\text{kvar})$$

或者用经验公式：

$$\Delta P_T = 0.015 S_{30} = 0.015 \times 214.82 = 3.2(\text{kW})$$

$$\Delta Q_T = 0.06 S_{30} = 0.06 \times 214.82 = 12.9(\text{kvar})$$

(三) 厂内 10kV 线路截面选择

1. 供电给变电所Ⅰ的 10kV 线路

为保证供电的可靠性选用双回供电线路，每回供电线路计算负荷：

$$P_{30} = \frac{1}{2} \times 1064.2 = 532.1(\text{kW})$$

$$Q_{30} = \frac{1}{2} \times 467.91 = 233.96(\text{kvar})$$

计及变压器的损耗：

$$P' = P_{30} + \Delta P_b = 532.10 + 5.70 = 537.8(\text{kW})$$

$$Q' = Q_{30} + \Delta Q_b = 233.96 + 26.14 = 260.1(\text{kvar})$$

$$S' = \sqrt{P'^2 + Q'^2} = \sqrt{537.8^2 + 260.1^2} = 597.4(\text{kVA})$$

$$I_{30} = \frac{S'}{\sqrt{3} \times U} = \frac{597.4}{\sqrt{3} \times 10} = 34.49(\text{A})$$

先按经济电流密度选择导线经济截面：

由于任务书中给出的年最大负荷利用小时数为 6400h，查表可得：架空线的经济电流密度 $j_{ec} = 0.9\text{A/mm}^2$。

所以可得经济截面：

$$A_{ec} = \frac{I_{30}}{j_{ec}} = \frac{34.49}{0.9} = 38.3(\text{mm}^2)$$

可选导线型号为 LJ—35，其允许载流量为 $I_{al} = 170\text{A}$。

相应参数为 $r_0 = 0.96\Omega/\text{km}, x_0 = 0.34\Omega/\text{km}$。

再按发热条件检验：

已知 $\theta = 29\text{℃}$，温度修正系数为：$K_t = \sqrt{\frac{70-\theta}{70-25}} = \sqrt{\frac{70-29}{70-25}} = 0.95$

$$I'_{al} = K_t I_{al} = 0.95 \times 170 = 161.5\text{A} > I_{30} = 34.49\text{A}$$

由上式可知，所选导线符合长期发热条件。

由于变电所 I 紧邻 35/11kV 主变压器，10kV 线路很短，其功率损耗可忽略不计。

线路首端功率：
$$P = P' = 537.80(\text{kW})$$
$$Q = Q' = 260.10(\text{kvar})$$

2. 供电给变电所 II 的 10kV 线路

为保证供电的可靠性选用双回供电线路，每回供电线路计算负荷：

$$P_{30} = \frac{1}{2} \times 780 = 390(\text{kW})$$

$$Q_{30} = \frac{1}{2} \times 346 = 173(\text{kvar})$$

计及变压器的损耗：
$$P' = P_{30} + \Delta P_b = 390 + 5.05 = 395.05(\text{kW})$$
$$Q' = Q_{30} + \Delta Q_b = 173 + 25.71 = 198.71(\text{kvar})$$
$$S' = \sqrt{P'^2 + Q'^2} = \sqrt{395.05^2 + 198.71^2} = 442.21(\text{kVA})$$
$$I_{30} = \frac{S'}{\sqrt{3} \times U} = \frac{442.21}{\sqrt{3} \times 10} = 25.53(\text{A})$$

先选经济截面：

$$A_{ec} = \frac{I_{30}}{j_{ec}} = \frac{25.23}{0.9} = 28.4(\text{mm}^2)$$

可选导线型号为 LJ—25，其允许载流量为 $I_{al} = 135\text{A}$。

相应参数为 $r_0 = 1.33\Omega/\text{km}, x_0 = 0.35\Omega/\text{km}$。

再按长期发热条件校验：

$$I'_{al} = K_t I_{al} = 0.95 \times 135 = 128 > I_{30} = 25.53\text{A}$$

由上式可知所选导线符合发热条件。

根据地理位置图及比例尺，得到此线路长度为 $l = 0.32\text{km}$。

10kV 线路功率损耗：

$$\Delta P_L = 3 I_{30}^2 R_L = 3 \times 25.53^2 \times 1.33 \times 0.32 = 0.8(\text{kW})$$

$$\Delta Q_L = 3 I_{30}^2 X_L = 3 \times 25.53^2 \times 0.35 \times 0.32 = 0.2(\text{kvar})$$

线路首端功率：

$$P = P' + \Delta P = 395.05 + 0.8 = 395.85 (\text{kW})$$
$$Q = Q' + \Delta Q = 198.71 + 0.2 = 198.91 (\text{kvar})$$

3. 供电给变电所Ⅲ的 10kV 线路

为保证供电的可靠性选用双回供电线路，每回供电线路计算负荷：

$$P_{30} = \frac{1}{2} \times [K_{\Sigma P} \times (P_{排} + P_{其} + P_{酸})]$$
$$= \frac{1}{2} \times [0.9 \times (112 + 168 + 169)] = 202.05 (\text{kW})$$
$$Q_{30} = \frac{1}{2} \times [K_{\Sigma Q} \times (Q_{排} + Q_{其} + Q_{酸}) - Q_{C}]$$
$$= \frac{1}{2} \times [0.95 \times (67.2 + 126 + 118.3) - 150] = 72.96 (\text{kvar})$$

计及变压器的功率损耗：

$$P' = P_{30} + \Delta P_{b} = 202.05 + 2.99 = 205.04 (\text{kW})$$
$$Q' = Q_{30} + \Delta Q_{b} = 72.96 + 13.11 = 86.07 (\text{kvar})$$
$$S' = \sqrt{P'^2 + Q'^2} = \sqrt{205.04^2 + 86.07^2} = 222.37 (\text{kVA})$$
$$I'_{30} = \frac{S'}{\sqrt{3} \times U} = \frac{222.37}{\sqrt{3} \times 10} = 12.84 (\text{A})$$

电流很小，按长期发热条件可选择导线为 LJ—16，但根据最小导线截面的规定，应选择导线为 LJ—25，其允许载流量为：$I_{al} = 135A$。

相应参数：$r_0 = 1.33\Omega/\text{km}$，$x_0 = 0.35\Omega/\text{km}$。线路长度为：$l = 0.64\text{km}$

线路功率损耗：

$$\Delta P_{L} = 3I_{30}^2 R_{L} = 3I'^2 r_0 l = 3 \times 12.84^2 \times 1.33 \times 0.64 = 0.42 (\text{kW})$$
$$\Delta Q_{L} = 3I_{30}^2 X_{L} = 3I'^2 x_0 l = 3 \times 12.84^2 \times 0.35 \times 0.64 = 0.1 (\text{kvar})$$

线路首端功率：

$$P = P' + \Delta P = 205.04 + 0.42 = 205.5 (\text{kW})$$
$$Q = Q' + \Delta Q = 86.07 + 0.1 = 86.17 (\text{kvar})$$

线路电压降计算（仅计算最长的厂内 10kV 线路电压降）：

$$\Delta U = \frac{Pr_0 + Qx_0}{U_N} l = \frac{205.5 \times 1.33 + 86.17 \times 0.35}{10} \times 0.64 = 0.03 (\text{kV})$$
$$\Delta U\% = \frac{\Delta U}{U_N} \times 100\% = \frac{0.03}{10} \times 100\% = 0.3\% \quad 合格（其余线路更合格了）$$

4. 10kV 联络线（与相邻其他工厂）的选择

已知全厂总负荷：$P_{30总} = 2050.8\text{kW}, Q_{30总} = 735.8\text{kvar}$。

10kV 联络线容量满足全厂总负荷 30%：

$$P = P_{30总} \times 30\% = 2050.8 \times 30\% = 615.24 (\text{kW})$$
$$Q = Q_{30总} \times 30\% = 735.8 \times 30\% = 220.7 (\text{kvar})$$
$$S = \sqrt{P^2 + Q^2} = \sqrt{615.24^2 + 220.7^2} = 653.6 (\text{kVA})$$
$$I' = \frac{S'}{\sqrt{3} \times U} = \frac{653.6}{\sqrt{3} \times 10} = 38 (\text{A})$$

因运用时间很少，可按长期发热条件选择和校验。

选导线 LJ—25，其允许载流量为：$I_{al} = 135A$

$$I'_{al} = K_t I_{al} = 0.95 \times 135 = 128A > I_{30} = 38A$$

相应参数：$r_0 = 1.33\Omega/km$，$x_0 = 0.35\Omega/km$。已知线路长度：$l = 5km$。

线路电压降计算：

$$\Delta U = \frac{Pr_0 + Qx_0}{U_N}l = \frac{615.24 \times 1.33 + 220.7 \times 0.35}{10} \times 5 = 0.447(kV)$$

$$\Delta U\% = \frac{\Delta U}{U_N} \times 100\% = \frac{0.447}{10} \times 100\% = 4.47\% \qquad 合格$$

三、工厂总降压变电所及接入系统设计

1. 工厂总降压变电所主变压器台数及容量的选择

$$\sum P = 2 \times (P'_I + P'_{II} + P'_{III}) = 2 \times (537.8 + 395.85 + 205.5) = 2278.3(kW)$$

$$\sum Q = 2 \times (Q'_I + Q'_{II} + Q'_{III}) = 2 \times (260.1 + 198.91 + 86.17) = 1090.4(kvar)$$

$$P = K_{\sum P}\sum P = 0.9 \times 2278.3 = 2050.8(kW)$$

$$Q = K_{\sum Q}\sum Q = 0.95 \times 1090.4 = 1035.8(kvar)$$

总降变 10kV 侧无功补偿试取：$Q_C = 300kvar$

$$\cos\varphi = \frac{P}{\sqrt{P^2 + (Q - Q_C)^2}} = \frac{2050.8}{\sqrt{2050.8^2 + (1035.8 - 300)^2}} = 0.94，合格$$

$$S = \sqrt{P^2 + (Q - Q_C)^2} = \sqrt{2050.8^2 + (1035.8 - 300)^2} = 2178.8(kVA)$$

为保证供电的可靠性，选用两台主变压器（每台可供总负荷的 70%）：

$$S_{NT} = 0.7S = 0.7 \times 2178.8 = 1525(kVA)$$

所以选择变压器型号为 SL7—1600/35，两台。

查表得：

空载损耗 $\Delta P_0 = 2.65kW$；

负载损耗 $\Delta P_k = 19.5kW$；

阻抗电压 $U_k\% = 6.5$；

空载电流 $I_0\% = 1.1$。

2. 35kV 供电线路截面选择

为保证供电的可靠性，选用两回 35kV 供电线路。

$$P' = \frac{1}{2}P = \frac{1}{2} \times 2050.8 = 1025.4(kW)$$

$$Q' = \frac{1}{2}(Q - Q_C) = \frac{1}{2} \times (1035.8 - 300) = 367.9(kvar)$$

用简化公式求变压器损耗：

$$\Delta P = 0.015S' = 0.015 \times 1089.4 = 16.32(kW)$$

$$\Delta Q = 0.06S' = 0.06 \times 1089.4 = 65.3(kvar)$$

每回 35kV 供电线路的计算负荷：

$$P'' = P' + \Delta P = 1025.4 + 16.32 = 1041.7(kW)$$

$$Q'' = Q' + \Delta Q = 367.9 + 65.3 = 433.2(kvar)$$

$$S'' = \sqrt{P''^2 + Q''^2} = \sqrt{1041.7^2 + 433.2^2} = 1128(\text{kVA})$$

$$I_{30} = \frac{S''}{\sqrt{3} \times U} = \frac{1128}{\sqrt{3} \times 35} = 18.6(\text{A})$$

按经济电流密度选择导线的截面:

$$A_{ec} = \frac{I_{30}}{j_{ec}} = \frac{18.6}{0.9} = 20.7(\text{mm}^2)$$

可选 LGJ—25,其允许载流量为:$I_{al} = 135\text{A}$。

再按长期发热条件校验:

$$I'_{al} = K_t I_{al} = 0.95 \times 135 = 128\text{A} > I_{30} = 18.6\text{A}$$

所选导线符合发热条件。但根据机械强度和安全性要求,35kV 供电线路截面不应小于 35mm^2,因此,改选为 LGJ—35。

相应参数:$r_0 = 0.91\Omega/\text{km}$,$x_0 = 0.433\Omega/\text{km}$。

3. 35kV 线路功率损耗和电压降计算

(1) 35kV 线路功率损耗计算。

已知 LGJ—35 参数:$r_0 = 0.91\Omega/\text{km}$,$x_0 = 0.433\Omega/\text{km}$,$l = 19\text{km}$。

线路的功率损耗:

$$\Delta P_L = 3I_{30}^2 R_L = 3I_{30}^2 r_0 l = 3 \times 18.6^2 \times 0.91 \times 19 = 17.9(\text{kW})$$

$$\Delta Q_L = 3I_{30}^2 X_L = 3I_{30}^2 x_0 l = 3 \times 18.6^2 \times 0.433 \times 19 = 8.54(\text{kvar})$$

线路首端功率:

$$P = P'' + \Delta P_L = 1041.7 + 17.9 = 1059.6(\text{kW})$$

$$Q = Q'' + \Delta Q_L = 433.2 + 8.54 = 441.7(\text{kvar})$$

(2) 35kV 线路电压降计算:

$$\Delta U = \frac{Pr_0 + Qx_0}{U_N} l = \frac{1059.6 \times 0.91 + 441.7 \times 0.433}{35} \times 19 = 0.63(\text{kV})$$

$$\Delta U\% = \frac{\Delta U}{U_N} \times 100\% = \frac{0.63}{35} \times 100\% = 1.8\% < 10\% \qquad 合格$$

四、短路电流计算

按无穷大系统供电计算短路电流。短路计算电路图见图 9-27。为简单起见,标幺值符号 * 全去掉。

1. 工厂总降压变 35kV 母线短路电流(短路点①)

(1) 确定标幺值基准:

$$S_d = 100\text{MVA}, \quad U_{av} = 37\text{kV}$$

$$I_d = \frac{S_d}{\sqrt{3} \times U_{av}} = \frac{100}{\sqrt{3} \times 37} = 1.56(\text{kA})$$

(2) 计算各主要元件的电抗标幺值:

系统电抗(取断路器 $S_{OC} = 1500\text{MVA}$)

$$X_1 = \frac{S_d}{S_{OC}} = \frac{100}{1500} = 0.067$$

35kV 线路电抗(LGJ—35)

$$x = 0.433(\Omega/\text{km})$$

$$X_2 = 0.433 \times 19 \times \frac{100}{37^2} = 0.6$$

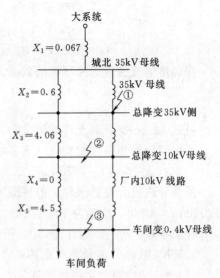

图 9-27　短路计算电路图

（3）求三相短路电流和短路容量：

1）总电抗标幺值：

$$X_\Sigma = 0.067 + \frac{1}{2} \times 0.6 = 0.367$$

2）三相短路电流周期分量有效值：

$$I_K^{(3)} = \frac{I_d}{X_\Sigma} = \frac{1.56}{0.367} = 4.25(\text{kA})$$

3）其他三相短路电流值：

$$I''^{(3)} = I_\infty^{(3)} = I_K^{(3)} = 4.25(\text{kA})$$

$$i_{sh}^{(3)} = 2.55 I''^{(3)} = 2.55 \times 4.25 = 10.8(\text{kA})$$

$$I_{sh}^{(3)} = 1.51 I''^{(3)} = 1.51 \times 4.25 = 6.4(\text{kA})$$

4）三相短路容量：

$$S_K^{(3)} = \frac{S_d}{X_\Sigma} = \frac{100}{0.367} = 272(\text{MVA})$$

2. 10kV 母线短路电流（短路点②）

（1）确定标幺值基准：

$$S_d = 100\text{MVA}, \quad U_{d2} = 10.5\text{kV}$$

$$I_{d2} = \frac{S_d}{\sqrt{3} \times U_{d2}} = \frac{100}{\sqrt{3} \times 10.5} = 5.50(\text{kA})$$

（2）计算短路电流中各元件的电抗标幺值：

1）系统电抗：
$$X_1 = \frac{S_d}{S_{OC}} = \frac{100}{1500} = 0.067$$

2）35kV 线路电抗：
$$X_2 = 0.433 \times 19 \times \frac{100}{37^2} = 0.6$$

3）35/11kV 电力变压器电抗（$U_K\% = 6.5$）：

$$X_3 = \frac{U_K\% \times S_d}{100 S_N} = \frac{6.5 \times 100 \times 10^3}{100 \times 1600} = 4.06$$

（3）求三相短路电流和短路容量：

1）总电抗标幺值：

$$X_\Sigma = X_1 + \frac{X_2 + X_3}{2} = 0.067 + \frac{0.6 + 4.06}{2} = 2.4$$

2）三相短路电流周期分量有效值：

$$I_K^{(3)} = \frac{I_{d2}}{X_\Sigma} = \frac{5.50}{2.4} = 2.3(\text{kA})$$

3）其他三相短路电流：

$$I''^{(3)} = I_\infty^{(3)} = I_K^{(3)} = 2.3(\text{kA})$$

$$i_{sh}^{(3)} = 2.55I''^{(3)} = 2.55 \times 2.3 = 5.8(kA)$$

$$I_{sh}^{(3)} = 1.51I''^{(3)} = 1.51 \times 2.3 = 3.5(kA)$$

4) 三相短路容量：

$$S_K^{(3)} = \frac{S_d}{X_\Sigma} = \frac{100}{2.4} = 41.7(MVA)$$

3. 0.4kV 车间低压母线短路电流（短路点③）

(1) 确定标幺值基准：

$$S_d = 100MVA, \quad U_{d3} = 0.4kV$$

$$I_{d3} = \frac{S_d}{\sqrt{3} \times U_{d3}} = \frac{100}{\sqrt{3} \times 0.4} = 144.34kV$$

(2) 计算各元件的电抗标幺值：

1) 系统电抗：
$$X_1 = \frac{S_d}{S_{OC}} = \frac{100}{1500} = 0.067$$

2) 35kV 线路电抗：
$$X_2 = 0.433 \times 19 \times \frac{100}{37^2} = 0.6$$

3) 35/11kV 电力变压器电抗（$U_K\% = 6.5$）：

$$X_3 = \frac{U_K\% \times S_d}{100 S_N} = \frac{6.5 \times 100 \times 10^2}{100 \times 1600} = 4.06$$

4) 10kV 厂内架空线路电抗（给变电所 I 供电）：

因这段 10kV 架空线路很短，$l \approx 0$，电抗可不计。

$$X_4 \approx 0$$

5) 10/0.4kV 电力变压器（1000kVA 变压器 $U_K\% = 4.5$）：

$$X_5 = \frac{U_K\% S_d}{100 S_N} = \frac{4.5 \times 100 \times 10^3}{100 \times 1000} = 4.5$$

(3) 计算三相短路电流和短路容量：

1) 总电抗标幺值：

$$X_\Sigma = 0.067 + \frac{0.6 + 4.06}{2} + \frac{0 + 4.5}{2} = 4.65$$

2) 三相短路电流周期分量有效值：

$$I_K^{(3)} = \frac{I_{d3}}{X_\Sigma} = \frac{144.34}{4.65} = 31(kA)$$

3) 其他三相短路电流：

$$I''^{(3)} = I_\infty^{(3)} = I_K^{(3)} = 31(kA)$$

$$i_{sh}^{(3)} = 1.84I''^{(3)} = 1.84 \times 31 = 57(kA)$$

$$I_{sh}^{(3)} = 1.09I''^{(3)} = 1.09 \times 31 = 33.8(kA)$$

4) 三相短路容量：

$$S_K^{(3)} = \frac{S_d}{X_\Sigma} = \frac{100}{4.65} = 21.5(MVA)$$

三相短路电流和短路容量计算结果列表汇总如表 9-24 所示。

表 9-24 　　　　　　　　　　**三相短路电流计算列表**

短路点计算	三相短路电流（kA）					三相短路容量 $S_{\mathrm{K}}^{(3)}$ (MVA)
	$I_{\mathrm{K}}^{(3)}$	$I''^{(3)}$	$I_{\infty}^{(3)}$	$i_{\mathrm{sh}}^{(3)}$	$I_{\mathrm{sh}}^{(3)}$	
35kV①点	4.25	4.25	4.25	10.8	6.4	272
10kV②点	2.3	2.3	2.3	5.8	3.5	41.7
0.4kV③点	31	31	31	57	33.8	21.5

五、变电所高低压电气设备的选择

根据上述短路电流计算结果，按正常工作条件选择和按短路情况校验，总降压变电所主要高低压电气设备确定如下。

1. 高压 35kV 侧设备

35kV 侧设备的选择如表 9-25 所示。

2. 中压 10kV 侧设备

10kV 侧设备如表 9-26 所示。

表 9-25 　　　　　　　　　　**35kV 侧设备的选择**

计算数据	高压断路器 SW2—35/600	隔离开关 GW2—35G	电压互感器 JDJJ₂—35	电流互感器 LB—35	避雷器 FZ—35	备注
$U=35\mathrm{kV}$	35kV	35kV	35kV	35kV	35kV	
$I=18.6\mathrm{A}$	600A	600A		2×20/5		
$I_{\mathrm{K}}=4.25\mathrm{kA}$	6.6kA					
$S_{\mathrm{K}}=272\mathrm{MVA}$	400MVA					
$i_{\mathrm{sh}}^{(3)}=10.8\mathrm{kA}$	17kA	42kA		$3.3\times20\sqrt{2}$		
$i_{\infty}^2\times4=4.25^2\times4$	$6.6^2\times4$	$20^2\times4$		$(1.3\times20)^2$		

表 9-26 　　　　　　　　　　**10kV 侧设备的选择**

计算数据	高压断路器 SN10—10I	隔离开关 GN6—10T/200	电流互感器 LA—10	备注
$U=10\mathrm{kV}$	10kV	10kV	10kV	
$I=34.49\mathrm{A}$	630A	200A	40/5	
$I_{\mathrm{K}}=2.3\mathrm{kA}$	16kA			采用 GG—10—54 高压开关柜
$S_{\mathrm{K}}=41.7\mathrm{MVA}$	300MVA			
$i_{\mathrm{sh}}^{(3)}=5.8\mathrm{kA}$	40kA	25.5kA	$160\times40\sqrt{2}$	
$i_{\infty}^2\times4=2.3^2\times4$	$16^2\times4$	$10^2\times5$	$(90\times40)^2$	

3. 低压 0.4kV 侧设备

低压 0.4kV 侧设备如表 9-27 所示。

表 9 - 27　　　　　　　　　　0.4kV 设 备 的 选 择

计算数据	低压断路器 DZ20Y—1250	隔离开关 HD11—1000	电流互感器 LM—0.5	备 注
$U=0.4\text{kV}$	0.4kV	0.4kV	0.4kV	
$I=839\text{A}$	1250A	1250A	1000/5	
$I_K=31\text{kA}$	50kA			采用 BFC—0.5G—08
$S_K=21.5\text{MVA}$				低压开关柜
$i_{sh}^{(3)}=57\text{kA}$				
$i_\infty^2\times4=31^2\times4$				

六、继电保护的配置

总降压变电所需配置以下继电保护装置：主变压器保护，35kV 进线保护，10kV 线路保护；此外还需配置以下装置：备用电源自动投入装置和绝缘监察装置。

（一）主变压器保护

根据规程规定 1600kVA 变压器应设下列保护：

1. 瓦斯保护

防御变压器内部短路和油面降低，轻瓦斯动作于信号，重瓦斯动作于跳闸。

2. 电流速断保护

防御变压器线圈和引出线的多相短路，动作于跳闸。

3. 过电流保护

防御外部相间短路并作为瓦斯保护及电流速断保护的后备保护，动作于跳闸。

4. 过负荷保护

防御变压器本身的对称过负荷及外部短路引起的过载。

（二）35kV 进线线路保护

1. 电流速断保护

在电流速断的保护区内，速断保护为主保护，动作于跳闸。但电流速断保护存在着一定的"死区"，约占线全长的 20%。

2. 过电流保护

由于电流速断保护存在着约占线路全长 20% 的"死区"，因此由过电流保护作为其后备保护，同时防御速断保护区外部的相间短路，保护动作于跳闸。

3. 过负载保护

（三）10kV 线路保护

1. 过电流保护

防止电路中短路电流过大，保护动作于跳闸。

2. 过负载保护

防止配电变压器的对称过载及各用电设备的超负荷运行。

七、心得体会（略）

八、参考文献（略）

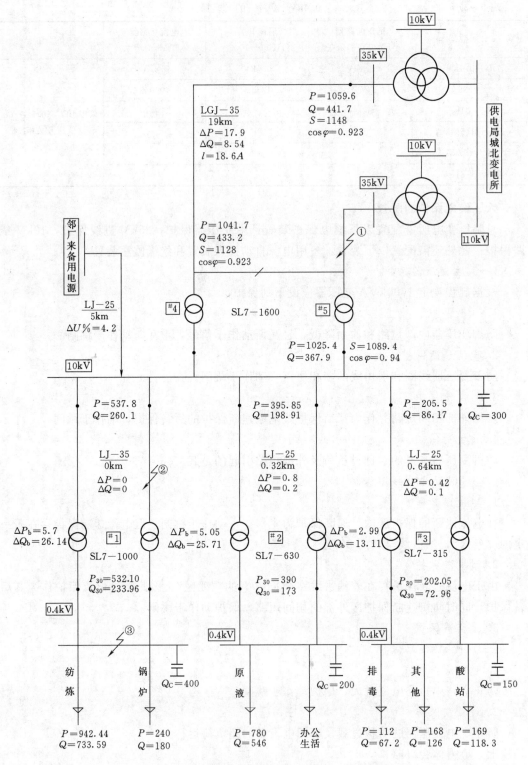

附图 1　工厂变电所设计计算用电气主接线简图

附　　录

附录一　电力工程设计需参考的主要技术标准

附表 1-1　　　　　　　电力工程设计需参考的主要技术标准

名　　称	标准代号	批准单位	备　注
电力系统电压和无功电力技术导则（试行）	SD 325—1989		行业标准
电力系统电压和无功电力管理条例		能源部	［1988］18 号
电力系统电压质量和无功电力管理规定（试行）		能源部	［1993］218 号
220～500kV 变电所设计技术规程	SDJ 2—1988	能源部	行业标准
35～110kV 变电所设计规范	GB 50059—92		国家标准
3～110kV 无人值班变电所设计规程	DL/T 5103—1999	经贸委	行业标准
并联电容器装置设计规范	GB 50227—1995		国家标准
电力工程电缆设计规范	GB 50217—1994		国家标准
继电保护和安全自动装置技术规程	GB 14285—93		国家标准
建筑物防雷设计规范	GB 50057—1994		国家标准
交流电气装置的过电压保护和绝缘配合	DL/T 620—1997	经贸委	行业标准
火力发电厂、变电所二次接线设计技术规定	DL/T 5136—2001	经贸委	行业标准
水力发电厂二次接线设计规范	DL/T 5132—2001	经贸委	行业标准
火力发电厂设计技术规程	DL 5000—94	电力部	行业标准
小型火力发电厂设计规范	GBJ 49—83		国家标准
电力系统设计技术规程（试行）	SDJ 161—85	能源部	行业标准
220～500kV 电网继电保护装置运行整定规程	DL/T 559—94	电力部	行业标准
3～110kV 电网继电保护装置运行整定规程	DL/T 584—95	电力部	行业标准
火力发电厂厂用电设计技术规定	DL/T 5153—2002	经贸委	行业标准
220kV～500kV 变电所所用电设计技术规程	DL/T 5155—2002	经贸委	行业标准
电业安全工作规程（发电厂和变电所电气部分）	DL 408—91	能源部	行业标准
电气图用图形符号（总则）、电气简图用图形符号	GB/T 4728.1～ GB/T4728.13		国家标准
电气技术中的文字符号制订通则	GB/T 7159—1987		国家标准
电气系统说明书用简图的编制	GB/T 7356—1987		国家标准

附录二　电力工程设计常用的文字符号

一、电气设备的文字符号

附表 2 - 1　　　　　　　　　　电气设备的文字符号

文字符号	中文含义	英 文 含 义	旧符号
A	装置，设备	evice，equipment	—
A	放大器	ampliffier	FD
APD	备用电源自动投入装置	auto-put-into device of reserve-source	BZT
ARD	自动重合闸装置	auto-reclosing devise	ZCH
C	电容；电容器	electric capacity；capacitor	C
F	避雷器	arrester	BL
FU	熔断器	fuse	RD
G	发电机；电源	generator；source	F
GN	绿色指示灯	green indicator lamp	LD
HDS	高压配电所	high-voltage distribution substation	GPS
HL	指示灯，信号灯	indicator lamp，pilot lamp	XD
HSS	总降压变电所	head step-down Substation	ZBS
K	继电器；接触器	relay；contactor	J；C，JC
KA	电流继电器	current relay	LJ
KAR	重合闸继电器	auto-reclosing relay	CHJ
KG	气体继电器	gas relay	WSJ
KH	热继电器	heating relay	RJ
KM	中间继电器 辅助继电器	medium relay auxiliary relay	ZJ
KM	接触器	contactor	C，JC
KO	合闸接触器	closing contactor	HC
KR	干簧继电器	reed relay	GHJ
KS	信号继电器	signal relay	XJ
KT	时间继电器	time-delay relay	SJ
KU	冲击继电器	impulsing relay	CJJ
KV	电压继电器	voltage relay	YJ
L	电感；电感线圈	inductance；inductive coil	L
L	电抗器	reactor	L，DK
M	电动机	motor	D
N	中性线	neutral wire	N

续表

文字符号	中文含义	英文含义	旧符号
PA	电流表	ammeter	A
PE	保护线	protective wire	—
PEN	保护中性线	protective neutral wire	N
PJ	电度表	Waft-hour meter, var-hour meter	Wh, varh
PV	电压表	Voltmeter	V
Q	电力开关	power switch	K
QA	自动开关（低压断路器）	auto-switch	ZK
QDF	跌开式熔断器	drop-out fuse	DR
QF	断路器	circuit-breaker	DL
	低压断路器（自动开关）	low-voltage lcircuit-breaker（auto-switch）	ZK
QK	刀开关	knife-switch	DK
QL	负荷开关	load-switch	FK
QM	手动操作机构辅助触点	auxiliary contact of manual operating	—
QS	隔离开关	mechanism	GK
R	电阻；电阻器	switch-disconnector; resistance; resistor	R
RD	红色指示灯	red indicator lamp	HD
RP	电位器	potential meter	W
S	电力系统	electric power system	XT
S	起辉器	glow starter	S
SA	控制开关	control switch	KK
SA	选择开关	selector switch	XK
SB	按钮	push-button	AN
STS	车间变电所	shop transformer substation	CBS
T	变压器	transformer	B
TA	电流互感器	current transformer	LH
TAN	零序电流互感器	neutral-current transformer	LLH
TV	电压互感器	voltage transformer	YH
U	变流器	converter	BL
U	整流器	rectifier	ZL
V	二极管	diode	D
V	晶体（三极）管	transistor	T
W	母线；导线	busbar; wire	M；1，XL
WA	辅助小母线	auxiliary small-busbar	—
WAS	事故音响信号小母线	accident sound signal small-busbar	SYM
WB	母线	busbar	M

文字符号	中文含义	英 文 含 义	旧符号
WC	控制小母线	control small-busbar	KM
WF	闪光信号小母线	Flash-light signal small-busbar	SM
WFS	预告信号小母线	forecast signal small-busbar	YBM
WL	灯光信号小母线	lighting signal small-busbar	DM
WL	线路	line	1，XL
WO	合闸电源小母线	switch-on source small-busbar	HM
WS	信号电源小母线	signal source small-busbar	XM
WV	电压小母线	Voltage small-busbar	YM
X	电抗	reactance	X
X	端子板，接线板	terminal block	—
XB	连接片；切换片	link；switching block	LP；QP
YA	电磁铁	electromagnet	DC
YE	黄色指示灯	yellow indecator lamp	UD
YO	合闸线圈	clossing operation coil	HQ
YR	跳闸线圈，脱扣器	opening operation coil，release	TQ

二、物理量下角标的文字符号

附表 2-2　　　　　　　　　　物理量下角标的文字符号

文字符号	中文含义	英 文 含 义	旧符号
a	焦	annual，year	n
a	有功	active	a，yg
A1	铝	Aluminium	Al，L
al	允许	allowable	yx
av	平均	average	pj
C	电容；电容器	electric capacity；capacitor	C
c	计算	calculate	js
c	顶棚，天花板	ceiling	DP
cab	电缆	cable	L
cr	临界	critical	lj
Cu	铜	Copper	Cu，T
d	需要	demand	x
d	基准	datum	j
d	差动	differential	cd
dsq	不平衡	disequilibrium	bp
E	地；接地	earth；earthing	d；jd
e	设备	equipment	S，SB

文字符号	中文含义	英文含义	旧符号
e	有效的	efficient	yx
ec	经济的	economic	j，jt
eq	等效的	equivalent	dx
es	电动稳定	electrodynamic stable	dw
FE	熔体，熔件	fuse-element	RT
Fe	铁	Iron	Fe
FU	熔断器	fuse	RD
h	高度	height	h
h	谐波	harmonic	—
i	任一数目	arbitrary number	i
i	电流	current	i
ima	假想的	imaginary	jx
k	短路	short-circuit	d
KA	继电器	relay	J
L	电感	inductance	L
L	负荷，负载	load	H，fz
L	灯	lamp	D
l	线	line	l，x
l	长延时	long-delay	l
M	电动机	motor	D
m	最大，幅值	maximum	m
man	人工的	manual	rg
max	最大	maximum	max
min	最小	minimum	min
N	额定，标称	rated，nominal	e
n	数目	number	n
nat	自然的	natural	zr
np	非周期性的	non-periodic，aperiodic	f-zq
oc	断路	open circuit	dl
oh	架空线路	over-head line	K
OL	过负荷	over-load	gh
op	动作	operatmg	dx
OR	过流脱扣器	over-current release	TQ
p	有功功率	active power	P，yg
p	周期性的	periodic	zq
p	保护	protect	J，b
pk	尖峰	peak	jf
q	无功功率	reactive power	q，wg
qb	速断	quick break	sd

续表

文字符号	中文含义	英文含义	旧符号
QF	断路器（含自动开关）	circuit—breaker	DL（含 ZK）
r	无功	reactive	r，Wg
RC	室空间	room cabin	RC
re	返回，复归	return，reset	f，fh
rel	可靠	reliability	k
S	系统	system	XT
s	短延时	short—delay	—
saf	安全	safety	aq
sh	冲击	shock，impulse	cj，ch
st	起动	start	q，qd
step	跨步	step	kp
T	变压器	transformer	B
t	时间	time	t
TA	电流互感器	current transformer	LH
tou	接触—	touch	jc
TR	热脱扣器	thermal release	R，RT
TV	电压互感器	Voltage transformer，potential transformer	YH
u	电压	Voltage	u
w	结线，接线	Wiring	JX
w	工作	work	gz
w	墙壁	wall	qb
WL	导线，线路	Wire，1ine	l，XL
x	某一数值	a number	x
XC	［触头］接触	contact	jc
α	吸收	absorption	α
ρ	反射	reflection	ρ
θ	温度	temperature	θ
Σ	总和	total，sum	Σ
τ	透射	transmission	τ
φ	相	phase	φ，p
0	零，无，空	Zero，nothing，empty	0
o	停止，停歇	stoping	o
o	每（单位）	per（unit）	o
0	中性线	neutral wire	0
0	起始的	initial	0
o	周围（环境）	ambient	o
o	瞬时	instantaneous	o
30	半小时［最大］	30min［maximum］	30

附录三　电力变压器参数表

附表 3－1　　　　　　　　　10kV 双绕组变压器

型号	额定容量（kVA）	额定电压（kV）		连接组标号	损耗（kW）		空载电流（%）	阻抗电压（%）	重量（t）	轨距（mm）	备注
		高压	低压		空载	负载					
S9—30/10	30				0.13	0.6	2.8	4	0.34		
S9—50/10	50				0.17	0.87	2.6	4	0.46		
S9—63/10	63				0.20	1.04	2.5	4	0.51		
S9—80/10	80	10±5%			0.25	1.25	2.4	4	0.59		
S9—100/10	100				0.29	1.5	2	4	0.65	550	
S9—125/10	125				0.35	1.75	1.8	4	0.79	550	
S9—160/10	160				0.42	2.1	1.7	4	0.93	550	沈阳变压器厂、常州变压器厂
S9—200/10	200				0.50	2.5	1.7	4	1.06	550	
S9—250/10	250	6.3±5%	0.4	Y，yn0	0.59	2.95	1.5	4	1.245	660	
S9—315/10	315				0.70	3.5	1.5	4	1.44	660	
S9—400/10	400				0.84	4.2	1.4	4	1.645	660	
S9—500/10	500				1.0	5.0	1.4	4	1.89	660	
S9—630/10	630				1.23	6.0	1.2	4.5	2.825	820	
S9—800/10	800	6.0±5%			1.45	7.2	1.2	4.5	3.125	820	
S9—1000/10	1000				1.72	10.0	1.1	4.5	3.945	820	
S9—1250/10	1250				2.0	11.3	1.1	4.5	4.70	820	
S9—1600/10	1600				2.45	14.0	1.0	4.5	5.205	1070	
S7—630/10	630				1.3	8.1	1.8	4.5	2.59	820	
S7—800/10	800				1.54	9.9	1.5	5.5		820	
S7—1000/10	1000				1.8	11.6	1.2	5.5	3.22	820	
S7—1250/10	1250				2.2	13.8	1.2	5.5		820	
S7—1600/10	1600				2.65	16.5	1.1	5.5		820	
S7—2000/10	2000	10±5%	6.3	Y，d11	3.1	19.8	1.0	5.5	5.31	820	
S7—2500/10	2500				3.65	23	1.0	5.5			
S7—3150/10	3150				4.4	27	0.9	5.5			
S7—4000/10	4000				5.3	32	0.8	5.5			
S7—5000/10	5000				6.4	36.7	0.8	5.5			沈阳变压器厂、常州变压器厂
S7—6300/10	6300				7.5	41	0.7	5.5			
SF7—8000/10	8000			Y，d11	11.5	45	0.8	10	17.29	1435	
SF7—10000/10	10000	10±2×2.5%	6.3	Y，d11	13.6	53	0.8	7.5	19.07	1435	
SF7—16000/10	16000				19	77	0.7	7	28.3	1435	
SZL7—200/10	200				0.54	3.4	2.1	4	1.265	550	
SZL7—250/10	250				0.64	4.0	2.0	4	1.45	660	
SZL7—315/10	315	10±4×2.5%			0.76	4.8	2.0	4	1.695	660	
SZL7—400/10	400				0.92	5.8	1.9	4	1.975	660	
SZL7—500/10	500				1.08	6.9	1.9	4	2.22	660	
SZL7—630/10	630		0.4	Y，yn0	1.4	8.5	1.8	4.5	3.14	820	
SZL7—800/10	800	6.3±4×2.5%			1.66	10.4	1.8	4.5	3.605	820	
SZL7—1000/10	1000	6±4×2.5%			1.93	12.18	1.7	4.5	4.55	820	
SZL7—1250/10	1250				2.35	14.49	1.6	4.5	5.215	820	
SZL7—1600/10	1600				3.0	17.3	1.5	4.5	6.10	820	

附表 3－2　　　　　　　　　**35kV 双绕组无励磁调压变压器**

型号	额定容量（kVA）	额定电压（kV）		连接组标号	损耗（kW）		空载电流（%）	阻抗电压（%）	重量（t）	轨距（mm）	备注
		高压	低压		空载	负载					
S7—50/35	50				0.265	1.35	2.8				
S7—100/35	100				0.37	2.25	2.6				
S7—125/35	125				0.42	2.65	2.5				
S7—160/35	160				0.47	3.15	2.4		0.755	550	
S7—200/35	200				0.55	3.70	2.2		1.040	660	
S7—250/35	250				0.64	4.40	2.0				
S7—315/35	315				0.76	5.30	2.0		1.325	660	
S7—400/35	400	35±5%	0.4	Y，yn0	0.92	6.40	1.9	6.5	1.470	660	常州变压器厂、沈阳变压器厂
S7—500/35	500				1.08	7.70	1.9	6.5	1.640	660	
S7—1630/35	630			或	1.30	9.20	1.8	6.5	1.925	660	
S7—800/35	800				1.54	11.00	1.5	7.0			
S7—1000/35	1000				1.80	13.50	1.4	7.0	2.500	820	
S7—1250/35	1250			Y，d11	2.20	16.30	1.2	7.5			
S7—1600/35	1600				2.65	19.50	1.1				
S7—2000/35	2000				3.40	19.80	1.1		4.175	820	
S7—2500/35	2500				4.00	23.00	1.1		5.050	820	
S7—3150/35	3150				4.75	27.00	1.0				
S7—4000/35	4000		6.3		5.65	32.00	1.0				
S7—5000/35	5000	38.5±5%	10.5		6.75	36.70	0.9				
S7—6300/35	6300				8.20	41.00	0.9				
SF7—8000/35	8000				11.50	45.00	0.8	7.5	16.10	1435	
SF7—10000/35	10000		11		13.60	53.00	0.8	7.5	19.12	1435	
SF7—12500/35	12500	35±2×2.5%	10.5		16.00	63.00	0.7	8.0			
SF7—16000/3	16000				19.00	77.00	0.7	8.0			
SF7—20000/35	20000			Y_N，d11	22.50	93.00	0.7	8.0	31.30	1435	沈阳变压器厂
SF7—25000/35	25000	38.5±2×2.5%	6.6		26.60	110.00	0.6	8.0			
SF7—31500/35	31500				31.60	132.00	0.6	8.0			
SF7—40000/35	40000		6.3		38.00	174.00	0.6	8.0	47.90	2000/1435	
SF7—75000/35	75000	38.5±2×2.5%	10.5	Y_N，d11	57.00	310.00		10.5	79.50		
SSP7—8000/35	8000	35±2×2.5%	6.3		11.50	45.00		7.5	16.70		
SL7—800/35	800				1.54	11.00	1.5	6.5			
SL7—1000/35	1000				1.80	13.50	1.4	6.5	4.65	820	
SL7—1250/35	1250	35±5%	10.5		2.20	16.30	1.3	6.5			
SL7—1600/35	1600				2.65	19.50	1.2	6.5	5.96	1070	
SL7—2000/35	2000			Y，d11	3.40	19.80	1.1	6.5	6.19	1070	常州变压器厂
SL7—2500/35	2500				4.00	23.00	1.1	6.5	7.31	1070	
SL7—3150/35	3150	38.5±5%	6.3		4.75	27.00	1.0	7.0	8.20	1070	
SL7—4000/35	4000				5.65	32.00	1.0	7.0	10.05	1070	
SL7—5000/35	5000				6.75	36.70	0.9	7.0	11.44	1070	
SL7—6300/35	6300				8.20	41.00	0.9	7.5	13.34	1435	

附表 3－3　　　　　　　　　　　35kV 双绕组有载调压变压器

型　号	额定容量（kVA）	额定电压（kV） 高压	低压	连接组标号	损耗（kW） 空载	负载	空载电流（%）	阻抗电压（%）	重量（t）	轨距（mm）	备注
SZ7—1600/35	1600	35±3×2.5%			3.05	17.65	1.4	6.5			常州变压器厂
SZ7—2000/35	2000				3.60	20.80	1.4	6.5			
SZ7—2500/35	2500		10.5 6.3	Y，d11	4.25	24.15	1.4	6.5			沈阳变压器厂
SZ7—3150/35	3150				5.05	28.90	1.3	7.0			
SZ7—4000/35	4000				6.05	34.10	1.3	7.0			
SZ7—5000/35	5000				7.25	40.00	1.2	7.0			
SZ7—6300/35	6300				8.80	43.00	1.2	7.5			
SZ7—8000/35	8000	38.5±3×2.5%			12.30	47.50	1.1	7.5			
SFZ7—8000/35	8000	35±3×2.5%	11 10.5 6.6 6.3	YN，d 11	12.30	47.50	1.1	7.5	16.8	1435	常州变压器厂
SFZ7—10000/35	10000				14.50	56.20	1.1	7.5			
SFZ7—12500/35	12500				17.10	66.50	1.0	8.0			
SFZ7—16000/35	16000				20.10	80.80	1.0	8.0	27.9	1435	
SFZ7—20000/35	20000				23.80	97.60	0.9	8.0			
SFZ7—25000/35	25000				28.20	115.50	0.9	8.0			
SZL7—2000/35	2000	35±3×2.5%	10.5 6.3	Y，d11	3.60	20.80	1.4	6.5			常州变压器厂
SZL7—2500/35	2500				4.25	24.15	1.4	6.5			
SZL7—3150/35	3150				5.05	28.90	1.3	7.0	9.34	1070	
SZL7—4000/35	4000				6.05	34.10	1.3	7.0	11.12	1070	
SZL7—5000/35	5000				7.25	40.00	1.2	7.0	12.63	1070	
SZL7—6300/35	6300				8.80	43.00	1.2	7.5	14.73	1435	

附表 3－4　　　　　　　　　　　60kV 双绕组变压器

型　号	额定容量（kVA）	额定电压（kV） 高压	低压	连接组标号	损耗（kW） 空载	负载	空载电流（%）	阻抗电压（%）	重量（t）	轨距（mm）	备注
S7—5000/60	5000				9.0	36.0		9	14.7		
S7—6300/60	6300				11.6	40.0		9	18.6		
SF7—8000/60	8000		11		14.0	47.5		9	19.9		
SF7—10000/60	10000				16.5	56.0	1.3	9	22.7		
SF7—12500/60	12500				19.5	66.5	1.2	9			
SF7—16000/60	16000	66±2×2.5%			23.5	81.7	1.1	9	30.4		
SF7—20000/60	20000		10.5		27.5	99.0	1.1	9	37.1		
SF7—25000/60	25000	63±2×2.5%			32.5	117.0	1.0	9			
SF7—31500/60	31500				38.5	141.0	1.0	9	50.0		
SF7—40000/60	40000	60±2×2.5%			46.0	165.5	0.9	9	53.0		
SFP7—50000/60	50000		6.6	YN，d11	55.0	205.0	0.9	9	67.1	2000/1435	沈阳变压器厂
SFP7—63000/60	63000				65.0	260.0	0.8	9	81.3		
SFP7—90000/60	90000	66±8×1.25%			68.0	320.0	0.8	10	100.4		
SZ7—6300/60	6300		6.3		12.5	40.0	1.3	9	24.0		
SZ7—8000/60	8000	63±8×1.25%			15.0	47.5	1.2	9	28.0		
SFZ7—10000/60	10000				17.8	56.0	1.1	9	31.0		
SFZ7—12500/60	12500				21.0	66.5	1.0	9			
SFZ7—16000/60	16000				23.5	81.7	1.0	9	39.2		
SFZ7—20000/60	20000				30.0	99.0	0.9	9	45.2		
SFZ7—25000/60	25000				35.3	117.0	0.9	9	54.3		
SFZ7—31500/60	31500	60±8×1.25%			42.2	141.0	0.8	9	62.9		
SFZ7—40000/60	40000				50.5	165.5	0.8	9			
SFPZ—50000/60	50000				59.7	205.0	0.7	9			
SFPZ—63000/60	63000				71.0	247.0	0.7	9	73.1		

附表 3－5　　110kV 双绕组无励磁调压变压器

型　号	额定容量 (kVA)	额定电压 (kV) 高压	额定电压 (kV) 低压	连接组标号	损耗 (kW) 空载	损耗 (kW) 负载	空载电流 (%)	阻抗电压 (%)	重量 (t)	轨距 (mm)	备注
S7—6300/110	6300				11.6	41	1.1		21.7	1435	
S7—8000/110	8000				14.0	50	1.1		21.7	1435	
SF7—8000/110	8000				14.0	50	1.1				
SF7—10000/110	10000				16.5	59	1.0		26.1	1435	
SF7—12500/110	12500				19.5	70	1.0		29.8	1435	
SF7—16000/110	16000				23.5	86	0.9		31.5	1435	
SF7—20000/110	20000		11		27.5	104	0.9		39.3	1435	
SF7—25000/110	25000		10.5		32.5	123	0.8				
SF7—31500/110	31500	$121\pm2\times2.5\%$	6.6	YN, d11	38.5	148	0.8		58.6	1435	沈阳变压器厂
SF7—40000/110	40000				46.0	174	0.8		51.4	1435/1435	
SFP7—50000/110	50000	$110\pm2\times2.5\%$			55.0	216	0.7		69.4	2000/1435	
SFP7—63000/110	63000				65.0	260	0.6		80.4	2000/1435	
SF7—75000/110	75000		6.3		75.0	300	0.6		89.2	2×1435/1435	
SFP7—90000/110	90000				85.0	340	0.6	10.5			
SFP7—120000/110	120000				106.0	422	0.5				
SFL7—8000/110	8000				14.0	50	1.1				常州变压器厂
SFL7—10000/110	10000				16.5	59	1.0				
SFL7—12500/110	12500				19.5	70	1.0				
SFL7—16000/110	16000				23.5	86	0.9				
SFL7—20000/110	20000				27.5	104	0.9				
SFL7—25000/110	25000				32.5	123	0.8				
SFP7—120000/110	120000	$110\pm2\times2.5\%$	13.8		106.0	422	0.5		101.7	2000/1435	
SFP7—180000/110	180000	$121\pm2\times5\%$	15.75		110.0	550			128.9	2×1435/1435	
SFQ7—20000/110	20000				27.5	104					
SFQ7—25000/110	25000		11		32.5	123	0.9				
SFQ7—31500/110	31500	$121\pm2\times2.5\%$ $110\pm2\times2.5\%$	10.5 6.6		38.5	148	0.8				沈阳变压器厂
SFQ7—40000/110	40000		6.3		46.0	174	0.8		72.9	2000/1435	
SFPQ7—50000/110	50000				55.0	216	0.7		52.8	2000/1435	
SFPQ7—63000/110	63000				65.0	260	0.7				
SFPQ7—50000/110	50000	$115\frac{+3}{-1}\times2.5\%$	10.5	Y_n, d11 —d11	55.0	216	0.6	12			
SFFQ7—31500/110	31500	$110\pm2\times2.5\%$	6.3—6.3		33.0	155		18.5			

附表 3-6　　　　　　　　　　110kV 双绕组有载调压变压器

型　号	额定容量 (kVA)	额定电压 (kV)		连接组标号	损耗 (kW)		空载电流 (%)	阻抗电压 (%)	重量 (t)	轨距 (mm)	备注
		高压	低压		空载	负载					
SZ7—6300/110	6300				12.5	41	1.4				
SZ7—8000/110	8000				15.0	50	1.4		30.3	2000/1435	
SFZ7—10000/110	10000				17.8	59	1.3				
SFZ7—12500/110	12500				21.0	70	1.3				
SFZ7—16000/110	16000	$110\pm8\times1.25\%$			25.3	86	1.2		40.9		沈阳变压器厂
SFZ7—20000/110	20000				30.0	104	1.2		45.4		
SFZ7—25000/110	25000		11		35.5	123	1.1				
SFZ7—31500/110	31500				42.2	148	1.1		50.3	1435/1435	
SFZ7—40000/110	40000		10.5		50.5	174	1.0				
SFZ7—8000/110	8000				15.0	50	1.4	10.5			
SFZ7—10000/110	10000		6.6		17.8	59	1.3		25.4	1435	
SFZ7—12500/110	12500	$121\genfrac{}{}{0pt}{}{+4}{-2}\times2.5\%$	6.3		21.0	70	1.3				
SFZ7—16000/110	16000				25.3	86	1.2				
SFZ7—20000/110	20000	$121\pm3\times2.5\%$			30.0	104	1.2		38.6	2000/1435	常州变压器厂
SFZ7—25000/110	25000				35.5	123	1.1				
SFZ7—31500/110	31500	$110\genfrac{}{}{0pt}{}{+4}{-2}\times2.5\%$			42.2	148	1.1		50.0	2000/1435	
SFZ7—40000/110	40000				50.5	174	1.0		69.0	2000/1435	
SFZ7—50000/110	50000	$110\pm3\times2.5\%$		YN, d11	59.7	216	1.0				
SFZ7—63000/110	63000				71.0	260	0.9				
SFZL7—8000/110	8000				15.0	50	1.4				
SFZL7—10000/110	10000	$121\pm3\times2.5\%$	11		17.8	59	1.3				
SFZL7—12500/110	12500	$110\pm3\times2.5\%$	10.5		21.0	70	1.3				
SFZL7—16000/110	16000		6.6		25.3	86	1.2				
SFZL7—20000/110	20000		6.3		30.0	104	1.2				
SFZL7—25000/110	25000				35.5	123	1.1				沈阳变压器厂
SFZL7—31500/110	31500	$110\pm8\times1.25\%$			42.2	148	1.1		53.8	2000/1435	
SFPZ7—50000/110	50000	$110\pm8\times1.25\%$			59.7	216	1.0	10.5	81.1	2×1435/1435	
SFPZ7—63000/110	63000	$110\genfrac{}{}{0pt}{}{+10}{-6}\times1.25\%$	38.5		59.7	260	0.9		94.0	2×1435/1435	沈阳变压器厂
SFZ7—63000/110	63000				71.0	260	0.9		98.1	2×1435/1435	
SFZQ7—20000/110	20000				30.0	104	1.2				
SFZQ7—25000/110	25000	$110\pm8\times1.25\%$	11		35.5	123	1.1				
SFZQ7—31500/110	31500		10.5		42.2	148	1.1		75.3	2×1435/1435	
SFZQ7—40000/110	40000		6.6		50.5	174	1.0				
SFZQ7—31500/110	31500	$115\pm8\times1.25\%$	6.3		42.2	148	1.1		68.2	2000/1435	
SFPZQ7—50000/110	50000				59.7	216	1.0				
SFPZQ7—63000/110	63000	$1100\pm8\times1.25\%$	6.3/ 6.3	YN, d11 —d11	71.0	260	0.9	18.5			
SFFZ7—31500/110	31500				31.2	144			61.8	2000/1435	

附表 3-7　　110kV 三绕组有载调压变压器

型号	额定容量 (kVA)	额定电压 (kV) 高压	中压	低压	连接组标号	损耗 (kW) 空载	负载	空载电流 (%)	阻抗电压 (kV) 高中	高低	中低	重量 (t)	轨距 (mm)	备注
SSZ7-6300/110	6300					15.0	53	1.7						
SSZ7-8000/110	8000					18.0	63	1.7						
SFSZ7-10000/110	10000			11		21.3	74	1.6				44.9	2000/1435	
SFSZ7-12500/110	12500		38.5±2×2.5%	10.5		25.2	87	1.6				44.1	2000/1435	
SFSZ7-16000/110	16000	110±8×1.25%				30.3	106	1.5	10.5	17~18	6.5			
SFSZ7-20000/110	20000			6.6		35.8	125	1.5				59.8	2000/1435	
SFSZ7-25000/110	25000					42.3	148	1.4						沈阳变压器厂
SFSZ7-31500/110	31500					50.3	175	1.4				70.8	2000/1435	
SFSZ7-40000/110	40000			6.3		54.5	210	1.3				103.4	2×1435/1435	
SFPSZ7-50000/110	50000					71.2	250	1.3				107.2	2×1435/1435	
SFPSZ7-63000/110	63000					84.7	300	1.2				127.2	2×1435/1435	
SFSZ7-31500/110	31500		38.5±1×2.5%	11	Y_N, y_{n0}, d11	50.3	175	1.4				84.8	2000/1435	
SFSZ7-31500/110	31500		10.5	6.3		50.3	175	1.4			6	72.7	2000/1435	
SFSZ7-31500/110	31500		10.5	6.3		50.3	175	1.3	16.5	10	6	69.0	2000/1435	
SFSZ7-40000/110	40000		37±5%	6.3		54.5	210		10.5	18	6.5	103.4	2×1435/1435	
SFSZ7-50000/110	50000		38.5±5%	10.5		71.2	250		10.5	18	6.5	85.8	2000/1435	
SFSZ7-63000/110	63000		37.5±2.67%	11		84.0	300		10.5	18	6.5	127.5	2×2000/1435	
SFPSZ7-63000/110	63000		37.5±2.67%	10.5		84.0	300		10.5	18	6.5	127.5	2×1435/1435	
SFPSZ7-75000/110	75000		38.5±5%	10.5		80.0	385		22.5	13	8	124.5	2×1435/1435	
SFSZ7-8000/110	8000					18.0	63	1.7						
SFSZ7-10000/110	10000	110±8×1.25%	38.5±2×2.5%	10.5		21.3	74	1.6	降压 10.5	降压 17~18				常州变压器厂
SFSZ7-12500/110	12500			6.6		25.2	87	1.6	升压	升压				
SFSZ7-16000/110	16000			6.3		30.3	106	1.5	17~18	10.5		44.3	2000/1435	

附表 3-8

220kV 三绕组无励磁调压变压器

型号	额定容量 (kVA)	容量比 (%)	额定电压 (kV)			连接组标号	损耗 (kW)		空载电流 (%)	阻抗电压 (%)			重量 (t)	轨距 (mm)	备注
			高压	中压	低压		空载	负载		高中	高低	中低			
SFPS7-120000/220	120000	100/100/100		121	38.5					14.4	24.0	7.6	175	1435/2000	
SFPS7-120000/220	120000	100/100/67	$220^{+3}_{-1}\times2.5\%$	115	38.5	$Y_N, y_{n0}, d11$	133	480	0.8	14.0	23.0	7.0	197		
SFPS7-120000/220	120000	100/100/100		121	11;10.5					14.0	23.0	7.0	197		
SFPS7-120000/220	120000	100/100/50		121	38.5					13.1	22.7	7.3	175	1435/2000	
SFPS7-120000/220	120000	100/100/100	$242\pm2\times2.5\%$	121	38.5		157	570		22.9	13.6	8.0	188		沈阳变压器厂
SFPS7-150000/220	150000	100/100/50	$220^{+3}_{-1}\times2.5\%$	38.5±5%	11	$Y_N, d11, y_{n0}$	157	570		22.5	14.2	7.9	214	1435/2000	
SFPS7-150000/220	150000	100/100/50		115	37.5		200	650	0.7	13.6	23.1	7.6	247		
SFPS7-180000/220	180000	100/100/50	$220\pm2\times2.5\%$	121	10.5		178	650		14.0	23.0	7.0	204		
SFPS7-180000/220	180000		$231\pm2\times2.5\%$	69	11	$Y_N, y_{n0}, d11$	178	650		14.0	23.0	7.0	211		
SFPS7-180000/220	180000		$220\pm2\times2.5\%$	69	11		178	650		12.8	21.9	6.7			
SFPS7-240000/220	240000		$242\pm2\times2.5\%$	121	15.75		175	800		25.0	14.0	9.0	258		
SFPS3-120000/220	120000	100/100/10	$242\pm2\times2.5\%$	12	10.5		148	640	0.9	22~24	12~14	7~9	203	2×2000/1435	常州变压器厂
SFPS3-120000/220	120000		$242^{+1}_{-3}\times2.5\%$												

附表 3-9　　220kV 三绕组有载调压变压器

型　号	额定容量 (kVA)	容量比 (%)	额定电压 (kV) 高压	额定电压 (kV) 中压	额定电压 (kV) 低压	连接组标号	损耗 (kW) 空载	损耗 (kW) 负载	空载电流 (%)	阻抗电压 (%) 高中	阻抗电压 (%) 高低	阻抗电压 (%) 中低	重量 (t)	轨距 (mm)	备注
SFPSZ7－63000/220	63000		220±8×1.25%	38.5±2.5%	11	YN,yn0,d11	79	290		13.3	21.5	7.1	140		沈阳变压器厂
SFPSZ7－90000/220	90000		220±8×1.25%	121	38.5		92	390		14.4	24.2	7.8	168		
SFPSZ7－120000/220	120000		220±8×1.25%	121	11;10.5		144	480		14.5	23.2	7.2	168		
SFPSZ7－120000/220	120000		220±8×1.25%	121	11		144	480		12.6	22.0	7.6	173		
SFPSZ7－120000/220	120000		220±8×1.25%	121	38.5		144	480	0.8	12.6	22.0	7.6	173		
SFPSZ7－120000/220	120000		220±8×1.25%	115	10.5		90	425	0.8	13.3	23.5	7.7	168		
SFPSZ7－120000/220	120000	100/100/67	220±8×1.5%	115	38.5		144	480	0.8	14.0	23.0	7.0	221		
SFPSZ7－120000/220	120000	100/100/50	220±8×1.5%	121	11;10.5		118	425	0.9	14.0	23.0	7.0	186		
SFPSZ7－120000/220	120000	100/100/100	220±2×2.5%	121	38.5;11		144	480	0.8	13.0	22.0	7.0	221		
SFPSZ7－120000/220	120000		220±8×1.46%	69	38.5;11		144	480	0.9	14.0	24.0	7.6	189		
SFPSZ7－120000/220	120000		220±8×1.25%	121	11		144	480		14.8	23.9	7.4	171		
SFPSZ7－150000/220	150000		220±8×1.25%	115	38.5;11		170	570		24.4	14.2	8.4	247		
SFPSZ7－150000/220	150000		220±8×1.25%	115	10.5		170	570		12.4	22.8	8.4	201		
SFPSZ7－150000/220	150000		220±8×1.25%	38.5±5%	10.5		144	480		13.7	23.8	8.1	175		
SFPSZ24－90000/220	90000	100/100/100	220±8×1.5%	121	11		121	414	1.2	12~14	22~42	7~9	182		常州变压器厂
SSPSZ4－120000/220	120000	100/100/100	220±8×1.25%	121	38.5;10.5		155	640	1.2	12~14	22~42	7~9	231		

附表 3-10　220kV 自耦及分裂变压器

型号	额定容量(kVA)	容量比(%)	额定电压(kV) 高压	中压	低压	连接组标号	损耗(kW) 空载	负载	空载电流(%)	阻抗电压(%) 高中	高低	中低	重量(t)	轨距(mm)	备注
OSFPS3—90000/220	90000		236±2×2.5%	110	37	Y$_N$,a0,d11									
OSFPS3—90000/220	90000		220±2×2.5%	121	38.5		50	310	0.6	8~10	28~34	18~24	97.3	2000/1435	常州变压器厂
OSFPS3—90000/220	90000														
OSFPS7—120000/220	120000	100/100/50	220±2×2.5%	121	38.5	Y$_N$,a0,d11									
OSFPS7—120000/220	120000		220$^{+3}_{-1}$×2.5%			Y$_N$,a0,y$_{n0}$	70	320	0.6	8~10	28~34	18~24	132.4		
OSFPS7—120000/220	120000														
OSFPS7—120000/220	120000														
OSFPS7—120000/220	120000		220±2×2.5%	121	38.5±5%	Y$_N$,a0,y$_{n0}$	71	340	0.6	9.0	32	22	147.0		
OSFPS7—120000/220	120000		220$^{+3}_{-1}$×2.5%	121	38.5	Y$_N$,a0,y$_{n0}$	70	320	0.6	8.2	33	22	126.3		
OSFPS7—120000/220	120000	100/100/67	220$^{+10}_{-7}$×1.25%	121	38.5	Y$_N$,a0,d11	82	320		8.5	37	25	134.7		
OSFPS7—180000/220	180000		220±2×2.5%	115	37.5	Y$_N$,a0,d11	105	515	0.6	13.0	13	18	190.0		
SFFZ—32000/220	32000	100/50—50	220±8×1.25%		6.9—6.9	Y$_N$,d11—d11	49	143	1.4	半穿越 21.0	穿越 12.0	分裂 37.0	105.0		沈阳变压器厂
SFFZ7—40000/220	40000		220±8×1.25%		6.3—6.3	Y$_N$,d11—d11	46.4	228.1		17.5	9.6	31.6	113.6		
SFFZ7—40000/220	40000		220±8×1.25%		6.3—6.3	Y$_N$,d11—d11	46.4	219.5		20.3	11.3	35.9	113.6		

附表 3－11　330kV　电力变压器

型号	额定容量(kVA)	容量比(%)	额定电压(kV) 高压	中压	低压	连接组标号	损耗(kW) 空载	负载	空载电流(%)	阻抗电压(%) 高中	高低	中低	重量(t)	轨距(mm)	备注
OSFPSZ－150000/330	150000	100/100/26.7	345$^{+10}_{-8}$×1.25%	121	10.5	Y_N,a0,d11	73	453	0.2	11.1	29.0	17.0	202	2×2000/1435	沈阳变压器厂
OSFPSZ7－240000/330	240000	100/100/30	345±8×1.25%	121	10.5	Y_N,a0,d11	121	580		11.0	25.0	12.0	228		
OSFPSZ7－360000/330	360000	100/100/25	363	242±8×1.25%	11	Y_N,a0,d11	89	666		12.3	49.4	34.6	253		
OSFPSZ7－360000/330	360000	100/100/25	363	242±8×1.5%	11	Y_N,a0,d11	89	670		50	10～12	35	252		
SFP－240000/330	240000		363±2×2.5%		15.75	Y_N,d11	247	781	1.0		15.0				西安变压器厂
SSP1－360000/330	360000		363±2×2.5%		15.75	Y_N,d11	302	1118	0.8		15.5				
SFP－150000/330	150000		363±2×2.5%		13.8	Y_N,d11	163	545	0.76		15.1				

附表 3－12　500kV　电力变压器

型号	额定容量(kVA)	容量比(%)	额定电压(kV) 高压	中压	低压	连接组标号	损耗(kV) 空载	负载	空载电流(%)	阻抗电压(%) 高中	高低	中低	重量(t)	轨距(mm)	备注
SFP－240000/500	240000		550		15.75	Y_N,d11	214	745	0.7		15.2		281		沈阳变压器厂
SFP1－240000/500	240000		550－2×2.5%		15.75		165	679	0.3		14.3		264		
SFP－360000/500	360000		550－2×2.5%		18		180	1060			14.0		270		
DFP－24000/500	240000		550/√3		20	I,I0	197	651	0.7		14.6		235		
DSP－100000/500	100000		550/√3－2×2.5%		15.75	I,I0	80	240			14.0		129		
DFPS－250000/500	250000	100/100/20.7	510/√3	235/√3	36.75	I,I0,I0	268	900		16.0	38.5	19.6	286		

续表

型　号	额定容量 (kVA)	容量比 (%)	额定电压 (kV) 高压	中压	低压	连接标号	损耗 (kV) 空载	负载	空载电流 (%)	阻抗电压 (%) 高中	高低	中低	重量 (t)	轨距 (mm)	备注
DFPS1-250000/500	250000	100/100/32	500/√3	230/√3	63	I,I0,I0,	250	660	0.7	15.5	38.4	18.8	274		
DFPS2-250000/500	250000	100/100/12	(510±8%)/√3	235/√3	36.75	I,I0,I0,	217	683		15.0	38.3	19.4	277		
OSFPSZ-360000/500	360000	100/100/11	550	246±10%	35	Y_N,a0,d11	180	870	0.4	10.0	41.0	26.0	325		沈阳变压器厂
OSFPSZ1-360000/500	360000	100/100/25	550	$242^{+10}_{-6} \times 1.25\%$	38.5	Y_N,a0,d11	150	950		12.0	64.0	45.0	361	3×2000/1435	
ODFPSZ-167000/500	167000	100/100/40	500/√3	230/√3±10%	35	I,a0,I0	65	347	0.3	12.1	27.3	19.6	164		
ODFPSZ-167000/500	167000	100/100/24	550/√3	242/√3±2×2.5%	34.5		65	320		12.0	55.0	38.0	150		
ODFPSZ-167000/500	167000	100/100/40	525/√3	242/√3±10%	35	I,a0,I0	65	358	0.3	12.2	27.2	19.6	164	2000/2000	
ODFPSZ-250000/500	250000	100/100/32	525/√3	230/√3±8×1.25%	15.75	I,a0,I0	123	472	0.5	13.2	35.6	17.8	188	2×2000/1435	
ODFPSZ1-250000/500	250000	100/100/32	525/√3	230/√3±9×1.33%	63		105	424		12.0	36.0	21.5	223		
TDFPZ-21800/35	21800	100/85	510/√3±8%		36.75	I,I0	20	134①	0.7		7.7		338	2000/1435	调压器
TDZ1-21800/60	21800	100/85	500/√3±8%		63	I,I0	23	93②	0.6		7.1		51	2000/1435	调压器
SFP-30000/500	30000		550-2×2.5%		13.8	Y_N,d11	280	980					280	3×2000/1435	西安变压器厂
DFPFZ-250000/500	250000		500/√3	230/√3	15.75	Y_N,y_{n0},d11	264	1100			14~15		283	3×2000/2000	
ODFPSZ-250000/500	250000		500/√3	230/√3±9×1.3%	35	Y_N,a0,d11	145	541					203	3×2000/2000	

① 此为最小分接时的值；若为最大分接时，负载损耗为98kW，阻抗电压为7.1%。
② 此为最小分接时的值；若为最大分接时，负载损耗为69.8kW。

附录四　部分 10～500kV 断路器的规格和电气参数表

附表 4-1　　　　　　　　　10kV 断 路 器

型　号	额定电压 (kV)	最高工作电压 (kV)	额定电流 (A)	额定开断电流 (kA)	额定关合电流 (峰值 kA)	动稳定电流 (峰值 kA)	热稳定电流 (kA) 2s	3s	4s	固有分闸时间 (s)	合闸时间 (s)	操动机构	备　注
SN10—10Ⅰ	10	11.5	630	16	40	40	16			≤0.06	≤0.20	CD10—Ⅰ	
			1000	20	50	50	20			≤0.06	≤0.20		华通开关厂
SN10—10Ⅱ	10	11.5	1000	31.5	80	80	31.5			≤0.06	≤0.20	CD10—Ⅱ	苏州开关厂
SN10—10Ⅲ	10	11.5	2000	40	100	100			40	≤0.07	≤0.20	CD10—Ⅲ	锦州开关厂
			3000	40	125	125			40	≤0.07	≤0.20		
HB10	10	12	1250	40	100			43.5		0.06	0.06		华通引自原 BBC 公司 SF₆ 产品, 户内
			1600										
			2000										
LN—10	10	12	1250	25		80	25			≤0.06	≤0.06		锦州开关厂
			2000	40		110		43.5					
ZN—10	10		600	8.7		22			8.7	≤0.05	≤0.20	CD—25	沈阳开关厂
			1000	17.3		44			17.3	≤0.05	≤0.20	CD—35	
ZN4—10C	10	11.5	600	17.3	44				17.3	≤0.05 (配 CT8 ≤0.06)	≤0.20	CD 或 CT8	华通开关厂
			1000										
ZN5—10	10	11.5	630	20									西安开关厂
			1000										

注　派生系列的技术数据, 凡未标出者均与原型相同, 下同。

附表 4-2　　　　　　　　　35kV、60kV 断 路 器

型　号	额定电压 (kV)	最高工作电压 (kV)	额定电流 (A)	额定开断电流 (kA)	额定关合电流 (峰值 kA)	极限通过电流 (峰值 kA)	动稳定电流 (峰值 kA)	热稳定电流 (kA) 2s	3s	4s	固有分闸时间 (s)	合闸时间 (s)	重合闸无电流时间 (s)	操动机构	备注
DW6—35	35	40.5	400	5.8 6.6		19					6.6	0.1①	≤0.27		CS2 CD10	华通开关厂
DW8—35Ⅰ	35	40.5	1000	16.5		41			31.5		16.5	≤0.07	≤0.30	0.5	CD11—ⅩⅠ	西安开关厂
DW8—35Ⅱ			1600	31.5		80						≤0.07	≤0.30	0.5	CD11—ⅩⅡ	
DW13—35	35	40.5	1250	20	50		50				20	≤0.07	≤0.35		CD11—ⅩⅡ	西安开关厂
DW13—35Ⅰ			1600	31.5	80		80				31.5	≤0.07	≤0.35			
SW2—35Ⅱ	35	40.5	1500	24.8		63.4					24.8	0.06	0.40		CT2—ⅩGⅡ 或 CD3—ⅩG	华通开关厂
SW2—35ⅡC			2000 1500													
SN10—35	35	40.5	1000	16.5		42					16.5	0.06	0.25		CD10—Ⅱ	福州开关厂、西电公司、湖北开关厂、苏州开关厂
SN10—35Ⅰ			1250	16		40					16	≤0.06	≤0.25		CD10—Ⅳ	

续表

型号	额定电压(kV)	最高工作电压(kV)	额定电流(A)	额定开断电流(kA)	额定关合电流(峰值)kA	极限通过电流(峰值)kA	动稳定电流(峰值)kA	热稳定电流(kA) 2s	3s	4s	固有分闸时间(s)	合闸时间(s)	重合闸无电流时间(s)	操动机构	备注
ZN—35	35	40.5	630 1250	8 16	20 40		20 40			8 16	≤0.06	≤0.20	≥0.5	CD2—40GⅡ	沈阳开关厂
HB35	36	40.5	1250 1600		63		80	25			0.06	0.06	0.3		华通引自原BBC公司SF₆产品,户内
SW2—63Ⅰ SW2—63Ⅱ SW2—63Ⅲ	63	72.5	1600	25 20 31.5	63 50 80					25 20 31.5	≤0.04 ≤0.08 ≤0.04	≤0.20 ≤0.50 ≤0.20	≤0.3 ≤0.7 ≤0.3	CY5 CD5—370X CY5	沈阳开关厂
OFPI—63 OFPT(B)—63	63 63	72.5 72.5②	1250 1600 2000 3150 4000	25 31.5 40	63 80 100		63 80 100		25 31.5 40		≤0.03	≤0.12		液压或气动	沈阳开关厂引自日立公司SF₆产品,瓷瓶式、户外;沈阳开关厂引自日立公司SF₆产品,罐式、户外
ZSN—63	63	72.5	1250	25	63			25			≤0.04	≤0.20	≥0.3	CY5	沈阳开关厂、组合、少油

① 为固有脱扣时间。
② OFPT（B）—63 的技术数据与 OFPI—63 均相同,仅结构不同。

附表 4-3　　　　　　　　　　　110kV 断　路　器

型号	额定电压(kV)	最高工作电压(kV)	额定电流(A)	额定开断电流(kA)	额定关合电流(峰值)kA	动稳定电流(峰值)kA	热稳定电流(kA) 3s	4s	固有分闸时间(s)	合闸时间(s)	全开断时间(s)	重合闸无电流时间(s)	操动机构	备注
SW2—110Ⅰ SW2—110Ⅱ SW2—110Ⅲ	110	126	1600 1600 2000	31.5 21 25 40	80 54 63 100			31.5 21 25 40	≤0.045 ≤0.07 ≤0.007 ≤0.04	≤0.20 ≤0.43 ≤0.43 ≤0.20		≥0.3 ≥0.6 ≥0.6 ≥0.3	CY5 CD5—X CD5—X CY5—Ⅱ	沈阳开关厂
SW3—110G	110	126	1200	15.8 21①		41 (53)		15.8 (21)	0.07	0.43		0.5	CD5—XG	西安开关厂
SW4—110Ⅲ	110	126	1250	31.5	80	80		31.5	≤0.05	≤0.18		0.3	CT6—XG	华通开关厂
SW6—110 SW6—110Ⅰ	110 110	126 126	1200 1500	15.8 21 31.5 31.5	41 53 80 80	41 53 80 80		15.8 21 31.5 31.5	0.04 0.035	0.20 0.20	0.07 0.06	0.3 0.3	CY3 CY3—Ⅲ	西安开关厂
ELFSL2—Ⅰ	110	126	2500 3150	40	100				0.026		0.051		气动	华通引自ABB公司SF₆产品,户外

续表

型　号	额定电压(kV)	最高工作电压(kV)	额定电流(A)	额定开断电流(kA)	额定关合电流(峰值 kA)	动稳定电流(峰值 kA)	热稳定电流(kA) 3s	热稳定电流(kA) 4s	固有分闸时间(s)	合闸时间(s)	全开断时间(s)	重合闸无电流时间(s)	操动机构	备注
OFPI—110	110	126	1250 1600 2000	31.5 40	80 100	80 100	31.5 40		≤0.03	≤0.12	0.06		液压或气动	沈阳开关厂引自日立公司SF₆产品，瓷瓶式，户外
OFPI—110 OFPT(B)—110	110 110	126 126	3150 4000 1250 1600 2000 3150 4000	31.5 40 50	80 100 125	80 100 125	31.5 40 50		≤0.03	≤0.12	≤0.06		液压或气动	沈阳开关厂引自日立公司SF₆产品，罐式，户外
SFM—110 SFMT—110	110 110	126 126	2000 2500 3150 4000 2000 2500 3150	31.5 40 50 31.5 40 50	80 100 125 80 100 125	80 100 125 80 100 125	31.5 40 50 31.5 40 50		0.025		0.050 0.06	0.3 0.3	气动 气动	西安开关厂引自三菱公司SF₆产品，瓷瓶式、户外 西安开关厂引自三菱公司SF₆产品，罐式、户外

① 括号内为断口间并联电容器后的数值。

附表 4-4　　　　　　　　　　220kV 断 路 器

型　号	额定电压(kV)	最高工作电压(kV)	额定电流(A)	额定开断电流(kA)	额定关合电流(峰值 kA)	动稳定电流(峰值 kA)	热稳定电流(kA) 3s	热稳定电流(kA) 4s	固有分闸时间(s)	合闸时间(s)	全开断时间(s)	重合闸无电流时间(s)	操动机构	备　注
SW2—220Ⅰ SW2—220Ⅱ SW2—220Ⅲ SW2—220Ⅳ	220	252	1600 2000	31.5 40	80 100			31.5 40	≤0.045 ≤0.040	≤0.20		≥0.3	CY3—Ⅱ CY5 CY—A CY5—Ⅱ	沈阳开关厂
SW4—220Ⅲ	220	252	1250	31.5	80	80		31.5	≤0.045	≤0.18		0.3	CT6—XG	华通开关厂
SW6—220 SW6—220Ⅰ	220	252	1200 1500	21 31.5 31.5	53 80 80	53 80 80		21 31.5 31.5	0.040 0.035	0.20 0.20	0.07 0.06	0.3 0.3	CY3 CY3—Ⅲ	西安开关厂
LW—220Ⅰ	220	252	1600	40		100	40		≤0.040	≤0.15	≤0.06	0.3	CY	华通开关厂
LW2—220	220	252	2500	31.5 40 50	80 100 125	80 100 125	31.5 40 50		≤0.030	≤0.15	≤0.05	0.3	液压	西安开关厂与南斯拉夫联合设计

续表

型　号	额定电压 (kV)	最高工作电压 (kV)	额定电流 (A)	额定开断电流 (kA)	额定关合电流 (峰值) kA	动稳定电流 (峰值) kA	热稳定电流 (kA) 3s	4s	固有分闸时间 (s)	合闸时间 (s)	全开断时间 (s)	重合闸无电流时间 (s)	操动机构	备注
OFPI—110	110	126	1250 1600 2000	31.5 40	80 100	80 100	31.5 40		≤0.03	≤0.12	0.06		液压或气动	沈阳开关厂引自日立公司SF₆产品，瓷瓶式，户外
OFPI—110 OFPT(B)—110	110 110	126 126	3150 4000 1250 1600 2000 3150 4000	31.5 40 50	80 100 125	80 100 125	31.5 40 50		≤0.03	≤0.12	≤0.06		液压或气动	沈阳开关厂引自日立公司SF₆产品，罐式，户外
SFM—110 SFMT—110	110 110	126 126	2000 2500 3150 4000 2000 2500 3150	31.5 40 50 31.5 40 50	80 100 125 80 100 125	80 100 125 80 100 125	31.5 40 50 31.5 40 50		0.025		0.050 0.06	0.3 0.3	气动 气动	西安开关厂引自三菱公司SF₆产品，瓷瓶式、户外 西安开关厂引自三菱公司SF₆产品，罐式、户外

附表 4-5　　　　　　　　330kV、500kV 断 路 器

型　号	额定电压 (kV)	最高工作电压 (kV)	额定电流 (A)	额定开断电流 (kA)	额定关合电流 (峰值) kA	动稳定电流 (峰值) kA	热稳定电流 (kA) 3s	4s	固有分闸时间 (s)	合闸时间 (s)	全开断时间 (s)	重合闸无电流时间 (s)	操动机构	备注
SW6—330 I	330	363	1500	31.5	80	80		31.5	0.035	0.20	0.06	0.3	CY3—Ⅲ	西安开关厂
SFM—330	330	363	2000 (2500 3150 4000)	40 50 63	100 125 160	100 125 160	40 50 63		0.025/ 0.02		0.05/ 0.04	0.3	气动/ 液压	西安开关厂引自三菱公司SF₆产品，瓷瓶
SFMT—330	330	363	2500 (3150 4000)	40 50 63	100 125 160	100 125 160	40 50 63		0.10		0.06/ 0.04	0.3	气动/ 液压	西安开关厂引自三菱公司SF₆产品，罐式
OFPI—330	330	363	1250 (1600 2000 3150 4000)	40 50	100 125	100 125	40 50		0.03/ 0.02	0.12/ 0.11	0.06/ 0.04		气动/ 液压	沈阳开关厂引自日立公司SF₆产品，瓷瓶式

续表

型号	额定电压(kV)	最高工作电压(kV)	额定电流(A)	额定开断电流(kA)	额定关合电流(峰值kA)	动稳定电流(峰值kA)	热稳定电流(kA)		固有分闸时间(s)	合闸时间(s)	全开断时间(s)	重合闸无电流时间(s)	操动机构	备注
							3s	4s						
OFPT(B)—330	330	363	1250 (1600 2000 3150 4000)	40 50 63	100 125 160	100 125 160	40 50 63		0.03/ 0.02	0.12/ 0.11	≤0.04		气动/ 液压	沈阳开关厂引自日立公司 SF_6 产品，罐式
LW6—500	500	550	2500 (3150)	40 50 63	100 125 158				0.028	0.09	0.05		液压	沈阳开关厂引自法国MG公司FA系列，瓷瓶
ELFSL7—4	500	550	4000	50	125	125	50		0.021	0.112	0.05		气动	华通引自ABB公司瓷瓶式
SFM—500	500	550	2000 (2500 3150 4000)	40 50 63	100 125 160	100 125 160	40 50 63		0.025/ 0.02		0.05/ 0.04	0.3	气动/ 液压	西安开关厂引自三菱公司 SF_6 产品，瓷瓶
SFMT—500	500	550	2500 (3150 4000)	40 50 63	100 125 160	100 125 160	40 50 63			0.10	0.06/ 0.04		气动/ 液压	西安开关厂引自三菱公司 SF_6 产品，罐式
OFPT—500	500	550	1250 (1600 2000 3150 4000)	40 50	100 125	100 125	40 50		0.02	0.12/ 0.11	0.06/ 0.04		气动/ 液压	沈阳开关厂引自日立公司 SF_6 产品，瓷瓶
OFPT(B)—500	500	550	1250 (1600 2000 3150 4000)	40 50 63	100 125 160	100 125 160	40 50 63		0.002	0.12/ 0.11	0.04		气动/ 液压	沈阳开关厂引自日立公司 SF_6 产品，罐式

附录五　部分发电机技术数据表

附表 5-1　　部分汽轮发电机技术数据表

型号	TQSS2—6—2	QF2—12—2	QF2—25—2	QFS—50—2	QFN—100—2	QFS—125—2	QFS—200—2	QFS—300—2	QFSN—600—2
额定容量（MW）	6	12	25	50	100	125	200	300	600
额定电压（kV）	6.3	6.3（10.5）	6.3（10.5）	10.5	10.5	13.8	15.75	18	20
功率因数 $\cos\varphi$	0.8	0.8	0.8	0.8	0.85	0.85	0.85	0.85	0.90

续表

型　号	TQSS2—6—2	QF2—12—2	QF2—25—2	QFS—50—2	QFN—100—2	QFS—125—2	QFS—200—2	QFS—300—2	QFSN—600—2
同步电抗 X_d	2.680	1.598 (2.127)	1.944 (2.256)	2.14	1.806	1.867	1.962	2.264	2.150
暂态电抗 X_d'	0.290	0.180 (0.232)	0.196 (0.216)	0.393	0.286	0.257	0.246	0.269	0.265
次暂态电抗 X_d''	0.185	0.1133 (0.1426)	0.122 (0.136)	0.195	0.183	0.18	0.146	0.167	0.205
负序电抗 X_2	0.22	0.138 (0.174)	0.149 (0.166)	0.238	0.223	0.22	0.178	0.204	0.203
T_{do}'（s）	2.59	8.18	11.585	4.22	6.20	6.90	7.40	8.376	8.27
T_{do}''（s）	0.0549	0.0712	0.2089	0.2089	0.1916	0.1916	0.1714	0.998	0.045
发电机 GD^2 （tanm^2）		1.80	4.94	5.7	13.00	14.20	23.00	34.00	40.82
汽轮机 GD^2 （tanm^2）		1.80	4.93	8.74	19.40	21.40		41.47	46.12

注 型号含义：T（位于第一个字）—同步；T（位于第二个字）—调相；Q（位于第一或第二个字）—汽轮；F—发电机；Q（位于第三个字）—氢内冷；S 或 SS—双水内冷；K—快装；G—改进；TH—湿热带。

附表 5-2　　　　　　　　　部分水轮发电机的技术数据表

型　号	TS425/65—32	TS425/94—28	TS854/184—44	TS1280/180—60	TS1264/160—48
额定容量（MW）	7.5	10	72.5	150	300
额定电压（kV）	6.3	10.5	13.8	15.75	13
功率因数 $\cos\varphi$	0.8	0.8	0.85	0.85	0.875
同步电抗 X_d	1.186	1.070	0.845	1.036	1.253
暂态电抗 X_d'	0.346	0.305	0.275	0.314	0.425
次暂态电抗 X_d''	0.234	0.219	0.193	0.218	0.280
X_q	0.746	0.749	0.554	0.684	0.88
X_q''			0.200		0.322
X_2	0.547	0.228	0.197		0.289
T_{do}（s）		3.43	5.90	7.27	4.88
GD^2（tanm^2）		540	12600	52000	53000

附录六　输电线路参数表

附表 6-1　　　　　　　　　**6~110kV 架空线路的电阻和电抗值**　　　　　　　　单位：Ω/km

导线型号	r_1	x_1			
		6kV	10kV	35kV	110kV
LGJ—16/3	1.969	0.414	0.414		
LGJ—25/4	1.260	0.399	0.399		
LGJ—35/6	0.900	0.389	0.389	0.433	
LGJ—50/8	0.630	0.379	0.379	0.423	0.452
LGJ—70/10	0.450	0.368	0.368	0.412	0.441
LGJ—95/20	0.332	0.356	0.356	0.400	0.429
LGJ—120/25	0.223	0.348	0.348	0.392	0.421
LGJ—150/25	0.210			0.387	0.416
LGJ—185/30	0.170			0.380	0.410
LGJ—210/35	0.150			0.376	0.405
LGJ—240/40	0.131			0.372	0.401
LGJ—300/40	0.105			0.365	0.395
LGJ—400/50	0.079				0.386

附表 6-2　　　　　　　　　**220~500kV 架空线路的电阻和电抗值**　　　　　　　　单位：Ω/km

导线型号	220kV		330kV		500kV			
	单根		二分裂		二分裂		四分裂	
	r_1	x_1	r_1	x_1	r_1	x_1	r_1	x_1
LGJ—185/30	0.170	0.440	0.085	0.320				
LGJ—210/35	0.150	0.435	0.075	0.317				
LGJ—240/40	0.131	0.432	0.066	0.315	0.066	0.324		
LGJ—300/40	0.105	0.425	0.053	0.312	0.053	0.320	0.026	0.279
LGJ—400/50	0.079	0.416	0.039	0.308	0.039	0.316	0.020	0.276
LGJ—500/45	0.063	0.411	0.032	0.305	0.032	0.313	0.016	0.275
LGJ—630/55					0.025	0.308	0.013	0.273
LGJ—800/70							0.010	0.271

附表 6 - 3　　　　　　　　**110kV 及以上架空线路的电容值和充电功率**

导线型号	110kV		220kV				330kV		500kV	
	单根		单根		二分裂		二分裂		四分裂	
	C_1 (μF/ 100km)	Q_{CL} (Mvar/ 100km)	C_1 (μF/ 100km)	Q_{CL} (Mvar/ 100km)	C_1 (μF/ 100km)	Q_{CL} (Mvar/ 100km)	C_1 (μF/ 100km)	Q_{CL} (Mvar/ 100km)	C_1 (μF/ 100km)	Q_{CL} (Mvar/ 100km)
LGJ—95/20	0.844	3.504								
LGJ—120/25	0.860	3.572								
LGJ—150/25	0.871	3.618								
LGJ—185/30	0.885	3.6 7r5	0.821	13.65	1.119	18.59				
LGJ—210/35	0.896	3.721	0.831	13.80	1.127	18.73				
LGJ—240/40	0.905	3.758	0.838	13.92	1.134	18.85	1.104	41.29		
LGJ—300/40	0.920	3.820	0.851	14.14	1.146	19.05	1.115	41.70	1.27	110.0
LGJ—400/50	0.940	3.912	0.870	14.46	1.163	19.33	1.132	42.31	1.28	110.9

附表 6 - 4　　　　　　　　**LJ 铝绞线的长期允许载流量（环境温度 20℃）**

标称截面 (mm²)	长期允许载流量（A）		标称截面（mm²）	长期允许载流量（A）	
	+70℃	+80℃		+70℃	+80℃
16	112	117	185	534	543
25	151	157	210	584	593
35	183	190	240	634	643
50	231	239	300	731	738
70	291	301	400	879	883
95	351	360	500	1023	1023
120	410	420	630	1185	1180
150	466	476	800	1388	1377

附表 6 - 5　　　　　　　　**LGJ 铝绞线的长期允许载流量（环境温度 20℃）**

标称截面 (mm²)	长期允许载流量（A）		标称截面（mm²）	长期允许载流量（A）	
	+70℃	+80℃		+70℃	+80℃
10	88	93	185	539	548
16	115	121	210	577	586
25	154	160	240	655	662
35	189	195	300	735	742
50	234	240	400	898	901
70	289	297	500	1025	1024
95	357	365	630	1187	1182
120	408	417	800	1403	1390
150	463	472			

附表 6-6   常用三芯电缆电阻电抗及电纳值

导体截面（mm²）	电阻（Ω/km）		电抗（Ω/km）				电纳（10⁻⁶S/km）			
	铜芯	铝芯	6kV	10kV	20kV	35kV	6kV	10kV	20kV	35kV
10			0.100	0.113			60	50		
16			0.094	0.104			69	57		
25	0.74	1.28	0.085	0.094	0.135		91	72	57	
35	0.52	0.92	0.079	0.083	0.129		104	82	63	
50	0.37	0.64	0.076	0.082	0.119		119	94	72	
70	0.26	0.46	0.072	0.079	0.116	0.132	141	100	82	63
95	0.194	0.34	0.069	0.076	0.110	0.126	163	119	91	68
120	0.153	0.27	0.069	0.076	0.107	0.119	179	132	97	72
150	0.122	0.21	0.066	0.072	0.104	0.116	202	144	107	79
185	0.099	0.17	0.066	0.069	0.100	0.113	229	163	116	85
240			0.063	0.069			257	182		
300			0.063	0.066						

附表 6-7   **BLX 型和 BLV 型铝芯绝缘线明敷时的允许载流量**

（导线正常最高允许温度为 65℃）（A）

芯线截面（mm²）	BLX 型铝芯橡皮线				BLV 型铝芯塑料线			
	环境温度							
	25℃	30℃	35℃	40℃	25℃	30℃	35℃	40℃
2.5	27	25	23	21	25	23	21	19
4	35	32	30	27	32	29	27	25
6	45	42	38	35	42	39	36	33
10	65	60	56	51	59	55	51	46
16	85	79	73	67	80	74	69	63
25	110	102	95	87	105	98	90	83
35	138	129	119	109	130	121	112	102
50	175	163	151	138	165	154	142	130
70	220	206	190	174	205	191	177	162
95	265	247	229	209	250	233	216	197
120	310	280	268	245	283	266	246	225
150	360	336	311	284	325	303	281	257
185	420	392	363	332	380	355	328	300
240	510	476	441	403	—	—	—	—

注 BX 型和 BV 型铜芯绝缘导线的允许载流量约为同截面的 BLX 型和 BLV 型铝芯绝缘导线允许载流量的 1.29 倍。

附表 6-8　　　　BLX 型和 BLV 型铝芯绝缘线穿硬塑料管时的允许载流量
（导线正常最高允许温度为 65℃）

导线型号	芯线截面 (mm²)	2根单芯线允许载流量 (A) 环境温度				2根穿管管径 (mm)	3根单芯线允许载流量 (A) 环境温度				3根穿管管径 (mm)	4~5根单芯线允许载流量 (A) 环境温度				4根穿管管径 (mm)	5根穿管管径 (mm)
		25℃	30℃	35℃	40℃		25℃	30℃	35℃	40℃		25℃	30℃	35℃	40℃		
BLX	2.5	19	17	16	15	15	17	15	14	13	15	15	14	12	11	20	25
	4	25	23	21	19	20	23	21	20	18	20	20	18	17	15	20	25
	6	33	30	28	26	20	29	27	25	22	20	26	24	22	20	25	32
	10	44	41	38	34	25	40	37	34	31	25	35	32	30	27	32	32
	16	58	54	50	45	32	52	48	44	41	32	46	43	39	36	32	40
	25	77	71	66	60	32	68	63	58	53	32	60	56	51	47	40	40
	35	95	88	82	75	40	84	78	72	66	40	74	69	64	58	40	50
	50	120	112	103	94	40	108	100	93	86	40	95	88	82	75	50	50
	70	153	143	132	121	50	135	126	116	106	50	120	112	103	94	50	65
	95	184	172	159	145	50	165	154	142	130	65	150	140	129	118	65	65
	120	210	196	181	166	65	190	177	164	150	65	170	158	147	134	80	80
	150	250	233	215	197	75	227	212	196	179	75	205	191	177	162	80	90
	185	282	263	243	223	80	255	238	220	201	80	232	216	200	183	100	100
BLV	2.5	18	16	15	14	15	16	14	13	12	15	14	13	12	11	20	25
	4	24	22	20	18	20	22	20	19	17	20	19	17	16	15	20	25
	6	31	28	26	24	20	27	25	23	21	20	25	23	21	19	25	32
	10	42	39	36	33	25	38	35	32	30	25	33	30	28	26	32	32
	16	55	51	47	43	32	49	45	42	38	32	44	41	38	34	32	40
	25	73	68	63	57	32	65	60	56	51	40	57	53	49	45	40	50
	35	90	84	77	71	40	80	74	69	63	40	70	65	60	55	50	50
	50	114	106	98	90	50	102	95	88	80	50	90	84	77	71	65	65
	70	145	135	125	114	50	130	121	112	102	50	115	107	99	90	65	75
	95	175	163	151	138	65	158	147	136	124	65	140	130	121	110	75	75
	120	206	187	173	158	65	180	168	155	142	65	160	149	138	126	75	80
	150	230	215	198	181	75	207	193	179	163	75	185	172	160	146	80	90
	185	265	247	229	209	75	235	219	203	185	75	212	198	183	167	90	100

注　1. BX 型和 BV 型铜芯绝缘导线的允许载流量约为同截面的 BLX 型和 BLV 型铝芯绝缘导线允许载流量的 1.29 倍。

　　2. 表中的钢管 G—焊接钢管，管径按内径计；DG—电线管，管径按外径计。

　　3. 表中 4~5 根单芯线穿管的载流量，是指三相四线制的 TN—C 系统、TN—S 系统和 TN—C—S 系统中的相线载流量。其中性线（N）或保护中性线（PEN）中可有不平衡电流通过。如果线路是供电给平衡的三相负荷，第四根导线为单纯的保护线（PE），则虽有四根导线穿管，但其载流量仍应按三根线穿管的载流量考虑，而管径则应按四根线穿管选择。

　　4. 管径在工程中常用英制尺寸（英寸 in）表示。

附表 6－9　　　　BLX 型和 BLV 型铝芯绝缘线穿钢管时的允许载流量
（导线正常最高允许温度为 65℃）

导线型号	芯线截面 (mm²)	2根单芯线允许载流量（A） 环境温度				2根穿管管径 (mm)		3根单芯线允许载流量（A） 环境温度				3根穿管管径 (mm)		4～5根单芯线允许载流量（A） 环境温度				4根穿管管径 (mm)		5根穿管管径 (mm)	
		25℃	30℃	35℃	40℃	G	DG	25℃	30℃	35℃	40℃	G	DG	25℃	30℃	35℃	40℃	G	DG	G	DG
BLX	2.5	21	19	18	16	15	20	19	17	16	15	15	20	16	14	13	12	20	25	20	25
	4	28	26	24	22	20	25	25	23	21	19	20	25	23	21	19	18	20	25	20	25
	6	37	34	32	29	20	25	34	31	29	26	20	25	30	28	25	23	20	25	25	32
	10	52	48	44	41	25	32	46	43	39	36	25	32	40	37	34	31	25	32	32	40
	16	66	61	57	52	25	32	59	55	51	46	32	32	52	48	44	41	32	40	40	(50)
	25	86	80	74	68	32	32	76	71	66	60	32	40	68	63	58	53	40	(50)	40	
	35	106	99	91	83	32	40	94	87	81	74	32	(50)	83	77	71	65	40	(50)	50	—
	50	133	124	115	105	40	(50)	118	110	102	93	50	(50)	105	98	90	83	50	—	70	—
	70	164	154	142	130	50	(50)	150	140	129	118	50	(50)	133	124	115	105	70	—	70	—
	95	200	187	173	158	50	—	180	168	155	142	50	—	160	149	138	126	70	—	80	—
	120	230	215	198	181	70	—	210	196	181	166	70	—	190	177	164	150	70	—	80	—
	150	260	243	224	205	70	—	240	224	207	189	70	—	220	205	190	174	80	—	100	—
	185	295	275	255	233	80	—	270	252	233	213	80	—	250	233	216	197	80	—	100	—
BLV	2.5	20	18	17	15	15	15	18	16	15	14	15	15	15	14	12	11	15	15	15	20
	4	27	25	23	21	15	15	24	22	20	19	15	15	22	20	19	17	15	15	15	20
	6	35	32	30	27	15	20	32	29	27	25	15	20	28	26	24	22	20	25	25	25
	10	49	45	42	38	20	25	44	41	38	34	20	25	38	35	32	30	25	25	25	32
	16	63	58	54	49	25	25	56	52	48	44	25	25	50	46	43	39	25	32	32	40
	25	80	74	69	63	25	32	70	65	60	55	32	32	65	60	56	51	32	40	32	(50)
	35	100	93	86	79	32	40	90	84	77	71	32	40	80	74	69	63	40	(50)	40	
	50	125	116	108	98	32	40	110	102	95	87	40	(50)	100	93	86	79	40	(50)	50	
	70	155	144	134	122	50	—	143	133	123	113	40	(65)	127	118	109	100	50	—	70	
	95	190	177	164	150	50	(50)	170	158	147	134	50	—	152	142	131	120	70	—	70	
	120	220	205	190	174	50	(50)	195	182	168	154	50	—	172	160	148	136	70	—	80	
	150	250	233	216	197	70	(50)	225	210	194	177	70	—	200	187	173	158	70	—	80	
	185	285	266	246	225	70	—	255	238	220	201	70	—	230	215	198	181	80	—	100	

注　1. BX 型和 BV 型铜芯绝缘导线的允许载流量约为同截面的 BLX 型和 BLV 型铝芯绝缘导线允许载流量的 1.29 倍。

　　2. 表中 4～5 根单芯线穿管的载流量，是指三相四线制的 TN—C 系统、TN—S 系统和 TN—C—S 系统中的相线载流量。其中性线（N）或保护中性线（PEN）中可有不平衡电流通过。如果线路是供电给平衡的三相负荷，第四根导线为单纯的保护线（PE），则虽有四根导线穿管，但其载流量仍应按三根线穿管的载流量考虑，而管径则应按四根线穿管选择。

　　3. 管径在工程中常用英制尺寸（英寸 in）表示。

附录七　隔离开关及消弧线圈技术参数

附表 7－1　　　　　　　　　　隔离开关主要技术参数

型　号	额定电压 (kV)	额定电流 (A)	极限通过电流 (kA)		5s 热稳定电流 (kA)	操动机构型号
			峰值	有效值		
GN$_2$—10/2000	10	2000	85	50	36 (10s)	CS$_6$—2
GN$_2$—10/3000	10	3000	100	60	50 (10s)	CS$_7$
GN$_2$—20/400	20	400	50	30	10 (10s)	CS$_6$—2
GN$_2$—35/400	35	400	50	30	10 (10s)	CS$_6$—2
GN$_2$—35/600	35	600	50	30	14 (10s)	CS$_6$—2
GN$_2$—35T/400	35	400	52	30	14	CS—2T
GN$_2$—35T/600	35	600	64	37	25	CS$_6$—2T
GN$_2$—35T/1000	35	1000	70	49	27.5	CS$_6$—2T
GN$_6$—6T/200，GN$_8$—6/200	6	200	25.5	14.7	10	
GN$_6$—6T/400，GN$_8$—6/400	6	400	52	30	14	
GN$_6$—6T/600，GN$_8$—6/600	6	600	52	30	20	
GN$_6$—10T/200，GN$_8$—10/200	10	200	25.5	14.7	10	CS$_6$—1T
GN$_6$—10T/400，GN$_8$—10/400	10	400	52	30	14	
GN$_6$—10T/600，GN$_8$—10/600	10	600	52	30	20	
GN$_6$—10T/1000，GN$_8$—10/1000	10	1000	75	43	30	
GN$_{10}$—10T/3000	10	3000	160	90	75	CS$_9$ 或 CJ$_2$
GN$_{10}$—10T/4000	10	4000	160	90	80	CS$_9$ 或 CJ$_2$
GN$_{10}$—10T/5000	10	5000	200	110	100	CJ$_2$
GN$_{10}$—10T/6000	10	6000	200	110	105	CJ$_{26}$
GN$_{10}$—20/8000	20	8000	250	145	80	CJ$_2$
GW$_4$—35/1250	35	1250	50		20 (4s)	
GW$_4$—35/2000	35	2000	80		31.5 (4s)	
GW$_4$—35/2500	35	2500	100		40 (4s)	
GW$_4$—110/1250	110	1250	50		20 (4s)	
GW$_4$—110G/1250	110	1250	80		31.5 (4s)	CS11G
GW$_4$—110/2000	110	2000	80		31.5 (4s)	CS14G
GW$_4$—110/2500	110	2500	100		40 (4s)	
GW$_4$—220/1250	220	1250	80		31.5 (4s)	
GW$_4$—220/2000	220	2000	100		40 (4s)	
GW$_4$—220/2500	220	2500	125		50 (4s)	
GW$_5$—35/630，GW$_5$—35/630D	35	630	50，80		20，31.5 (4s)	
GW$_5$—35/1250	35	1250	50，80		20，31.5 (4s)	
GW$_5$—35/1600	35	1600	50，80		20，31.5 (4s)	
GW$_5$—110/630，GW$_5$—110/630D	110	630	50，80		20，31.5 (4s)	CS17
GW$_5$—110/1250	110	1250	50，80		20，31.5 (4s)	
GW$_5$—110/1600	110	1600	50，80		20，31.5 (4s)	

附表 7－2 6～63kV 消弧线圈技术数据表

产品型号	容量（kVA）	电压（kV）	电流（kA）	电抗（Ω）
XD—44/6	227.5～45.5	$6.3/\sqrt{3}$	6.25～12.5	582～291
XD—57.5/6	45.5～91	$6.3/\sqrt{3}$	12.5～25	291～145.5
XD—175/6	91～182	$6.3/\sqrt{3}$	25～50	145.5～72.8
XD—350/6	182～364	$6.3/\sqrt{3}$	50～100	72.8～36.4
XD—700/6	364～728	$6.3/\sqrt{3}$	100～200	36.4～18.2
XD—1400/6	728～1455	$6.3/\sqrt{3}$	200～400	18.2～9.1
XD—300/10	251～303	$10.5/\sqrt{3}$	25～50	242.4～121.2
XD—600/10	303～606	$10.5/\sqrt{3}$	50～100	121.2～60.6
XD—1200/10	606～1212	$10.5/\sqrt{3}$	100～200	60.6～30.3
XD—275/35	139～278	$38.5/\sqrt{3}$	6.25～12.5	3557～1778
XD—550/35	278～556	$38.5/\sqrt{3}$	12.5～25	1778～889
XD—1110/35	550～1112	$38.5/\sqrt{3}$	25～50	889～445
XD—2220/35	1112～2223	$38.5/\sqrt{3}$	50～100	445～222
XD—700/44	350～700	$48.4/\sqrt{3}$	12.5～25	2440～1120
XD—1400/44	700～1400	$48.4/\sqrt{3}$	25～50	1120～560
XD—950/60	476～953	$66/\sqrt{3}$	12.5～25	3049～1524
XD—1900/60	953～1966	$66/\sqrt{3}$	25～50	1524～762
XD—3800/60	1966～3811	$66/\sqrt{3}$	50～100	762～381

注 消弧线圈型号说明：① ②－③/④
位置①、②为字母：X—消弧线圈；D—单相。
位置③：表示额定容量（kVA）。
位置④：表示额定电压（kV）。

附录八 限额设计控制参考指标

附表 8－1 送电工程综合限额设计控制指标（1998 年水平）

序 号	电压等级	导线规格	单位造价（万元/km）			
			平地	丘陵	山地	高山
一	110kV					
1	双地线	LGJ—150/20	22.02	24.37	28.46	32.57
2	双地线	LGJ—185/25	23.68	25.92	32.44	37.07
3	双地线	LGJ—240/30	27.58	29.97	35.06	39.66
4	双地线	LGJ—300/25	29.29	31.97	36.12	40.75
5	纯混凝土杆	LGJ—120/20	14.75	—	—	—
6	纯混凝土杆	LGJ—150/20	15.10	—	—	—

续表

序　号	电压等级	导线规格	单位造价（万元/km）			
			平地	丘陵	山地	高山
7	纯混凝土杆	LGJ—185/25	17.78	—	—	—
8	纯混凝土杆	LGJ—240/30	20.22	—	—	—
9	单地线	LGJ—150/20	21.09	22.80	26.38	29.03
10	单地线	LGJ—185/25	23.49	25.52	31.17	35.11
11	单地线	LGJ—240/30	25.39	27.29	33.79	37.92
二	35kV					
1		LGJ—50/8	9.59	11.91	12.83	14.49
2		LGJ—70/10	10.01	12.33	12.94	15.14
3		LGJ—95/15	10.65	12.97	15.48	17.51
4		LGJ—120/20	11.53	12.23	16.40	18.54
5		LGJ—150/20	12.18	12.93	25.02	28.36
6		LGJ—185/25	18.71	21.56	25.89	29.14
7		LGJ—240/30	21.45	24.60	28.53	32.03
三	10kV					
1		LGJ—35/6	4.30	5.25	7.54	—
2		LGJ—50/8	4.61	5.56	7.95	—
3		LGJ—70/10	5.44	6.37	8.15	—
4		LGJ—95/15	6.30	7.17	9.88	—
5		LGJ—120/20	7.09	8.66	11.86	—
6		LGJ—150/30	7.69	9.13	12.34	—
7		LGJ—185/25	8.86	10.24	13.63	—
8		LGJ—240/30	10.14	11.50	14.95	—

附表 8－2　　　　　变电单项限额设计综合控制指标（1998 年水平）　　　　　单位：万元

指标编号	项目名称	工程技术条件	建筑工程费	设备购置费	安装工程费	合计
BD—36	10kV 户内配电装置	10kV 扩建户内间隔一个、10kV 手车真空开关柜		8.5	0.6	9.1
BD—37	10kV 户内配电装置	10kV 扩建户内间隔一个、10kV XGN2—10 成套固定柜		6.9	0.6	7.5
BD—38	35kV 户外配电装置	35kV 扩建户外间隔一个、SF$_6$ 断路器 LW8—135	4.3	12.7	1.8	18.8
BD—39	35kV 户内配电装置	35kV 扩建户内间隔一个、SF$_6$ 成套开关柜		13.3	0.6	13.9
BD—40	110kV 户内配电装置	110kV 扩建户内间隔一个、组合电器（GIS）		120.0	2.6	122.6
BD—41	110kV 户外配电装置	单母线、110kV 扩建户外间隔一个、SF$_6$ 断路器、LW25—1 26 40kVA	9.6	45.0	3.5	58.1